国家科学技术学术著作出版基金资助

U0157756

装配式钢结构建筑研究与进展

郝际平　薛　强　著

中国建筑工业出版社

图书在版编目（CIP）数据

装配式钢结构建筑研究与进展 / 郝际平，薛强著
. —北京：中国建筑工业出版社，2022.12
ISBN 978-7-112-28084-1

Ⅰ．①装…　Ⅱ．①郝…②薛…　Ⅲ．①装配式构件–
钢结构–建筑设计–研究　Ⅳ．① TU391.04

中国版本图书馆 CIP 数据核字（2022）第 200424 号

　　本书共分为 3 篇。上篇介绍了装配式建筑的基本概念，我国发展装配式建筑的目的和
意义以及相关产业政策；系统性地梳理了日本、美国、德国、英国装配式建筑发展历程和
产品类型；对国内装配式建筑的发展现状和趋势进行了整理，并对国内主要的装配式建筑
体系的特点进行了分析。中篇介绍了装配式建筑体系的相关子系统及与绿色建筑结合相关
技术；介绍了 BIM 技术与装配式建筑的结合应用情况，包括 BIM 在设计、施工、加工各个
阶段的应用和在 EPC 工程管理模式中的应用。下篇介绍了西安建筑科技大学在建筑工业化
以及装配式建筑基础理论方面的研究工作，以系统思维的角度研究和集成装配式建筑，按
照现代工业产品理念和流程来开发装配式钢结构建筑产品；介绍了团队所研发的多高层装
配式壁柱建筑技术体系；最后介绍了相关技术应用的典型工程案例和总结思考。

　　本书可供从事装配式建筑的科研、设计、施工和管理人员使用，也可供高等院校相关
专业的师生参考。

　　责任编辑：刘婷婷
　　责任校对：李辰馨

装配式钢结构建筑研究与进展
郝际平　薛　强　著

*

中国建筑工业出版社出版、发行（北京海淀三里河路9号）
各地新华书店、建筑书店经销
北京鸿文瀚海文化传媒有限公司制版
北京建筑工业印刷厂印刷

*

开本：787毫米×1092毫米　1/16　印张：17½　字数：435千字
2022年7月第一版　2022年7月第一次印刷
定价：**68.00**元
ISBN 978-7-112-28084-1
（40010）

前　言

建筑业是我国国民经济的支柱产业，但其工业化水平低，能源、资源消耗大，转型升级势在必行。推广装配式建筑是建筑业转型升级最有力抓手，近年来，国务院和各省、市陆续出台文件，大力发展装配式建筑。同时，在国家碳达峰、碳中和的重大战略背景下，2021年10月24日国务院印发了《2030年前碳达峰行动方案》，其中对建筑业的行动实施方案是：加快推进城乡建设绿色低碳发展，城市更新和乡村振兴都要落实绿色低碳要求。推广绿色低碳建材和绿色建造方式，加快推进新型建筑工业化，大力发展装配式建筑。钢结构建筑自身带有装配式属性，绿色低碳、抗震性能好、工业化水平高，因此大力发展装配式钢结构建筑是落实建筑工业化、实现"双碳"目标的重要举措。

建筑工业化在国外已经历了多年的发展和实践，相关的技术体系对我国装配式建筑的发展有重要的借鉴和参考意义。近年来，在国家政策的鼓励和引导下，我国多所高校和企业根据自身发展的情况，探索研发了多种新型装配式钢结构建筑体系，建筑钢结构的相关技术也取得了巨大的进步，但是与国外同类技术相比仍然有不小的差距，而且存在很多理论研究不足和具体技术问题。例如有些体系各专业独立研究，综合考虑不足，或只关注结构本身，没有从系统集成的思路出发将结构、围护、设备、内装进行整体集成；有些体系的研发思路只关注装配，不关注标准化、工业化生产，成本过高，难以大面积推广；研发很少借鉴已经高度发达的其他工业领域，如汽车、航空、电子工业的成功经验；没有把建筑当作工业化产品来对待。因此，国内的装配式建筑技术体系仍然需要在基础理论研究和相关技术开发方面进行改进和创新。

针对目前装配式钢结构建筑遇到的问题和不足，结合我们研发和实践的体会，本书系统性地梳理了国内外装配式建筑钢结构体系的技术发展，对装配式建筑基础理论进行了研究，并在理论成果的指导下，研发了装配式壁柱钢结构建筑体系，最后给出了装配式钢结构建筑实际工程案例。

本书出版得到了国家科学技术学术著作出版基金资助，得到了中国建筑工业出版社的全力支持，在此表示感谢！在书籍的撰写过程中，樊春雷、孙晓岭、田炜峰、黄育琪、赵敏、惠凡等做了大量的资料整理和校对工作，一并表示感谢！

希望本书对从事装配式建筑的科研、设计人员能起到参考和借鉴作用，对高校相关专业的教师和本科生、研究生在学习装配式建筑时有一定帮助，同时对国内装配式建筑的理论和技术发展起到一定的推动作用。限于作者的学识，书中不妥甚至错误之处在所难免，欢迎大家提出宝贵意见和建议。

2022年7月

目 录

中篇　装配式钢结构建筑关键技术研究与进展

下篇 西安建筑科技大学在建筑工业化领域的探索与实践

上篇

装配式建筑在国内外的发展与现状

第1章 概 论

从世界和我国近代的发展史看，工业化与人们生产生活息息相关。人们对"衣、食、住、行、用"五个方面的物质追求，都经历了从手工作业到工业化生产的变革。工业化提高了社会生产力，极大地满足了人们对美好生活的向往。改革开放40余年来，在技术进步的同时，我国各行各业的工业化水平不断提高，人们生活水平不断改善。随着科技的进步和社会的发展，世界发达国家把建筑部件工厂化和装配化施工作为建筑产业化的重要标志，即从手工操作的作坊式走向机械生产的工业化道路。20世纪50~70年代主要发展"专用体系"工业化，被称为第1代工业化；20世纪70年代起，工业发达国家开始探索"通用体系"工业化，被称为第2代工业化，目前这些国家正向信息化、现代化的方向发展。

尽管我国的建筑产业起步较晚，但是自改革开放以来，建筑业的规模不断扩大，带动了大量的关联产业，成长为国民经济支柱产业之一。长期以来，我国建筑业一直是高资源消耗型和劳动力密集型产业，生产和建造过程粗放，资源浪费非常严重，科技贡献率低于农业。随着能源紧缺、劳动力短缺等问题逐渐凸显，传统建筑业的生产方式已经不能适应时代发展需求。建筑工业化已经成为世界性的大潮流和大趋势，同时也是我国建筑行业高质量发展的迫切要求。装配式建筑最贴合建筑工业化与绿色化的内涵，发展装配式建筑是建筑行业转型的最佳选择。

1.1 装配式建筑的定义与特征

1.1.1 装配式建筑的概念

勒·柯布西耶在1923年出版的《走向新建筑》一书中提出"住宅是居住的机器""像造汽车一样造房子"的概念，这本著作奠定了工业化住宅、居住机器等最前沿建筑理论的基础。梁思成先生于1962年在《人民日报》发文提出了"设计标准化、构件预制工厂化、施工机械化"的"三化论"，提出了"结合中国条件，逐步实现建筑工业化"的技术路径，并建议把"三化"作为我国今后一段时间内建筑业研究的重点及中心问题，以期在将来大规模建设中早日实现建筑工业化。

当前公认的"建筑工业化"的全面定义由联合国发布的《政府逐步实现建筑工业化的政策和措施指引》（1974年）提出，即建筑业按照大工业生产方式建设，其核心是设计标准化、加工生产工厂化、现场安装装配化和组织管理科学化。其主要目的是通过采用新的技术成果来变革传统建筑业生产方式，提高建造生产效率，加快建设速度，同时达到提高工程质量、降低建设成本、优化生产安全环境的效果，而装配式建筑是建筑工业化的重要形式和发展方向。

2015年8月，住房和城乡建设部、国家质量监督检验检疫总局联合发布了《工业化建筑评价标准》GB/T 51129—2015，该标准明确指出工业化建筑应符合标准化设计、工厂化制作、装配化施工、一体化装修、信息化管理的基本特征。这五个基本特征，也成为我国行业内广泛认同的装配式建筑的"五化"（图1.1）。因此，我们将装配式建筑定义为"采用标准化设计、工业化生产、装配化施工、一体化装修、信息化管理、智能化应用，支持标准化部品部件的建筑。"

装配式建筑的建造过程是系统集成的过程，即以工业化建造方式为基础，将建筑结构系统、外围护系统、内装系统、设备管线系统进行一体化集成，并实现技术策划、设计、生产和施工等的一体化。装配式建筑从方案策划阶段开始就应遵守标准化和模数化设计，同时遵循"少规格、多组合"的设计理念，设计中采用BIM信息化技术实现建筑、结构、机电设备、室内装修的一体化设计，通过各专业之间的协调配合，实现建筑结构、机电设备、管线以及室内装修生产和施工的有机结合。

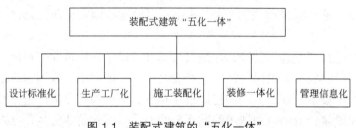

图 1.1　装配式建筑的"五化一体"

1.1.2　装配式建筑的特征

2016年9月27日，国务院办公厅发布《关于大力发展装配式建筑的指导意见》，明确提出以"坚持标准化设计、工厂化生产、装配化施工、一体化装修、信息化管理、智能化应用，提高技术水平和工程质量，促进建筑产业转型升级"作为指导思想。由此可见，装配式建筑应具有以下典型特征。

1. 标准化设计

以实现建筑标准化为基本目标的标准化设计方法，是装配式建筑生产建造方式的基础。标准化是工业化的基础，也是生产自动化和部品产品化的基础，标准化设计是指在设计过程中建筑体系和构件部品采用标准化的设计方案。模数化是建筑标准化设计中的重要内容，可显著提高建筑部品部件的通用性。建筑设计与结构设计的标准化、模数化有助于在后续生产环节降低成本，缩短建造时间，提高效率，提高构件部品质量。

2. 工业化生产

采用现代工业化手段实现施工现场作业向工厂生产作业的转换，形成标准化、系列化的预制构件部品，完成预制构件部品精细化制造。部品统一型号规格，统一设计标准。构件部品具有通用性，构件部品产品化供应有助于减少库存和浪费，提高建筑行业的整体效率。在美国和日本等国家，构件部品的社会化生产和产品化供应是其新型建筑工业化实践中的重要内容。

3. 装配化施工

将在工厂中制作完成的预制部品部件运到现场，由产业工人现场装配，在保证结构安全性和工程项目经济性的前提下，尽量减少湿作业，应用专业设备进行现场装配。采取机械化的施工形式，保证施工过程中的"四节一环保"。机械化施工更加高效，由此保证生产出的建筑产品的质量。

4. 一体化装修

建筑室内外装修工程采用工业化生产方式、装配化施工方式，与结构主体、机电管线一体化建造。

5. 信息化管理

以建筑信息模型和信息化技术为基础，采用BIM技术贯穿装配式建筑的设计、深化设计、构件生产、构件物流运输、现场施工以及物业管理等全生命周期，提高产业化住宅建设过程整体的管理水平，在工程建造过程中实现协同设计、协同生产、协同装配。保证在建筑的设计、生产、施工和运维过程中产生的涉及大量建筑体系、系统，包含众多参与方的信息完整、准确，并能前后一致地通畅传递（图1.2）。

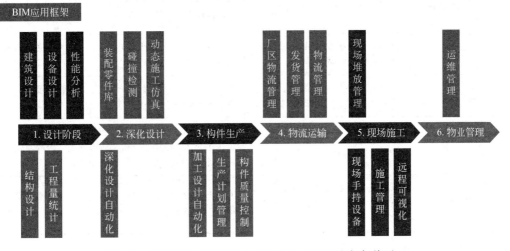

图 1.2　贯穿装配式建筑全生命周期的 BIM 研究框架体系

6. 智能化应用

将智能化、智慧化技术与建筑全生命周期深度结合，提高装配式建筑全过程的设计、生产、装配化施工、运维的管理水平。

1.1.3　装配式建筑相关概念辨析

随着国家产业结构调整和建筑行业对绿色节能建筑理念的倡导，装配式建筑产业政策密集出台，装配式建筑受到越来越多的关注，相关概念主要有：建筑工业化、建筑产业化、装配式建筑等，以下对几个主要概念进行说明。

1. 建筑工业化

根据联合国1974年发布的《政府逐步实现建筑工业化的政策和措施指引》中的定义，建筑工业化是指按照大工业生产方式改造建筑业，使之从手工业生产逐步转向社会化大生产的过程。它的基本途径是建筑设计标准化，构配件生产工厂化，施工机械化和组织管理科学化，并逐步采用现代科学技术的新成果，以提高劳动生产效率，加快建设速度，降低工程成本，提高工程质量。相关文献里对建筑工业化给出的定义是"以构件工厂预制化生产、现场装配式施工为模式，以设计标准化、构件部品化、施工机械化为特征，能够整合设计、生产、施工等整个产业链，实现建筑产品节能、环保、全生命周期价值最大化的可持续发展的新型建筑生产方式"。传统建筑生产方式与工业化生产方式的对比见表1.1。由于建筑工业化生产方式在生产效率、资源和能源节约以及环境保护等方面有不可替代的优势，建筑工业化是我国建筑业发展的方向。

传统建筑生产方式与工业化生产方式的对比   表 1.1

比较项目	传统建筑生产方式	建筑工业化生产方式
劳动生产率	现场作业，生产效率较低	构件和部品工厂生产，现场施工机械化程度高，劳动生产率较高
资源与能源的消耗	耗地、耗水、耗能、耗材较多	循环经济特征明显（例如模板循环使用次数高、养护水循环使用），资源节约
建筑环境污染	建筑垃圾、扬尘和噪声是城市环境污染的重要来源	工厂生产，大大减少噪声和扬尘，建筑垃圾回收率提高
施工人员	工人流动性大、劳动时间长、福利待遇差、社会保障程度低	工厂生产和现场机械化安装对工人的技能要求高，有利于整建制的劳务企业的发展
建筑寿命	传统住宅结构形式的可改造性差，建筑寿命短	SI〔Skeleton-Infill，即将住宅的支撑体（Skeleton）和居住填充体（Infill）分离〕结构形式，内部空间有更好的可改造性，延长住宅寿命
建筑工程质量与安全	现场施工限制了工程质量水平，露天作业、高空作业等增加安全事故隐患	工厂生产和机械化安装生产方式，大大提高产品质量并降低安全隐患

2. 建筑产业化

建筑产业化是建筑生产方式从粗放型生产向集约型生产的根本转变，是产业现代化的必然途径和发展方向。建筑产业化是整个建筑产业链的产业化，凸显建筑工业化向前端的产品开发和下游的建筑材料、建筑能源甚至是建筑产品的销售和延伸，是整个建筑行业在产业链条内资源的优化配置。建筑产业化强调了技术与经济和市场的结合，强调了全产业链资源的整合。

3. 装配式建筑

根据《装配式建筑评价标准》GB/T 51129—2017中的阐述，装配式建筑是指"由预制部品部件在工地上拼装而成的建筑"。"装配式建筑"在狭义层面是一种建造方式或技术方案，是对工厂化生产构件或部品进行现场安装施工的一种通俗的说法。在广义层面，"装配式建筑"是工业化的一种技术方案，侧重于对设计、施工和构配件的生产技术的研发和应用，与建筑工业化的关系如图1.3所示。

图 1.3　建筑工业化与装配式建筑

以上概念都有其明确的含义和应用范围，应该在充分理解的基础上科学合理地加以运用。

1.2　发展装配式建筑的目的和意义

1.2.1　装配式建筑发展意义

1. 我国建筑业的地位

根据国家统计局资料显示，建筑行业在国民经济中的作用十分突出，2021年全国建筑业总产值为129.3万亿元，增加值为8.01万亿元，建筑业增加值占国内生产总值比重达7%，从业人数超5000万人。2022年一季度，全国建筑业总产值同比增长9.2%。建筑行业是名副其实的支柱产业，对我国城乡建设的快速发展起到巨大的贡献作用。

2. 当前国内建筑业发展的主要矛盾

近些年来中国经济的高速增长极大地推动了城市化进程，带动了建筑业的整体快速发展，实现了建筑业明显的整体进步。然而我国的建筑业仍然是采用传统粗放型生产方式，这种生产方式带来了高耗能、高污染、高浪费、质量不可控等诸多问题，包括原料生产、部品加工、维护使用过程和拆除过程带来的问题。因此，当前建筑业发展所遇到的根本矛盾就是社会对资源、环境和劳动效率的更高要求与目前粗放的生产组织方式、高耗能等之间的矛盾，具体表现在以下几点：

（1）随着物质文明建设的逐步深入，社会总体经济基础得到明显夯实，人民群众把关注点更多地转移到了对生存环境、资源节约利用上。但是传统建筑业资源耗费大，施工产生的噪声、粉尘等对环境造成了不良影响，如目前广受关注的城市雾霾问题，以及人口红利的消失带动人工成本的居高不下等问题。

（2）中国经济进入新常态后，经济结构调整、解决供给侧改革的需要。经济发展速度一旦降下来，基础建设规模毫无疑问会逐步减小，建筑业必然出现供大于求的情况，产生产能过剩问题。

（3）建筑业转型升级的需要是高质量发展的需要。建筑业的发展是宏观形势所决定的，由于建筑行业整体质量并不高，不能适应新形势下经济结构转型升级的需要。因此，建筑工业现代化是解决这个矛盾的必由路径，只有加快建筑工业现代化的进程，才能解决这一矛盾。

（4）建筑业劳动力短缺的必然需求。建筑业劳动力短缺的原因一方面是人口老龄化，另一方面是建筑工地工作环境差，劳动强度高，年轻劳动力普遍不愿意从事建筑业。目前，国家统计局最新发布的《2021年农民工监测调查报告》显示，2021年全国农民工总量为29251万人，农民工平均年龄为41.7岁。从农民工年龄结构看，40岁及以下农民工所占比重为48.2%；50岁以上农民工所占比重为27.3%。其中，21~30岁年龄段占比下降最大，2021年这一年龄段占比跌破20%，10年后建筑工地将面临劳动力严重短缺的情况。采用装配式建筑，以工厂为主的生产方式，可以减少劳动力用量，减轻工作强度，改善工作环境。

建筑工业现代化正在全国兴起。中外实践证明，建筑工业现代化可有效提升建筑品质和建设效率，减少资源浪费和环境污染，是建筑业生产方式的重大变革。因此，推动建筑工业现代化将作为今后一个时期的重要任务。

3. 建筑行业的转型之路

建筑行业实现可持续发展的必由之路是推广应用"四节一环保"建筑，即以绿色化为建筑业的发展目标。具体实现途径为广泛使用以减少能源消耗为目标，兼备节能、环保和低碳的绿色建筑。

（1）装配式建筑符合绿色建筑的内涵。绿色建筑包括安全性、经济性、节能性、适用性、耐久性和绿色施工等内容，装配式建筑与绿色建筑内涵完全一致。现在我们应力所能及地为当代社会负责，为子孙后代的美好生活负责，这也是整个建筑业的重要责任。

（2）装配式建筑是实现绿色建筑的最佳方式。绿色建筑的标志是"四节一环保"、无污染施工、建筑与自然和谐共生。装配式建筑在建造施工过程中能有效避免传统建造方式下的人工作业误差，保证建筑质量，减少现场施工产生的能耗和污染，还可以降低人力成本、提高生产效率。实现目标的最佳方式是系统化设计、模块化拆分、工厂制造、现场装配，以完美契合绿色设计理念。

1.2.2　目前装配式建筑发展存在的主要问题

大力发展装配式建筑是中央的要求，目前各地都已积极实施。装配式建筑是建筑建造方式的根本性变革，相对于传统建造方式，其具有节能、环保、缩短工期、节省模板、抗震性能好等优势。国家先后出台了一系列政策来推动建筑工业化的发展。我国建筑工业化的起步较晚，配套政策、标准体系、相关基础理论研究、技术体系还不完善，相应的配套条件、市场环境尚未成熟，产业链条、产业资源没有完全整合，政府监管、企业生产及管理模式仍然维持传统项目建设模式，具体来说，主要存在以下问题。

1. 装配式建筑产业系统规划及顶层设计

建筑工业化已经成为国家层面的重点任务，继国家出台多项政策后，各省、市也出台了相应政策。鼓励政策如何制定，除了要以国家政策为基本参考外，同时还应结合本地区建筑业、经济、文化发展状况。主要包括：产业整体发展定位；相关工厂区位、产能的规划；装配率指标的制定；适合关键技术体系推广；适合本地区评价标准、造价定额、规范以及相关技术体系的标准制定；政府管理机构对装配式建筑任务完成状况、质量的监管；规划、税务、银行、培训、宣传机构的协同工作等。

对于政府而言，顶层设计属于复杂的系统工程，大部分地方政府对建筑工业化及装配式建筑等新技术缺乏全面的了解和认知，从近几年的发展状况看，很多地方的政策制定有诸多不足。比较典型的情况有：选择不适合地方自身发展的装配式建筑体系，有些技术体系对技术人才、产业工人要求很高，地方相关人才、工人缺乏，导致引进技术体系后项目无法落地；有些地方盲目地制定过高的装配率，造成很多项目成本居高不下，并且出现了诸多质量问题，甚至是安全隐患；在一些特大城市，装配式建筑项目大量涌现，政府监管与质量监督不到位，出现了大量质量和安全隐患。

2. 装配式建筑技术体系

装配式建筑技术体系是指装配式建筑体系研发路径、各个子系统选择的关键技术问题。目前常见的技术体系问题主要有：结构体系不符合规模化工业制造要求，标准化程度低，造成生产成本过高；体系不符合现场装配需求，例如预制混凝土采用套筒灌浆连接技术，造成现场对接精度差，连接工作量大且都是隐蔽工程，或钢结构采用大长度钢板剪力墙，造成现场焊接量巨大；围护体系采用单一的技术方案，满足装配、装饰一体化要求的同时，造成成本过高；研发时不注重体系的通用性，适用面窄，造成不同项目之间部品部件互换性差；技术体系信息化程度低，没有很好地借助BIM技术，在体系研发方面，没有很好地与信息技术融合。

3. 装配式建筑产品体系

装配式建筑体系由结构子系统、围护子系统、设备子系统、内装子系统构成，从分类上有预制混凝土体系、钢结构体系、木结构体系等不同类型。产品体系中比较常见的问题是整体成本过高、"三板"问题，工程应用中出现了多起漏水的质量问题，究其原因是各个子系统不协调，部件之间、部品之间、部件和部品之间连接节点设计不合理，子系统总体集成不合理造成的；对于不同类型、不同地区的项目，不考虑具体情况，采用固定的建筑体系，从而造成水土不服。例如2021年上海报道，上海浦东新区康桥镇某小区出现大面积外墙渗水，导致室内装修报废。该小区是2020年5月交房的保障房，第一批居民装修入住后不久，遇到台风多风季节，上百户居民家中墙面出现渗水。为此，开发商采取了对渗漏墙面进行打洞注胶的工艺，增强墙面的防水能力。然而，当台风"烟花"来临时，修补过的墙面再次出现了渗水。

4. 装配式建筑项目过程管理体系

装配式建筑相比传统工程项目，增加了深化设计、工厂生产环节，同时以现场装配为主，设计、深化设计、工厂制造、物流运输、现场装配等环节紧密相关，所以管理流程与传统项目完全不同。各个流程间的联系更多、要求更高，更需要精益化制造和管理体系。目前，大多数项目仍然采用传统项目管理办法，从而造成了诸多问题，比较典型的有各个环节之间的割裂、设计和深化与后期制造不匹配，比如混凝土预制模板型号多，生产成本高；生产制造构件与现场装配的不匹配，造成现场窝工，进度无法保证；原材料采购与生产制造的不匹配，影响生产进度等，除此之外还有技术、质量方面诸多管理问题。

装配式建筑涉及多个厂家、多个分包，进度、生产、质量、成本、安全管理更为复杂，因此很多项目出现了"怪异"的现象，如采用装配式建筑进度反而慢于传统建筑。除技术体系待改进提升外，更多的是管理的方式和思维的转变，管理精细化程度要求应更高，同时应借助现代化的信息手段来提高管理效率。

5. 装配式建筑整体产业链系统

建筑业由传统劳动密集型产业升级为现代化工业，成熟的工业体系具备完整的工业链条和标准，供应链条分工明确。目前的建筑业处于产业链条初步发展阶段，EPC项目总承包单位仍然是项目思维，没有转变为产品思维，上下游供应链条不稳定，各个环节衔接不到位，造成装配式建筑项目最终成本仍然较高，不利于装配式建筑整体推广。在装配式建筑产业链条系统建设方面，需要牵头企业与供应链企业在研发、生产、财务风险、采购等诸多方面进行协同行动，同时借助现代信息的工具，才能保证装配式建筑在技术、质量、成本方面达到最佳状态。

当前装配式建筑产业链条面临最为重要的问题就是产业工人。装配式建筑需要专业的技术工人生产和安装，目前的建筑业多为农民工，多采用劳务外包的方式，缺乏专业技术工人。因此，产业工人的培养，是建设完整产业链条系统的关键。总之，要以整体系统性思维分析目前产业链条的不足。

1.2.3　装配式建筑及建筑工业化特点

1. 装配式建筑工业的独特性

工业化过程以社会化大生产为特征，是现代经济发展的必经之路。工业化（Industrialization）通常被定义为工业（特别是其中的制造业）或第二产业产值（或收入）在国民生产总值（或国民收入）中比重不断上升的过程，以及工业就业人数在总就业人数中比重不断上升的过程。建筑工业化（Building Industrialization），指工业化生产过程实施的策划、设计、施工等建筑物建造环节的总称。

联合国欧洲经济委员会对工业化的定义为：

（1）生产的连续性，这就意味着需要稳定的流程。

（2）生产物的标准化。

（3）全部生产工艺各个阶段的统一或集约密集化。

（4）工程的高度组织化。

（5）只要有可能，就需要机械劳动代替手工劳动。

（6）与生产活动构成一体的有组织的研究和试验。

如前所述，我国建筑业整体比较落后，达到并实现工业化，难度巨大，同时有自己的独特性，具体如下：

（1）不同于机械、电子、汽车等其他工业产品，建筑除了工厂生产制造，还有现场装配环节，并应注重产品的设计和研发两个环节。

（2）相比其他工业产品，除模块化建筑、低层建筑等少数类别产品外，要实现完全标准化的技术难度较大，目前的技术体系很难实现。

（3）由于我国幅员辽阔，建筑存在经济运输距离，因此存在较强的地域性。不同地域经济发展、文化水平、技术水平、地域气候差别较大，建筑实现工业化转型的路径不同。

（4）不同于其他工业，由于我国自身建筑业发展的特点，对国外现有的建筑技术体系和工业化路径可以借鉴，但不能完全引进，需要根据自身的国情规划，做大量的研发工作。

（5）政府对建筑业的传统管控模式不适应建筑工业化，需要对产业政策、法规、产业模式、项目管理等进行引导和改变。尤其是房地产业的去金融化，对建筑工业化发展至关重要。

（6）相比其他工业，建筑业的工业化基础差，整体发展水平仍较为落后。目前，整体水平仍然属于劳动密集型，没有摆脱"秦砖汉瓦"的模式，大部分制造业仍然属于原材料制作，技术含量整体偏低，尤其是缺乏产业工人。

2. 装配式建工业系统的复杂性

仅2017—2021年，我国装配式建筑市场规模从3555亿元，逐步增长至17021亿元。由此计算，近5年，我国装配式建筑市场规模同比增幅高达1378.8%，复合增长率达到36%左右。按照国务院办公厅及住房和城乡建设部发文确定的比例，未来装配式建筑市场产值将超过2万亿元。

装配式建筑产业系统庞大，涉及层面广、范围宽。从产业系统层面，装配式建筑行业产业链可以分为三部分。上游：供应生产构件用的原材料以及构件生产和组装设备；中游：在工厂中生产混凝土预制构件、钢预制构件等构件的生产商以及在现场组装构件的承包商；下游：建筑项目的开发商。

装配式建筑产品体系主要分为装配式混凝土结构建筑（Precast Concrete，简称PC）、装配式钢结构建筑和装配式木结构建筑体系。从体系的构成上分为结构、围护、设备、内装等体系；从功能类型分为居住建筑、学校建筑、办公建筑、医院建筑等多种类型。

装配式预制混凝土体系又可分为框架体系、剪力墙体系、框架剪力墙体系等，根据钢筋连接的方式不同，又分为若干种类。目前很多高校和企业研发出了双面叠合剪力墙、全预制剪力墙、预应力PC框架等若干种技术类型，仅楼板就有多种技术类型。同样，钢结构建筑体系也涉及多种技术类型，例如钢管混凝土框架支撑体系、组合钢板剪力墙体系、钢管束体系等，其围护体系也有多种类型。内装和设备体系涉及种类更多，包括墙体、吊顶、架空地面、卫浴、厨房、收纳、舒适家居等。装配式建筑产品体系是一个庞大复杂的系统。如何针对不同的项目，系统、合理地集成，接口如何设计，成本、装配率、碳排放等相关指标如何达到预定的目标，需要由系统工程理论来支撑完成。

装配式建筑项目涉及诸多关键技术，如流程化、协同一体化的设计技术及建造技术，模数化设计技术，不同级别模块化技术，产品标准化技术，系统化和系列技术，SI技术，基于性能指标的设计技术，与生产制造协同技术，适合装配的产品技术，系统内和系统间的接口技术等。合理的技术选择，也需要系统工程理论作为基础。

装配式建筑项目管理相比传统项目要求更高，系统协调和组织要求更高，涉及数十个厂家，由于装配式建筑的部品和部件的生产大多在工厂完成，各个厂家采购、生产运输的进度协调，现场的安装进度、堆场管理、质量管理、安全管理、设备的调度，需要整体系统化的合理规划和安排。

此外，大的产业外围和上游，涉及政府的监管系统和政策制定系统。装配式建筑产业设备的生产商、软件开发商都在参与产业大系统，例如全产业链条信息数据流通，生产设备与产品的匹配性等，需要在更高级别的产业系统进行梳理。

总之，装配式建筑工业系统庞大而复杂，需要以系统性方法论作为理论基础，梳理出整个工业系统的生产要素和相关关系，建立工业系统模型，为相关政策、标准制定，项目监管，产品研发、集成，技术选择，项目管理等提供方法论。

1.3　装配式建筑及装配式钢结构建筑产业政策

推广装配式建筑是建筑业转型升级最为有力的抓手，因此近年来，国务院和各省、市陆续出台文件，大力发展装配式建筑。同时在国家碳达峰、碳中和的重大战略背景下，2021年10月24日国务院印发了《2030年前碳达峰行动方案》，其中对建筑业的行动实施方案是：加快推进城乡建设绿色低碳发展，城市更新和乡村振兴都要落实绿色低碳要求。推广绿色低碳建材和绿色建造方式，加快推进新型建筑工业化，大力发展装配式建筑，推广钢结构住宅，推动建材循环利用，强化绿色设计和绿色施工管理。

1.3.1　国家政策

2015年11月4日，国务院总理李克强主持召开的国务院常务会议中明确提出在棚改和抗震安居工程中开展钢结构建筑试点，扩大绿色建材的使用。

2016年2月2日，《国务院关于深入推进新型城镇化建设若干意见》（国发〔2016〕8号）中要求坚持适用、经济、绿色、美观方针，提升规划水平，增强城市规划的科学性和权威性，促进"多规合一"，全面开展城市设计，加快建设绿色城市、智慧城市、人文城市等新型城市，全面提升城市内在品质。

2016年2月6日，国务院关于进一步加强城市规划建设管理工作的若干意见中要求大力推广装配式建筑，减少建筑垃圾和扬尘污染，缩短建造工期，提升工程质量；制定装配式建筑设计、施工和验收规范；完善部品部件标准，实现建筑部品部件工厂化生产；鼓励建筑企业装配式施工，现场装配；建设国家级装配式建筑生产基地。加大政策支持力度，力争用10年左右时间，使装配式建筑占新建建筑的比例达到30%；积极稳妥地推广钢结构建筑。

2016年2月21日，《中共中央、国务院关于进一步加强城市规划建设管理工作的若干意见》中提出在发展新型建造方式方面，加大政策支持力度，力争用10年左右时间，使装配式建筑占新建建筑的比例达到30%。

2016年3月5日，在第十二届全国人民代表大会第四次会议的政府工作报告中，李克强总理再次提出积极推广绿色建筑和建材，大力发展钢结构和装配式建筑，提高建筑工程标准和质量。这也是在国家政府工作报告中首次单独提出发展钢结构。

2016年9月30日，《国务院办公厅关于大力发展装配式建筑的指导意见》（国办发〔2016〕71号）要求通过多种形式深入宣传发展装配式建筑的经济、社会效益，广泛宣传装配式建筑基本知识，提高社会认知度，营造各方共同关注、支持装配式建筑发展的良好氛围，促进装配式建筑相关产业和市场发展。

2017年2月21日，《国务院办公厅关于促进建筑业持续健康发展意见》（国办发〔2017〕19号）中提出全面贯彻党的十八大和十八届二中、三中、四中、五中、六中全会以及中央经济工作会议、中央城镇化工作会议、中央城市工作会议精神，深入贯彻习近平总书记系列重要讲话精神和治国理政新理念新思想新战略，认真落实党中央、国务院决策部署，统筹推进"五位一体"总体布局和协调推进"四个全面"战略布局，牢固树立和贯彻落实创新、协调、绿色、开放、共享的发展理念，坚持以推进供给侧结构性改革为主线，按照适用、经济、安全、绿色、美观的要求，深化建筑业"放管服"改革，完善监管体制机制，优化市场环境，提升工程质量、安全水平，强化队伍建设，增强企业核心竞争力，促进建筑业持续健康发展，打造"中国建造"品牌。

2017年3月23日，住房和城乡建设部印发《"十三五"装配式建筑行动方案》（建科〔2017〕77号）进一步明确阶段性工作目标，落实重点任务，强化保障措施，抓规划、抓标准、抓产业、抓队伍，促进装配式建筑全面发展。

2018年6月27日，国务院印发《打赢蓝天保卫战三年行动计划》（国发〔2018〕22号）要求以习近平新时代中国特色社会主义思想为指导，全面贯彻党的十九大和十九届二中、三中全会精神，认真落实党中央、国务院决策部署和全国生态环境保护大会要求，坚持新发展理念，坚持全民共治、源头防治、标本兼治，以京津冀及周边地区、长三角地区、汾渭平原等区域（以下称重点区域）为重点，持续开展大气污染防治行动，综合运用经济、法律、技术和必要的行政手段，大力调整优化产业结构、能源结构、运输结构和用地结构，强化区域联防联控，狠抓秋冬季污染治理，统筹兼顾、系统谋划、精准施策，坚决打赢蓝天保卫战，实现环境效益、经济效益和社会效益多赢。

2019年3月27日，《关于印发住房和城乡建设部建筑市场监管司2019年工作要点的通知》（建市综函〔2019〕9号）提出要开展钢结构装配式住宅试点，系行业推广政策中首次仅提钢结构+住宅。

2019年7月4日，住房和城乡建设部发布行业标准《装配式钢结构住宅建筑技术标准》JGJ/T 469—2019，自2019年10月1日起实施。

2020年7月3日，住房和城乡建设部等部门印发了《关于推动智能建造与建筑工业化协同发展的指导意见》（建市〔2020〕60号）。该意见指出："加快打造建筑产业互联网平台，推广应用钢结构构件智能制造生产线和预制混凝土构件智能生产线。发挥龙头企业示范引领作用，在装配式建筑工厂打造'机器代人'应用场景，推动建立智能建造基地。"

2020年8月28日，住房和城乡建设部等部门印发了《关于加快新型建筑工业化发展的若干意见》（建标规〔2020〕8号）。该意见指出："鼓励医院、学校等公共建筑优先采用钢结构，积极推进钢结构住宅和农房建设。加大钢结构住宅在围护体系、材料性能、连接工艺等方面的联合攻关。"

2021年10月24日，国务院印发《2030年前碳达峰行动方案》，提出要加快推进城乡建设绿色低碳发展，城市更新和乡村振兴都要落实绿色低碳要求；要推广绿色低碳建材和绿色建造方式，加快推进新型建筑工业化，大力发展装配式建筑，推广钢结构住宅，推动建材循环利用，强化绿色设计和绿色施工管理；加强县城绿色低碳建设。

1.3.2　部分地方政策

目前，全国很多省市已出台了装配式建筑专门的指导意见，不少地方更是对装配式的发展提出了明确要求，出台的政策具有很强的落地性和可实行性。

1. 北京市

《北京市发展装配式建筑2020年工作要点》明确：2020年实现装配式建筑占新建建筑面积的比例达到30%以上，推动形成一批设计、施工、部品部件生产规模化企业，具有现代装配建造水平的工程总承包企业以及与之相适应的专业化技能队伍。

《关于进一步发展装配式建筑的实施意见》明确：2022年实现装配式建筑占新建建筑面积比例达到40%以上。到2025年，实现装配式建筑占新建建筑面积的比例达到55%，基本建成以标准化设计、工厂化生产、装配化施工、一体化装修、信息化管理、智能化应用为主要特征的现代建筑产业体系；以新型建筑工业化带动设计、施工、部品部件生产企业提升创新发展水平，培育一批具有智能建造能力的工程总承包企业以及与之相适应的专业化高水平技能队伍。

2. 湖南省

《湖南省绿色建造试点实施方案》提出新型建筑工业化试点项目。示范试点通过新一代信息技术驱动，以工程项目系统化集成设计、精益化生产施工为主要手段，整合装配式建筑全产业链、价值链和创新链的生产和建造模式。申报单位应是混凝土结构、钢结构和木结构装配式建筑部件生产企业为主组成的全产业链团队，原则上以建筑面积$10000m^2$以上的装配式建筑为试点项目。

《湖南省"绿色住建"发展规划（2020—2025年）》明确：到2025年，城镇新建建筑节能标准施工执行率达到70%以上，城镇新增绿色建筑竣工面积占新增民用建筑竣工面积比例为60%以上，城镇装配式建筑占新建建筑比例达到30%以上。

3. 吉林省

《吉林省绿色建筑创建实施方案》明确：2022年，当年城镇新建建筑中绿色建筑面积占比达到70%，到2025年，当年城镇新建建筑中绿色建筑面积占比达到80%。国有资金投资（以国有资金投资为主）的体育、教育、文化、卫生等公益性建筑、保障性住房、棚户区改造及市政基础设施等项目应率先采用装配式建筑。提升装配式施工水平，大力发展全装修，推行工程总承包，确保工程质量和施工安全。

《吉林省建筑业"十四五"规划》明确：到2025年，建成5个以上国家级装配式建筑产业基地，15个以上省级装配式建筑产业基地，全省装配式建筑占新建建筑面积的比例达到30%以上，城市中心城区商品住宅实现全装修交付。

4. 陕西省

《关于推动智能建造与新型建筑工业化协同实施发展的若干意见》明确：2021年起，每年新开工建设项目面积增加3%以上用于新型建筑工业化示范项目建设，城市中心城区出让或划拨土地的新建项目，实施工业化建造比例不低于20%，并逐年增加，到2025年新型建筑工业化政策体系和产业体系基本建立，装配式建筑占新建建筑的比例达到30%以上，城市中心城区住宅建筑实施全装修。

5. 福建省

《福建省绿色建筑创建行动实施方案》明确：全省到2022年，当年城镇新建民用建筑中绿色建筑面积占比达到75%以上，星级绿色建筑持续增加，既有建筑能效水平不断提高，住宅健康性能不断完善，装配化建造方式占比稳步提升，绿色建材应用进一步扩大，绿色住宅使用者监督全面推广，人民群众积极参与绿色建筑创建活动，形成崇尚绿色生活的社会氛围。

《福建省建筑业"十四五"发展规划》明确：到2025年，全省城镇每年新开工装配式建筑占当年新建建筑的比例达到35%以上，其中福州、漳州、泉州国有投资新开工保障性住房、教育、医疗、办公综合楼项目全部采用装配式建筑，其余设区市及平潭综合试验区比例不低于50%。

6. 浙江省

《关于推动浙江建筑业改革创新高质量发展的实施意见》明确：加快推行以机械化为基础、以装配式建造和装修为主要形式、以信息化和数字化手段为支撑的新型建筑工业化。装配式建筑占新建建筑比重达到35%以上，钢结构建筑占装配式建筑比重达到40%以上。大力发展钢结构等装配式建筑，稳步推进钢结构装配式住宅试点。适宜装配式结构的政府投资新建公共建筑以及市政桥梁、轨道交通、交通枢纽等，提倡优先采用钢结构等装配式建筑。加快推广先进适用的结构体系和围护体系。加快工程机械产业体系培育，引导工程总承包企业建设与装配式建筑相配套的机械化施工队伍。加快推进装配化装修。加快装配化装修技术和标准研究，大力推广管线分离、一体化装修技术。推广应用整体厨房、卫浴等集成化、模块化建筑部品。加强装配化装修在商品住房中的应用，推动装配化装修和钢结构等装配式建筑深度融合。

《浙江省建筑业发展"十四五"发展规划》明确：到2025年，全省装配式建筑占新建建筑比例35%以上，钢结构建筑占新建装配式建筑比例40%以上，累计创建国家装配式建筑产业基地35个以上。

7. 江苏省

《全省建筑产业现代化2020年工作要点》明确：强化目标引领，细化分解年度目标，确保2020年底全省装配式建筑占新建建筑面积比例达30%按时完成，南京新开工装配式比例达35%。提出因地制宜地推进装配式建筑技术在村镇建设中的应用。

《江苏省建筑业"十四五"发展规划》明确：积极推广精益建造、数字建造、绿色建造、装配式建造等新型建造与管理方式，新开工装配式建筑占同期新开工建筑面积比达50%，成品化住房占新建住房的70%，装配化装修占成品住房的30%。

8. 重庆市

《重庆市推进建筑产业现代化促进建筑业高质量发展若干政策措施》明确：到2025年底，现代建筑产业产值达到3000亿元以上，全市政府投资或主导的建筑工程项目以及有条件的轨道交通、道路、桥梁、隧道项目全面采用装配式建筑或装配式建造方式。从2020年9月2日起，主城都市区中心城区办公、商业、文教、科研等社会投资公共建筑和计容建筑规模5万 m^2 及以上的居住建筑应在供地方案中明确装配式建筑实施要求，且主城都市区中心城区各区每年在建设项目供地面积总量中实施装配式建筑的面积比例不低于50%。到2025年底，全市新开工装配式建筑占新建建筑比例不低于30%。

《重庆市建筑业"十四五"发展规划》明确：到2025年，装配式建筑占全市新建建筑面积比例达到30%。其中，重点推进区域达到50%，积极推进区域达到30%，鼓励推进区域达到20%。

《重庆市现代建筑产业发展规划（2021—2025年）意见》明确：到2025年，装配式建筑占全市新建建筑面积比例达到30%。

9. 西藏自治区

《西藏自治区建筑业发展"十四五"规划》明确：加快推进装配式建筑和绿色建筑发展，到2025年，全区城镇每年新开工装配式建筑占当年新建建筑的比例达到30%以上。

10. 江西省

《关于加快钢结构装配式住宅建设的通知》明确：积极推广钢结构装配式住宅在保障性住房、搬迁安置房、商品住宅等方面的应用，鼓励房地产开发企业建设钢结构装配式住宅，鼓励易地扶贫搬迁项目采用钢结构装配式建造方式，因地制宜引导农村居民自建住房采用轻钢结构装配式建造方式。

《关于加快推进全省装配式建筑发展的若干意见》明确：2025年，江西省装配式建筑发展水平进一步提高，装配式建筑新开工面积占新建建筑总面积的比例达到40%。

11. 广西壮族自治区

《关于支持广西新型装配式建筑材料产业发展的若干措施》明确：全区培育壮大新型装配式建筑材料产业，促进智能制造在广西新型装配式建筑材料领域大力发展，并落实4项装配式建筑材料产业优惠政策。到2025年，培育15家智能制造企业和数字工厂试点城市全面应用装配式建筑。力争用10年左右的时间，使自治区区装配式建筑占新建建筑面积的比例达到30%。

《广西新型建筑工业化发展"十四五"专项规划（征求意见稿）》提出：到2025年，形成一批研发能力强、掌握核心技术、具有自主创新能力、有能力辐射东盟和华南西部省份的新型建筑工业化领军企业，全区装配式建筑项目建筑面积占新建建筑面积的比例达到30%以上。

12. 内蒙古自治区

《内蒙古自治区"十四五"住房城乡建设事业规划》明确："十四五"时期推进装配化装修方式在商品住房项目中的应用，促进装配式建筑产能供需平衡，积极推动包头市钢结构装配式建筑生产基地，稳步发展呼伦贝尔市木结构装配式建筑生产基地。到2022年，全区装配式建筑占比力争达到15%；到2025年，装配式建筑面积占比力争达到30%。

13. 海南省

《海南省住房和城乡建设事业"十四五"规划》明确：实施装配式建筑发展工程；推动装配式示范项目（基地）、装配式建筑产业基地建设，基于海南省房屋建筑工程全过程监管信息平台，建设装配式建筑数字监管子系统。装配式建筑产业布局稳定，将金牌港建成以装配式建筑为主导，能够引领未来热带建筑科学发展的集聚区、展示区和体验区。到2025年末，装配式建筑占新建建筑比例大于80%。

14. 广东省

《广州市大力发展装配式建筑加快推进建筑产业现代化实施意见》明确：广州市到2020年，实现装配式建筑占新建建筑的面积比例不低于30%；到2025年，实现装配式建筑占新建建筑的面积比例不低于50%。新立项的人才住房、保障性住房等政府投资的大中型建筑工程全面实施装配式建筑。以招拍挂方式出让用地的建设项目按比例实施装配式建筑。综合管廊、轨道交通、桥梁、隧道等市政基础设施工程推广装配式建造方式。

《广东省建筑业"十四五"发展规划》明确："十四五"时期装配式建筑面积占新建建筑面积的比例达到30%，城镇绿色建筑占新建民用建筑比例达100%。

15. 安徽省

《绿色建筑创建行动实施方案》明确：稳步推广装配化建造方式。以保障性安居工程等政府投资居住项目为切入点，分步推进装配式混凝土结构，逐步提升装配率。以公共建筑、工业建筑为重点，大力推广装配式钢结构技术体系。倡导轻钢结构、木结构在旅游度假、园林景观和仿古建筑项目中的应用。

《安徽省"十四五"装配式建筑发展规划》明确：到2025年，各设区市培育或引进设计施工一体化企业不少于3家；培育一批集设计、生产施工于一体的装配式建筑企业，产能达到5000万 m^2，装配式建筑占新建建筑面积比例达到30%，其中：宿州、阜阳、芜湖、马鞍山等城市力争达到40%；合肥、蚌埠、滁州、六安等城市力争达到50%。全省打造一批智能建造龙头企业，基本形成立足安徽省，面向长三角，辐射"一带一路"的新型建筑工业化发展基地。

16. 云南省

《云南省"十四五"建筑业发展规划》明确：城镇新开工建筑中装配式建筑和采用装配式技术体系的建筑面积占比达到30%；力争城镇新建建筑全面执行绿色建筑标准；以国有资金投资为主的大中型建筑项目、绿色生态示范小区的新立项项目，在勘察设计、施工、运营维护中应用BIM的项目占比达到30%以上。

17. 黑龙江省

《关于加快推进装配式建筑发展若干政策措施的通知（征求意见稿）》提出：确定哈尔滨市为重点推进地区，到2021年底，装配式建筑占新建建筑面积比例应达到15%以上，并逐年递增，到"十四五"末，装配式建筑占地区新建建筑面积比例力争达到40%。

18. 四川省

《2020年全省推进装配式建筑发展工作要点》明确：2020年，全省将新开工装配式建筑4600万 m^2，其中，成都3000万 m^2、广安120万 m^2、乐山120万 m^2、眉山120万 m^2、绵阳120万 m^2、宜宾120万 m^2、泸州80万 m^2、凉山80万 m^2、德阳80万 m^2、内江80万 m^2；其他市（州）在年度新建建筑中明确一定比例的装配式建筑，单体建筑装配率不得低于30%。钢结构装配式住宅建设试点城市开工建设1~2个钢结构装配式住宅示范项目。全省新增10个省级装配式建筑产业基地。

《提升装配式建筑发展质量五年行动方案》明确：到2025年，形成成都平原、川东北、川南、川西北、攀西五大区域协同发展、多点支撑的产业发展格局，区域产业链基本建成；全省新开工装配式建筑占新建建筑比例达40%，装配式建筑单体建筑装配率不低于50%，建成一批A级及以上高装配率的绿色建筑示范项目。

19. 上海市

《上海市建筑节能和绿色建筑示范项目专项扶持办法》明确：将超低能耗建筑示范项目作为新增补贴项目类型，建筑面积要求为0.2万 m^2 以上，补贴标准定为300元/m^2。按照评价等级调整装配式建筑示范项目补贴方式，对评价等级达到 AA 的，补贴 60 元 $/m^2$；达到 AAA 的补贴 100 元 $/m^2$，同时将建筑规模要求放宽为 1 万 m^2 以上。

《上海市住房发展"十四五"规划》明确：扎实推进装配式建筑发展，公共租赁住房项目全部采用全装修方式，以绿色建筑专项规划为指导，新建住宅实现全面执行绿色建筑标准的目标。

20. 天津市

《天津市建筑业"十四五"规划（2021—2025 年）》明确：培育装配式建筑市场需求，消除市场对装配式建筑不恰当的认识；加大装配式建筑技术研发投入，积极推进成熟技术标准转化，提升装配式建造质量和建造品质。鼓励政府投资项目、装配式项目、应用建筑信息模型的项目优先采用工程总承包方式建设，到"十四五"末，政府投资工程采用工程总承包模式的比例超过 50%，装配式建筑全部采用总承包模式。

21. 山东省

《山东省绿色建筑创建行动实施方案》明确：到 2022 年，城镇新建建筑装配化建造方式占比达到 30%，钢结构装配式住宅建设试点取得积极成效。大力发展钢结构等装配式建筑，新建公共建筑原则上采用钢结构，政府投资或政府投资为主的建筑工程按照装配式建筑标准建设；建立健全政策标准体系，扎实推进钢结构装配式住宅建设试点，发布型钢构件标准化技术要求；推动装配式装修。

《关于推动钢结构装配式住宅发展的实施意见》明确：2020—2021 年，山东省新建钢结构装配式住宅 200 万 m^2 以上，培育 5 家以上钢结构装配式建筑龙头企业，推动建设 1 个型钢部件标准化生产基地和 3 个以上钢结构装配式住宅产业园区，探索形成健全有效的钢结构装配式住宅发展机制。同时，加大政策支持，在钢结构装配式住宅发展起步阶段，综合采取财政资金奖补、容积率奖励、绿色金融支持及适度降低预售条件、预售资金监管留存比例等措施，降低开发建设单位的实际投入。

《山东省住房和城乡建设事业发展第十四个五年规划（2021—2025 年）》明确：加快建造方式革新，大力发展装配式建筑和装配式装修，新供应建设用地按比例建设装配式建筑，政府投资或者以政府投资为主的建筑工程全面按照装配式建筑标准建设，持续加大内墙板、预制楼梯、预制楼板等成熟预制部件推广应用力度。

22. 河北省

《河北省绿色建筑创建行动实施方案》明确：到 2022 年，全省城镇新建建筑中绿色建筑面积占比达到 92%，建设被动式超低能耗建筑达到 600 万 m^2，逐步提高城镇新建建筑中装配式建筑占比。政府投资的单体建筑面积超过 2 万 m^2 的新建公共建筑率先采用钢结构，以唐山、沧州两市为试点，推动钢结构装配式住宅发展。

石家庄市《2021 年全市建筑节能、绿色建筑与装配式建筑工作方案》明确：新开工建设装配式建筑面积占城镇新建建筑面积比例达到 25% 以上；严格执行石家庄市市政府《关于大力发展装配式建筑的实施意见》等文件要求，大力发展装配式建筑；指导各县（市、区）做好装配式建筑推广工作，督促各县（市、区）加大项目建设力度，鼓励项目规模化建设装配式建筑，不断提高全市装配式建筑占比；新培育 1 个省级装配式建筑产业基地。严格依据现行国家标准《装配式建筑评价标准》GB/T 51129 及河北省相关标准进行评价，适时组织省、市装配式建筑专家召开技术研讨会，进一步提升石家庄市装配式建筑评审水平。

23. 甘肃省

《甘肃省新型城镇化规划（2021—2035年）》明确：推行低碳化生产生活方式。积极发展光伏、光热和风能利用等分布式能源，推行多能互补、安全清洁的城市供热供冷体系。推广绿色建材、装配式建筑和钢结构住宅，支持建设超低能耗和近零能耗建筑，建设低碳城市。

24. 山西省

《山西省绿色建筑创建行动方案》明确：2022年全省当年新开工装配式建筑600万 m^2，装配式建筑占新建建筑面积的比例达到21%。推动新建建筑全面执行绿色建筑标准，规范绿色建筑标识工作，以提升建筑能效，推行绿色建造、装配化建造方式，创建绿色建筑创新项目；加强技术研发推广，建立绿色住宅使用者监督机制；加强组织领导、绿色金融支持、绩效评价、宣传推广等支持保障措施。

25. 河南省

《加快落实大力发展装配式建筑支持政策的意见通知》明确：全省落实装配式建筑资金奖补支持政策，拓展专项资金引导支持范围，积极推广钢结构装配式农房建设，各地结合实际研究制定支持农村地区集中连片装配式农房项目的奖补政策。装配式建筑项目可按技术复杂类工程项目进行招投标，推行工程总承包建设组织模式。使用住房公积金贷款购买装配式商品住房，其贷款额度最高可上浮20%；对装配式建筑设计、施工等绿色建造技术应用示范项目优先推荐国家、省绿色创新奖等。

《河南省绿色建筑创建行动实施方案》明确：大力发展装配式混凝土建筑和钢结构建筑，积极推进钢结构装配式住宅试点建设。优化构件和部品部件生产，建立装配式建筑预制构件标准化库，推动装配式建筑构配件选型通用化、标准化水平。

26. 宁夏回族自治区

《宁夏回族自治区住房和城乡建设厅关于进一步推进装配式建筑工作的通知》明确：到2020年底，装配式建筑占城镇同期新建建筑面积比例达到10%。其中，重点推进地区达到15%以上，积极推进地区达到10%以上，鼓励推进地区达到5%以上。

《宁夏回族自治区绿色建筑创建行动实施方案》明确：到2022年，城镇新建民用建筑中实施绿色建筑面积占比达到70%，星级绿色建筑持续增加，既有建筑绿色改造水平不断提高，住宅健康性能不断完善，装配化建造方式占比稳步提升，绿色建材应用进一步扩大，绿色住宅使用者监督全面推广，人民群众积极参与绿色建筑创建活动，形成崇尚绿色生活的浓厚社会氛围。

1.4 装配式钢结构建筑特点及优势

1.4.1 钢结构建筑的特点

（1）强度高，重量轻。钢与混凝土、木材相比，虽然密度较大，但其强度较混凝土和木材要高得多，因此在同样荷载作用下，钢结构与钢筋混凝土结构和木结构相比，构件截面面积较小，重量较轻，实现跨度大，建筑空间灵活、使用面积增大。

（2）材质均匀，可靠性高。钢材由钢厂生产，质量控制严格，材质均匀性好，且有良好的塑性和韧性，比较符合理想的各向同性弹塑性材料，因此目前采用的计算理论能够较好地反映钢结构的实际工作性能，可靠性高。

（3）工业化程度高，建造工期短。钢结构都为工厂制作，具备成批大件生产和成品精度高等特点；采用工厂制造、工地安装的施工方法，有效地缩短工期，降低了造价、发挥了投资的经济效益。

（4）抗震性能好。钢结构由于自重轻和结构体系相对较柔，受到的地震作用较小，钢材又具有较高的抗拉和抗压强度以及较好的塑性和韧性，因此在国内外的历次地震中，钢结构是损坏最轻的结构，已公认是抗震设防地区特别是强震区最合适的结构体系。

（5）抗火性能差。当温度在250℃以内时，钢材性质变化很小，钢结构可用于温度不高于250℃的场合。当温度达到300℃以上时，钢材强度逐渐下降，当温度达到600℃时，钢材强度降至三分之一以下，在这种环境中，对钢结构必须采取防护措施。在火灾中，未加防护的钢结构初始稳定性一般只能维持20min。钢结构耐火性较差，因此需要采用防火措施，如在钢结构外面包裹混凝土或其他防火材料，或在构件表面喷涂防火涂料等。目前国内外正在研发耐火性能好的耐火钢，以降低防火措施带来的费用。

（6）钢结构是绿色建材，在节能、节材、节地、节水等方面有利于资源及环境保护，符合可持续发展战略的需求。减排方面，同重量炼钢产生的二氧化碳量是烧制水泥的20%，消耗的能源比水泥少15%。节材方面，钢结构住宅可以减少约40%的砂石、水泥，其自重较钢筋混凝土结构减轻约1/3，可以节省30%左右的地下桩基。节地方面，钢结构建筑可提高单位面积土地的使用率，增加5%~8%的使用面积。此外，钢构件在工厂加工制作，施工现场占用场地小。节水方面，钢结构主要构件在工厂完成制作加工，现场仅需进行拼接安装，大幅减少施工用水量。据统计，模块化钢结构建筑降低的施工用水量高达95%。环保方面，钢结构建筑二氧化碳排放量约为480kg/m²，而传统混凝土结构建筑排放量约为740.6kg/m²，前者二氧化碳的排放量相比后者可降低35%以上。除此之外，钢结构建筑能够减少80%以上建筑施工垃圾。

（7）钢材耐腐蚀性差。钢结构一般间隔一定时间就要重新刷防腐涂料，维护费用相对较高。目前国内外正在发展各种高性能的防腐涂料和不易锈蚀的耐候钢，钢结构耐锈蚀性差的问题已经得到解决。

1.4.2　发展装配式钢结构建筑的意义

发展装配式钢结构建筑，有利于推动行业绿色和可持续发展，提升建筑性能，带动建筑产业技术进步，推动我国建筑业高质量发展。

（1）装配式钢结构建筑符合我国建筑业绿色发展和生态文明建设的长远目标。钢结构建筑是绿色建筑，可回收、循环使用，具有良好的抗震性能及延性；可持续发展、循环再利用的理念体现在建筑设计、施工、建造、拆除及异地重建的全过程，将钢材应用于建筑结构中，能够有效实现节能减排、控制污染的新型建筑发展模式，完全符合发展装配式建筑的初衷，也是建筑工业化的合理选择。当前，我国建筑业粗放的发展方式并未得到根本改变，表现为资源、能源消耗高，建筑垃圾排放量大，扬尘和噪声环境污染严重等。装配式钢结构建筑可实现材料的循环再利用，减少建筑垃圾排放，降低噪声和扬尘污染，保护周边环境，有效降低建筑能耗，推进住房城乡建设领域绿色发展。

（2）装配式钢结构能够促进我国建筑业走向工业化的发展道路。钢结构是最适合工业化装配式的结构体系，具体表现在以下三点：

1）钢材具有良好的机械加工性能，适合工厂化生产和加工制作；

2）与混凝土相比，钢结构质量轻，适合运输、装配；

3）钢结构适合于全栓连接，便于装配和拆卸。

钢结构建筑具有强烈的工业化特色，其轻质高强的优势以及可采用干式施工方式，不仅可以大幅度提高工程质量和安全技术标准，实现绿色施工，还可以大幅度提高建筑的工作性能和使用品质，是最适合工业化装配式建筑的体系。同时有利于提升建筑性能，改善人居环境。

（3）发展钢结构建筑可化解钢材市场的过剩产能，实现建材资源的可持续发展。目前我国人均水泥用量是世界人均水平的4倍多，每年消耗优质石灰石资源20余亿t；河砂的大量使用，严重破坏了环境。与此同时，我国是钢材生产大国，粗钢产量连续多年世界第一，而我国钢结构建筑占新建建筑比例在10%左右，远低于发达国家20%~50%的比例，有很大的发展空间。随着政府一系列提倡钢结构建筑政策的出台，城市建设的发展及人们对建筑品质要求的不断提高，都表明了钢结构建筑具有良好的发展前景。发展装配式钢结构建筑有利于降低对水泥、砂石等资源的消耗，实现建材资源的可持续发展。

（4）有利于推动建筑产业的技术进步。与混凝土建筑相比，装配式钢结构建筑对外围护系统和内装系统提出了更高的要求；与传统的生产和建造方式相比，需要采用更多的优质材料和集成部品。装配式钢结构建筑的不断发展，将会拉动上下游产业的技术提升。

1.4.3　装配式钢结构建筑存在的主要问题

近年来，在国家政策鼓励和提倡下，根据我国自身发展的国情，我国多所高校、企业探索研发了多种新型装配式钢结构建筑体系，钢结构建筑体系的技术也取得了巨大的进步，但是与国外同类技术相比仍然有不小的差距，体现在理论研究不足和相关具体技术不完备。

（1）在技术体系研发环节，一些建筑体系各专业独立研究，综合考虑不足；或仅关注结构本身，没有从系统集成的思路出发将结构、围护、设备、内装进行整体集成；或研发思路只关注装配，不关注标准化、工业化生产，造成成本过高，难以大面积推广。整个研发很少借鉴已经高度发达的其他工业领域，如汽车、航空、电子工业的成功经验，没有把建筑当作工业化产品来对待。

（2）在工程化应用层面，突出问题表现在"钢结构专业技术人才缺乏，特别是专业设计人员短缺；全寿命周期的设计、施工、生产一体化管理技术有待建立；钢结构标准化、工业化、信息化融合技术欠缺"三个方面。我国装配式钢结构建筑的研究与建造起步相对较晚，缺乏完整的装配式钢结构建筑技术体系，缺少完整建筑的设计、生产及施工能力，缺少对装配式钢结构建筑的围护、内装和管线系统的重视，在集成配套上出现较多问题。针对以上问题，应鼓励国内大量的科研院所和企业积极参与装配式钢结构建筑的系统研究，并引导企业积极探索和实践装配式钢结构建筑项目。

（3）在市场与监管层面，突出问题表现在"钢结构产业结构不合理，行业定位模糊；钢结构质量监督与产品认证的力度不够；设计、施工、生产脱节，效率和效益普遍较低"三个方面。

（4）使用习惯方面，长期以来，我国民用建筑特别是在住宅建筑中大量采用砖混或钢筋混凝土建筑，而钢结构建筑用于公共建筑和工业建筑较多，住宅建筑很少，这使得人们对钢结构建筑缺乏了解，认为其存在造价高、露梁柱、难维护等一系列问题。要转变人们思想观念上的问题，不仅可以在建筑成本控制、配套部品采用、精细化的设计及新型结构体系研发等方面采取措施，还可以通过开展示范工程展示、专业知识宣传等，来消除人们的思想顾虑。

（5）部品配套方面，装配式钢结构建筑是钢结构系统、外围护、内装和设备管线系统的集成，而外围护、内装等相关配套部品在一定程度上决定了装配式钢结构建筑的性能。部品部件性能上的不匹配，造成了墙体开裂、渗水、隔声差等问题，影响了装配式钢结构建筑的推广。

以上问题的存在直接影响了装配式钢结构建筑在我国的推广。因此，深入剖析装配式钢结构建筑推广过程中的具体问题，对装配式钢结构建筑结构体系进行优化，提出改进设计方案的合理建议，以达到解决装配式钢结构建筑现有问题的目的，具有重要的现实意义和应用价值。

第2章 国外钢结构工业化建筑的发展及相关技术体系

  建筑生产工业化的演变与装配式建筑发展、时代背景和社会经济发展紧密相关，其中技术发展与社会需求起到决定性作用。工业革命促进了科学技术的进步，使得建筑业生产方式发生变革，催生了建筑工业化。从工业革命到第二次世界大战结束，这一阶段是建筑工业化和装配式建筑发展的启蒙探索阶段。

  18世纪60年代英国爆发工业革命，随后美国、法国、德国等西方国家都先后进入了工业化时代。第一次工业革命改变了建筑业生产方式，新材料（钢、铁、玻璃等）、新技术（工业化施工建造方式）和新设备（垂直升降机）的出现都为世界近现代建筑走向建筑工业化奠定了基础。其中钢材和混凝土在19世纪被广泛使用，在建筑发展史上具有极为重要的意义。

  19世纪60年代以后，英、美、德、法等资本主义国家开始了第二次工业革命。1851年，在英国举行的第一次国际工业博览会的主场馆"水晶宫"（The Crystal Palace）采用钢框架体系和标准化预制构件，成为建筑工业化的代表作，开创了建筑设计和建造的新篇章（图2.1）。1889年，巴黎埃菲尔铁塔（The Eiffel Tower）最早采用了金属预制构件（图2.2）；1891年巴黎比亚里茨的俱乐部建筑首次使用装配式混凝土构件；20世纪初英国工程师John Alexander Brodie提出装配式公寓的设想和实践，采用预制混凝土完成利物浦埃尔登街作品（图2.3）。

  工业革命催生了各种兼具生产性和实用性的建筑，如厂房、仓库、车站、商业办公楼、商店和住房等迅速发展，这就要求多层、大跨度、耐火、耐振动的建筑物快速建成，

图 2.1 英国博览会"水晶宫"

图2.2   巴黎埃菲尔铁塔建造过程

同时对建筑量的需求也促进了建筑生产方式的转变。代表性的实践如1909年德国柏林通用电气公司透平机工厂（AEG Turbine Factory）、1911年建成的德国法古斯工厂（Fagus Factory）（图2.4）。20世纪20年代开始，现代主义先驱们纷纷对建筑工业化生产方式转变下的建筑技术与艺术进行全面探索。

图2.3   英国利物浦埃尔登街作品   图2.4   德国法古斯工厂

"二战"结束后，世界各国急需城市复兴复建，同时各国面临劳动力短缺的难题，建筑工业化和装配技术迎来了蓬勃发展的时机。装配建筑具有建造速度快、生产成本低，与建筑工业化发展的需求完全吻合，因此，西方发达国家以建筑生产为主要目标，将工业化与建筑设计、技术开发、部品生产和施工建造相结合，实现了建筑工业化生产的变革，并在20世纪50~60年代战争重灾区的重建过程中迎来高峰。同时，伴随着20世纪40~50年代的"第三次科技革命"，原子能、电子计算机、空间技术等发明与应用爆发，建筑工业化中工厂的管理与生产环节开始以流水线生产操作为主，机械设备按照设定的程序进行，部品部件的质量、精度和生产效率都大幅提升。

20世纪70年代由于全球石油危机，世界各国经济全面衰退，随即建筑工业化发展放缓。同时，由于城市化的加快，引发了城市人口骤增、用地短缺、交通拥堵、环境污染等问题，传统工业化的弊端逐渐显现。20世纪70年代以后，工业化呈现多样化趋势，各国建筑工业化和装配式建筑建设的基本形态呈现了由聚集向分散、由高层向低层、由单调外观向丰富外观的转变。

20世纪80年代，可持续发展（Sustainable Development）的理念逐渐形成。可持续发展的理念内涵主要是指生态、社会、经济三者之间的协调发展，其目的在于为人类物种的延续谋求更广阔的生存发展空间。

20世纪90年代末，世界各国建筑工业化和装配式建筑技术向绿色节能与建筑长寿化转型发展。世界各国不断实践探索，以多体系并存，构建了各国通用化、标准化、系列化的建筑工业化和装配式建筑技术体系。此时，建筑工业化和装配式建筑技术不仅针对主体结构，而且集成了设备管线、内装及其连接方式等，例如以日本为代表的SI体系等。

纵观全球建筑工业化发展，各国由于历史背景、经济状况、国家政策大不相同，选择了不同的装配式建筑发展道路和方式，在时间上有先后和快慢差异，取得的成果也各有不同，下面主要以日本、美国、德国和英国为例，介绍国外装配式建筑的发展及相关技术体系。

2.1　日本工业化建筑发展概述

日本在工业革命以前的建筑以木结构建筑为主，受中国木结构建筑的影响甚深。从19世纪60年代至20世纪20年代，是日本近代建筑发展最为迅速的阶段，开放的政治形态使得日本可以快速地吸收西方建筑体系。混凝土结构建筑和钢结构建筑的引入，很好地解决了日本建筑在防火抗震上的问题。20世纪30年代，受德国住宅博览会上的装配式住宅（Trocken Montage bau）的影响，日本建筑师开始研究装配式建筑的设计和建造。日本"预制住宅"（プレハブ住宅）一词便首次出现在1955年，作为低层组装式住宅、临时学校、办公室、预制混凝土中低层住宅等建筑物的总称，即预先在工厂制作构件，在现场进行组装的建筑物的总称。"工业化住宅"一词首次出现在1973年，当时日本建设省实施了预制住宅的鉴定制度，即"工业化住宅性能认定制度"，其中采用了"工业化住宅"一词。为了推动日本工业化建筑的发展，日本在1963年成立了日本预制建筑协会（プレハブ建築協会），协会一方面探讨建筑工业化住宅的发展，同时又加强与政府的合作。

2.1.1　日本工业化建筑的历史和发展

20世纪初期，德国的格罗佩斯（Walter Gropius）提出了干式组装结构体系的概念。随后，该体系及工法由日本建筑师引进到了日本，同时日本建筑师的相关研究和住宅实践的案例也陆续发表。这种干式工法被认为是现代钢结构工业化建筑的起源。

在这种思想的指导下，1941年由日本住宅营团（"住宅营团"，现称"独立行政法人都市再生機構"），开发并尝试将"木结构组装住宅"应用到实际工程之中，从而对日本住宅工业化的进程起到了推动的作用。日本近现代装配建筑的工业化发展历程，大致经历了六个阶段：

第一阶段（1945—1954年）："二战"后日本经济复苏，经济开始增长，随着人口向城市集中，城市住宅严重不足（不足量为420万户），引发了城市住宅建设的全面复兴，而建设量的增加使人们不得不面对建筑能耗与成本问题。为此日本政府先后制定了指导住宅建设的《公营住宅法》及住宅金融公库[1]、住宅公团[2]机制。其中《公营住宅法》推进了

1　日本住宅金融公库是由政府全额注资成立的特殊法人，专门为政府、企业和个人建房购房提供长期、低利率贷款的公营公司。

2　公团是由政府或地方公共团体出资组成的经营特定公共事业的法人。日本公团住宅是日本在战后经济高速增长时期，由政府设立的公共性住宅体系。

建筑界产业化与节能装配化的初期发展，发明了低造价且节能的RC结构技术，在全国范围普及推广利用RC结构技术建造的"DK型住宅"（"D"指饭厅"dining room"，"K"指厨房"kitchen"），其形式主要是3~4层联排2DK型（开头所带的数字表示独立房间的数量）43m²的集合住宅，实现了屋面和各居室空间的低造价与节能，之后这种RC结构技术与装配住宅的产业化被结合起来。

第二阶段（1955—1964年）：该时期日本政府颁发了《住宅建设规划法》《住宅建设计划法》与《装配住宅公团法》，并实施政府制定的"1955—1964年住宅建设十年规划"，以解决住宅不足问题。该时期政府机构先后颁发了《普及装配部品制度》《优良装配部品制度》《装配住宅性能指标》等技术规范。以公共住宅为核心，开始大量建设标准设计的节能装配式的公营[1]住宅、公库住宅和公团住宅。其中以日本装配住宅公团（JAH）建造的节能住宅，开始采用标准化设计方式设计了55m²的户型。以后每隔1~2年改进一种形式，直至65m²型标准规范形成。同期各企事业单位为了完成供给住宅目标，采用各种方式进行节能装配住宅建设，相继完成了木结构系列、钢结构系列、混凝土结构系列等试制阶段。

第三阶段（1965—1974年）：1966年日本经济开始进入飞跃时期，人口往大城市集中，造成城市住宅紧缺。为此日本政府推出两大举措：一是1966年制定"第一期住宅建设五年规划"，面向"一户一住宅"大量供给公共住宅，到了1973年实现190万户/年的住宅供给量。二是颁布"装配住宅建设产业化的基本设想"，提出节能装配住宅作为一种定型商品，将标准化的装配式住宅和新型节能住宅区作为节能装配建筑产业化发展的主要支柱。同期为了提高土地利用率，JAH于1968年开发了HPC工法（H型高强度钢与预制混凝土板组装施工）；1970年设计的70-FS型和70-8CS型标准图是日本最早设计30层以上的高层节能装配住宅标准设计图。到了1974年，JAH将1960年开发沿用的KJ部品改为BL（Better Living）部品及BLS（Better for Living Society）部品，发展成为现在的节能装配式BL标准部品。

第四阶段（1975—1984年）：在第四阶段前半期，日本已经达到了一户一住宅的目标，住宅建设开始从量向质转换，采用标准设计已经满足不了住户对高品质生活的需要。为保证产业化住宅的质量和功能，政府设立了工业化住宅质量管理优良工厂认定制度，设定了《工业化住宅性能认定规定》，以1985年争取达到居住平均水平和消除最低居住水平以下的住宅为目标。开始制定节能法，废除传统住宅设计标准，实施节能装配建筑标准体系的NPS（New Planning System）、KEP（Kodan Experimental Housing Project）设计研发。同时，民间通过节能装配系统化性能认定，将整体组装工法变为合理的混合工法。到1980年，日本经济进入稳定增长期，住宅价格仍居高不降，住宅销售出现长期滞销。根据建设省1980年统计，全国平均每户为80m²，每人1.3室，户型多为3DK和4DK。为了适应新的要求，1980年日本住宅政策的课题发生了大幅变化。首先，实现了节能装配建筑产业化发展与"一户一住宅"的目标，同期以"公营节能装配住宅标准设计新系列"的NPH标准设计代替了平面固定、灵活性较差的SPH（Standard of Public Housing）标准设计。整顿发展起来的日本住宅部件生产群，通过住宅部件的集聚使生产达到节能装配省力化的目标。此外，1981年日本开始的"第四期住宅建设5年计划"，其节能装配建筑课题研究的方向

1　日本公营住宅是由国家拨款补贴地方行政主体建造管理的低标准公共住宅，以廉价金额向本地区低收入居民和职工出租。

是：能与高龄化社会相对应的节能装配住宅、可更新改造的既有节能装配住宅、能满足生活方式多样化的节能装配住宅等。

第五阶段（1985—1994年）：日本自1987年开始的经济繁荣，到了20世纪80年代后期的泡沫经济，导致地价和住宅价格异常高涨。这时购房者多样化的需求催生了可满足多样化生活方式的个性化住宅。建设省为了提高居住水平和振兴住宅相关产业，实施了"住宅功能高度化推广项目"，CHS（Century Housing System）是该项目的推广结果。1987年日本建设省正式批准实施"优良住宅部品（BL部品）认定制度"，大大推动了日本建筑与住宅的产业化水平的提高，有效地促进了装配住宅部品体系的建立，以及节能建筑材料与制品的更新。在1990年前后，由于日本地价高涨，开始重视研发装配节能化超高层住宅建筑。1988年日本建筑界继承并发展KEP（公团试验住宅项目）系统，开发了CHS（Century Housing System）体系，同时重视节能装配建筑的环境共生研究，采用WR-PC工法。同时针对高龄化社会住宅的特点，重视开发多代同居型住宅、合租老人型住宅与中老年社区住宅等项目。

第六阶段（1994年至今）：20世纪末以来，日本泡沫经济的崩溃导致地价持续下滑，并且由于环境资源与能源问题等方面的问题，需要从更为广泛的视野重新审视可持续发展并进行评价。为此，2000年进入高龄者对策和环境共生期，要求节能装配建筑适应高龄化、信息化、环境共生等新的需求。在此背景下，1998年日本国土交通省产业事务司召开的"节能装配建筑产业化"审议会上，提出了把"维持良好的住宅储备，适应住宅需求变化，再创大城市的居住空间，建设扎根于地球的住宅，对老龄化发展的对应措施"等作为产业化支柱。特别是2010年日本开始实施的"第八期节能装配住宅建设五年计划"，推动建筑界开发了很多节能装配新技术与新体系，并采取了多种规范标准措施。诸如开发适应长寿社会的KSI住宅、可持续性NEXT21住宅，长期优良住宅以及位于城市中心地区的节能装配超高层智能住宅，同时开发了适应环境技术和建筑物综合环境评价（CASBEE）标准；其研发成果确定了日本节能装配建筑产业化发展的整体思路，一直延续至今。

多年来，日本在装配建筑产业化的发展中，形成了日本的RC机构（节能装配住宅公团）、日本的UR机构（都市机构）与日本的PE机构（民间企业）三大主体。根据资料（日本装配式建筑协会提供）显示，2008—2017年之间，日本每年建造的工业化住宅比例大约在15%左右，该比例较小是由于日本对工业化建筑严格的鉴定标准（图2.5）。根据日本建筑中心对工业化住宅的认定标准，全套住宅建造过程中的2/3或更高占比在工厂完成，以及主要的结构部分（墙、柱、底板、梁、屋面、楼梯等，不包括隔墙，构造柱，底层地板和室外楼梯等）均采用工厂生产，并采用装配式工法施工的住宅，才能被认为是工业化住宅。在日本85%以上的高层住宅都不同程度地使用了预制构件。

近几年，日本建筑界各企业的技术开发和设计体制重点基本都转移到节能装配和建筑产业化上。参与相关研究的企业，既有较大型的房屋供应商，如积水、大和、松下、三泽、丰田等，也有大型的建造商，如大成建设、前田建设等。日本产业体系的新动向是：以主体企业引导产业链，即在节能装配建筑领域具有强大的综合实力的企业，为实现企业更好的发展和谋求更大的价值，在入驻某建造市场且占主导的前提下，借助企业在产业中强大的凝聚力与号召力，通过土地出让、项目租售等方式引进其他同类企业的聚集，实现整个产业链的升级和完善。

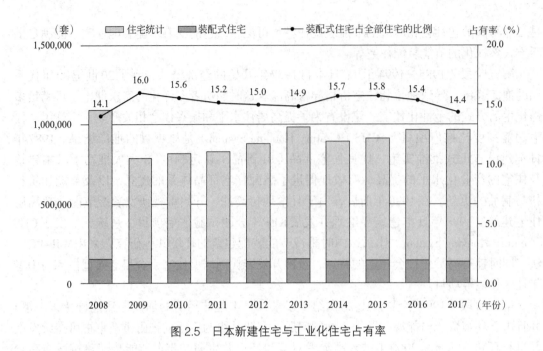

图 2.5　日本新建住宅与工业化住宅占有率

2.1.2　日本工业化建筑的类型

日本住宅的工业化技术构造有以下三种类型：

木结构体系：轴组工法（主要包括木造轴组工法、木造轴组板式工法）和墙式工法（2×4工法）；

钢筋混凝土结构体系：W-PC工法、R-PC工法、WR-PC工法、SR-PC工法和HPC工法；

钢结构体系：轻钢龙骨框架和钢结构框架工法。

经过多年的发展和实践，近年来钢结构占据了市场的主导地位，约80%以上的住宅采用了钢结构工业化建筑（表2.1、表2.2）。

结构类型的使用比例　　　　　　　　　　表 2.1

项目	2013年度		2014年度		2015年度		2016年度		2017年度	
	本年度（套）	对比去年	本年度（套）	对比去年	本年度（套）	对比去年	本年度（套）	对比去年	本年度（套）	对比去年
木结构	19239	109.4%	17171	89.3%	21095	122.9%	20782	98.5%	18782	90.4%
钢结构	128841	109.1%	133389	103.5%	133961	100.4%	140924	105.2%	132681	94.2%
低层混凝土结构	1010	96.0%	846	83.8%	715	84.5%	711	99.4%	629	88.5%
中高层混凝土结构	6.050	119.9%	4921	81.3%	6.491	131.9%	6.026	92.8%	7537	125.1%
合计	155140	109.4%	156327	100.8%	162262	103.8%	168443	103.8%	159629	94.8%

各结构体系在不同类型中的使用比例 表 2.2

项目			2013 年度		2014 年度		2015 年度		2016 年度		2017 年度	
			本年度（套）	对比去年	本年度（套）	对比去年	本年度（套）	对比去年	本年度（套）	对比去年	本年度（套）	对比去年
一户建	低层	木结构	16720	109.4%	14256	85.3%	12694	89.0%	12599	99.3%	11633	92.3%
		钢结构	46200	104.2%	39981	86.5%	38209	95.6%	37901	99.2%	37399	98.7%
		混凝土结构	795	93.6%	558	70.2%	467	83.7%	458	98.1%	395	86.2%
		小计	63715	105.4%	54795	86.0%	51370	93.7%	50958	99.2%	49427	97.0%
	中高层	木结构	509	109.7%	475	93.3%	348	73.3%	325	93.4%	365	112.3%
		钢结构	5699	106.4%	5.488	96.3%	2718	49.5%	2360	86.8%	2325	98.5%
		混凝土结构	164	90.6%	437	266.5%	76	17.4%	61	80.3%	60	98.4%
		小计	6372	106.2%	6.400	100.4%	3142	49.1%	2746	87.4%	2750	100.1%
	合计		70087	105.4%	61195	87.3%	54512	89.1%	53704	98.5%	52177	97.2%
共建	低层	木结构	1674	105.2%	2037s	121.7%	7.609	373.5%	7287	95.8%	6214	85.3%
		钢结构	48847	111.8%	52638	107.8%	50.583	96.1%	49154	97.2%	41592	84.6%
		混凝土结构	215	105.9%	288	134.0%	248	86.1%	253	102.0%	234	92.5%
		小计	50736	111.6%	54963	108.3%	58440	106.3%	56694	97.0%	48040	84.7%
	中高层	木结构	336	137.1%	403	119.9%	444	110.2%	571	128.6%	570	99.8%
		钢结构	28095	113.6%	35282	125.6%	42451	120.3%	51509	121.3%	51365	99.7%
		混凝土结构	5886	121.0%	4.484	76.2%	6.415	143.1%	5.965	93.0%	7477	125.3%
		小计	34317	115.0%	40169	117.1%	49310	122.8%	58045	117.7%	59412	102.4%
	合计		85053	112.9%	95132	111.9%	107750	113.3%	114739	106.5%	107452	93.6%
总计			155140	109.4%	156327	100.8%	162262	103.8%	168443	103.8%	159629	94.8%

1. 木结构体系

木结构体系是日本传统的房屋建造做法，现存日本住宅的80%左右都是采用该工法建成。该工法采用木材作为建筑物骨架，其中柱作为竖向受力构件，与梁铰接连接，柱与柱之间加入支撑作为水平抗侧力构件，从而形成框架–支撑结构体系。

日本1990年提出发展3R型社会的基本方针，旨在通过节省资源（Reduce）、废旧产品再使用（Reuse）、废弃物再资源化（Recycle），实现资源的循环利用，其中在木结构建筑领域已经取得了很大的进展，积累了许多成功的经验。特别是2003年在《循环型社会推进基本计划》中确定了木结构建筑业的主要节能规范：①抑制木结构建筑废弃物的产生、减少木结构建筑用料和能源消耗；②促进木结构建筑产品的再使用和废弃物的再资源

化；③企业要努力生产环保型、能够长期使用的木结构建筑产品。日本国土交通省公布的
"2015年度木结构建筑副产物现状调查"显示，2015年度木结构建筑废弃木材比1998年减
少了75%，建筑废弃木材的再资源化率为68%，2016年再资源化目标为80%；2020年再资
源化目标为98%。目前，日本木结构建筑的装配技术工法主要有：

（1）木造轴组工法。

木造轴组工法是住宅制造商和多数大工（木工）工务店（一种分散于日本各地的具有
设计、建造能力的小型建造公司，可承接客户的小型私有住宅的设计与建造工程）采用的
工法。该工法的特点为：采用整体现浇钢筋混凝土基础，房屋的主体结构为木结构承重框
架。在传统的木结构建筑中，都是以榫卯结构连接的，该连接方法可靠耐用，无需其他零
件。然而，采用传统榫卯结构的建筑，承重构件一般比较粗笨，近年来，一些住宅制造商
在传统的木结构承重框架的构造连接基础上，进行了许多改良的配套措施。比如采用"金
属补强"技术，充分发挥了传统木材和现代钢材这两种材料各自的优势，在木结构承重框
架的节点位置，使用一些金属连接件，对木结构承重框架的节点位置，进行增强加固。这
些现代构造措施的应用，极大地提高了传统木结构住宅的整体承载能力，提升了木结构住
宅的抗震性能。木造轴组工法在构造上的制约少，设计的自由度较高，典型的木造轴组工
法可参考图2.6和图2.7。

图2.6　典型的木造轴组工法　　　　　　图2.7　木造轴组工法的现场施工

（2）2×4工法。

2×4工法又称为"框架组合墙工法"，这种工法始于美国、加拿大。该工法是以
2in×4in（英寸）的木材为面板所组成，所以简称2×4工法。与以往的梁柱框架结构不同，
该结构体系用框架和墙板组合成一体的板面来替代柱子支撑结构，即从传统的梁柱工法的
线型结构改变成2×4工法的面型结构，因此耐震抗风的性能相比木造轴组工法得到了更
好地提升。典型的2×4工法和施工过程可参考图2.8。

2. 钢筋混凝土结构体系

日本钢筋混凝土结构体系主要采用预制混凝土构造工法（Pre-Casted，简称PCa工法。
由于日本的PC专指预应力混凝土，为了避免出现混淆，日本采用PCa作为预制混凝土工
法的缩写）。即在工厂或工地预先加工制作建筑物或构筑物部件然后运至现场进行组装的
混凝土工法（图2.9）。

目前日本建筑界采用的PCa结构装配技术体系主要有W-PC（预制混凝土墙板结构）、

R–PC（预制混凝土框架结构）、WR–PC（预制混凝土框架–墙板结构）以及SR–PC/HPC（预制装配式钢骨混凝土结构）等主要形式（表2.3）。

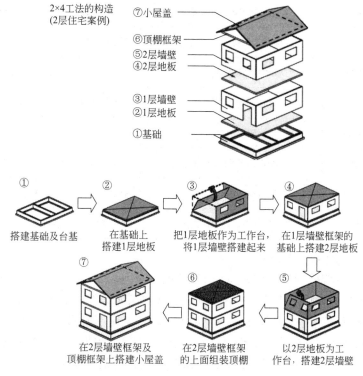

图 2.8　典型的 2×4 工法及施工过程图

PC壁柱吊装、放置

PC承重墙吊装、放置

混凝土浇筑

图 2.9　预制混凝土的现场施工

日本 PCa 工法的主要形式   表 2.3

结构体系		结构体系名称	适用的建筑层数与种类	
板式体系	W–PC	板式（剪力墙）预制混凝土	5层及以下	住宅
	H–WPC	大型高层板式（剪力墙）预制混凝土	6层及以下	住宅
	HPC	板式H型钢预制混凝土	—	住宅、写学楼
	PC	预应力预制混凝土	3~10层大跨	住宅、写学楼
框架体系	R–PC	框架预制混凝土	3层~超高层	商店，住宅、写字楼、医院
	HRC	高层钢筋/预制混凝土	15层及以上	超高层住宅
	SRPC	型钢预制混凝土结构	8层及以上	住宅、医院、写字楼
板式框架	WR–PC	框架剪力墙预制混凝土	7~14层	住宅

（1）W–PC 结构体系（Wall Precast Concrete 工法）。

1955—1965 年期间，日本迎来了战后经济的高速发展，对住宅的需求量也急剧增加。此外为了建设不易燃城市，借鉴了欧洲相关的装配式建筑的经验，日本开始研究和开发适合自己的相关混凝土装配式建筑技术。1965 年，由日本住宅公团主持和开发利用 W–PC 工法在日本千叶县建设了 4 层的住宅楼。同年，日本建筑学会编写了《壁式钢筋混凝土预制结构设计及解说》以及《JASS10 混凝土预制结构工程》，进一步促进了该工法的发展。然而，W–PC 工法开始广泛应用于实际建设是在 1970 年以后，并成为日本经济高速增长时期住宅大规模建设的主要工法。目前，日本 5 层以下公共住宅，大多数仍使用 W–PC 工法建设。

W–PC 即剪力墙结构预制混凝土工法，该技术特点：其工法是将预制的构件在现场吊装连接形成整体结构，因此在设计时需要将 W–PC 结构分割并预制（图 2.10）。其结构主要有三种预制构件：①剪力墙板：连接正交剪力墙的大型钢筋混凝土预制板；②楼面板、屋顶板：连接平行剪力墙的钢筋混凝土预制板；③楼梯板：连接平行剪力墙的钢筋混凝土预制楼梯平台板及连接楼梯平台之间的钢筋混凝土预制板。

W–PC 结构体系的优点主要有：

1）经济合理，外墙或隔墙可以作为水平抗侧力体系来使用；

2）室内不露梁柱，空间利用率高；

3）可以缩短工期；

4）能够有效地降低噪声、振动、粉尘等施工公害和废弃物，减少现场模板的使用量，有利于保护环境。

（2）WR–PC 结构体系（Wall Rahmen Precast Concrete 工法）。

WR–PC 工法的全称为预制壁式框架结构装配式混凝土工法。1988 年后，日本住宅公团在 W–PC 工法的基础上，结合 PCa 框架结构体系及湿式连接节点的特征，联合九段建筑研究所及日本预制建筑协会等共同进行研究开发，并结合 PCa 框架及湿式连接节点，推出了PCa框架–墙板体系（WR–PC）。该结构体系中，柱通常为扁平型的壁式框架柱，PCa墙板既可以是单向布置，也可以是双向布置。现在这种工法已成为15层以下的高层集合住宅楼的主要工法之一。

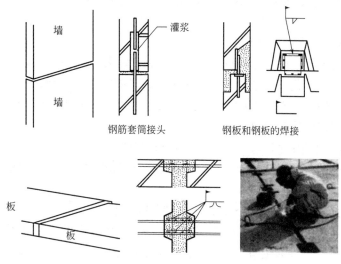

图 2.10　W–PC 工法体系示意图

WR–PC工法的预制率高，其建造技术是将用于高层装配建筑的壁式框架钢筋混凝土进行预制。其主要的钢筋混凝土预制构件为预制壁柱、半预制框架梁、剪力墙以及没有次梁的钢筋混凝土半预制楼板。除此之外，外廊、阳台等的悬臂构件、楼梯、填充墙等构件也可以进行预制。其接合部主要有预制柱的水平连接、预制剪力墙的水平连接、半预制梁的叠合面、预制柱与预制剪力墙的竖向连接、半预制梁的竖向连接。

WR–PC结构体系的优点主要有：

1）与壁式构造相同，该结构体系能够有效利用建筑空间；

2）扁平壁柱上面留有设备备用孔，业主可以比较自由地利用自己的房间；

3）结构主体质量高，寿命长；

4）建筑平面布局更加灵活，同时由于采用湿式连接节点，因此其整体结构的安全性、抗震性能及适用高度都有所提高。

（3）R–PC结构体系（Rahmen Precast Concrete工法）。

R–PC工法首次在高层工业化住宅中的应用是在1990年。该工法由日本住宅公团开发，采用预制的框架，与WR–PC工法相比，不存在抗震墙，空间受到的制约较小，但是该体系中的混凝土预制构件的节点设计除了要保证结构的性能外，还需要充分考虑施工可行性，以保证上下结构部位的可靠连接。

R–PC工法技术是将现浇的PC钢筋框架进行预制，与WR–PC工法相比，在建造计划和构造计划上受到的制约较小。考虑施工可行性，设计时需要考虑接合部钢筋的位置、断面尺寸和施工顺序等。混凝土预制构件的接合部设计除了要保证结构的性能外，还需要充分考虑施工可行性。其接合部主要有柱端的水平接合部、梁端的竖向接合部、预制墙的水平接合部、预制墙的竖向接合部、楼板端部的竖向接合部、楼板的水平接合面、小梁端部的竖向接合部。此外R-PC结构的节点设计要求必须确保预制构件连接处具有与现浇混凝土相同的结构性能、耐久性和功能性，在出现台风或多遇地震时，预制构件连接部位不会产生滑脱或较大的残余裂缝，在发生罕遇地震时需要采取措施保证建筑物不会发生倒塌现象。

R-PC结构体系的优点主要有：

1）具有灵活配合建筑平面布置的优点，有利于需要较大空间的建筑结构；框架结构的梁、柱构件易于标准化、定型化和工厂化生产，以缩短施工工期。

2）结构的整体性较好，预制构件连接处具有与现浇混凝土相同的结构性能，从而保证整体结构具有较好的抗震效果。

3）工厂化的标准生产可以提供高品质的预制构件。

4）能够有效地降低噪声、振动、粉尘等施工公害和废弃物；减少现场模板的使用量，有利于保护环境。

（4）SR-PC/H-PC结构体系（SR-PC工法/H-PC工法）。

20世纪60年代后期，由于经济的迅速发展和城市化人口的日益增长，日本的住宅用地开始紧张，这时，日本的住宅开始呈现出向高层化发展的趋势。到了20世纪70年代，日本住宅公团研究并开发了将型钢－钢筋混凝土混合结构进行预制的H-PC工法，并迅速在日本普及。

H-PC工法是指采用内藏"H型钢"的型钢混凝土柱以及预制型钢混凝土梁的装配式工法，该工法需要根据结构和施工条件选择最合适的预制构件组合，将型钢混凝土混合结构的构件预制化。水平抗侧力体系则采用内藏支撑的预制混凝土抗震墙。20世纪70年代期间，大量的高层住宅采用了此工法，随后，20世纪80年代后期，伴随着钢筋混凝土结构预制化技术的开发与发展，在H-PC工法中去掉钢结构构件，采用钢筋代替型钢的R-PC和WR-PC的预制建筑工法被开发，代替了H-PC工法，从而减少造价。与此同时，由于大量的超高层建筑的出现，在超高层建筑中大量采用了钢构件和钢筋混凝土构件组合结构（SRC结构体系），因而进一步开发出来了SR-PC工法。该工法的施工过程可以参考图2.11，通常采用每3层作为一节来装配，骨架架设完成后进行楼板及墙体的安装。此工法适用于11~15层的高层住宅，但近年来这种工法也常用于大跨度、不规则建筑及超高层建筑。

SR-PC结构主要有包含型钢混凝土梁、内藏支撑点的剪力墙和半预制钢筋混凝土叠合楼板这三种预制构件。梁和柱可以做成十字形、卄字形和L形的整体构件，在梁和柱的跨中附近采用高强度螺栓将型钢连接起来，这样可以降低梁柱节点连接的施工难度。

SR-PC/H-PC结构体系有如下三种类型（图2.12）：

（1）纯预制结构体系（全PCa型）；

（2）工厂预制柱，梁柱节点现场现浇的半预制型体系（梁下PCa型）；

（3）梁下柱预制加梁柱节点部分预制的结构体系，柱梁节点部分PCa型（柱口分割型）。

SR-PC/H-PC结构体系的优点主要有：

1）钢－混凝土组合结构是由钢材和混凝土两种不同性质的材料组合而成的一种新型

结构，充分发挥了钢材抗拉强度高、塑性好和混凝土抗压性能好的优点。

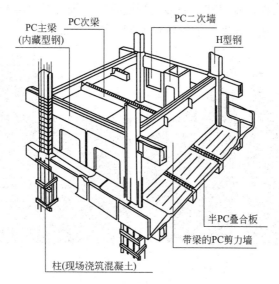

图 2.11　SR-PC 工法结构体系概念图

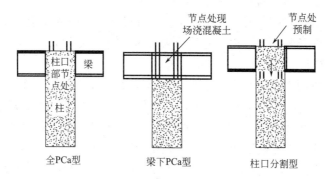

图 2.12　混合结构的 PCa 类型

2）钢-混凝土组合结构的优点是承载能力和刚度高，截面面积小。钢-混凝土结构中钢骨、钢筋、混凝土三种材料协同工作。钢骨和混凝土直接承受荷载，由于混凝土增大了构件截面刚度，防止了钢骨的局部屈曲，使钢骨部分的承载力得到了提高，另外被钢骨围绕的核心混凝土因为钢骨的约束作用，核心区混凝土的强度提高，即钢骨和混凝土二者的材料强度得到了充分发挥，从而使构件承载力大大提高。

3）抗震性能好：由于钢-混凝土结构不受含钢率限制，其承载力比相同截面的钢筋混凝土结构高。与钢筋混凝土结构相比，钢骨混凝土结构尤其是实腹式钢骨混凝土结构由于钢骨架的存在，使得钢骨混凝土结构具有较大的延性和变形能力，显示出良好的抗震性能。

4）空间更灵活：采用钢梁，可以获得比钢筋混凝土梁更大的跨度，同时钢梁的高度相对于混凝土梁较低，所以能够更有效地利用空间。

5）主体结构采用工厂化制作，从而提高建筑物质量。

6）施工速度快，工期短：钢-混凝土结构中钢骨架在混凝土未浇筑以前已形成钢结构，已具有相当大的承载能力，能够承受构件自重和施工时的活荷载，并可以将模板悬挂在钢结构上，不必为模板设置支柱。在多高层建筑中，不必等待混凝土达到一定强度就可以继续上层施工，加快施工速度，缩短建筑工期（图2.13）。

图 2.13　钢 – 混凝土组合结构

3. 钢结构体系

出于装配安全和结构节能的考虑，现在日本的住宅和其他建筑选择钢结构的比例较高。6层以下的低层建筑通常采用纯钢结构；6~16层则常采用钢筋混凝土结构；16层以上的建筑物底部采用钢筋混凝土结构，上部结构采用纯钢结构的较多；超高层建筑则采用钢结构或型钢混凝土梁柱结构。

在日本，根据所用钢材厚度的大小，钢结构建筑一般可以划分为"轻钢结构"（钢材厚度小于6mm）住宅和"重型钢结构"（钢材厚度为6mm以上）住宅以及"箱单元房屋"三大类。这里的"轻型钢结构"同我国的冷弯薄壁结构有所不同，其主要指在工厂成型的薄壁轻钢结构构件。重型钢结构建筑，一般是指采用如H型钢、方形钢管、圆钢管、槽钢、角钢等钢构件建造而成的住宅。现在日本，钢结构装配住宅体系特点多集中体现在外墙体系上，外墙体系使用了性能优越的钢骨架、墙板及相关构配件。然而，要在建筑实际使用中发挥高性能，墙板体系构造方案的优化组合是关键，各构件只有既"各司其职"又"密切配合"才能实现最佳整合效果，达成墙体的整体高性能。

1955年，日本建筑主要采用厚度为1.2~4.5mm的轻型型钢和轻型钢管（图2.14）。到了20世纪50年代后期，型钢的截面更加丰富，使得钢结构建筑的设计更加灵活。

1955年，日本成立了"日本轻钢结构建筑协会"，在一些低层的学校建筑和低层住宅中尝试使用轻钢作为建筑材料。同年，日本住宅公团在东京世田谷区建造了一栋两层4户的轻钢结构的住宅作为尝试（图2.15）。从1956年开始，轻钢结构不断地被应用至建筑物中。以东京都、大阪府为首的全国的都府县，在10年里，完成了共计5000套以上的轻钢结构的建筑。

日本的第一栋"商品"装配式房屋诞生于大和房建。1955年，石桥信夫成立了大和房建工业股份有限公司（HOUSE INDUSTRY）。当时日本景气有所好转，但日本人的居住问题依然没有好转，居住空间普遍较小，缺少私人空间，因此石桥产生了将住宅作为"商品"进行开发的想法。

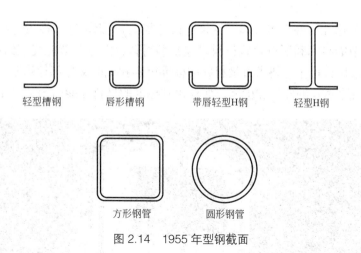

轻型槽钢　　唇形槽钢　　带唇轻型H钢　　轻型H钢

方形钢管　　圆形钢管

图 2.14　1955 年型钢截面

图 2.15　日本住宅公团 1 号实验楼

　　当时新建和增建多为木结构房屋，几乎没有用钢结构建造住宅"商品"的先例。同时，用钢结构实现等同于中级木制住宅水平的每坪（每坪为 1 张榻榻米大小的面积）单价十分困难。经过反复试验，"小型房屋"诞生了。该房屋采用了当时刚开始流通的轻型钢作为建筑材料，具有建造速度快以及售价低廉的优点。该技术在 2011 年 9 月日本国立科学博物馆的重要科学技术史资料（"未来技术遗产"）中已经登录为"黎明期的初期组装式住宅"（图 2.16、图 2.17）。

　　该房屋的立柱是由 2 条 60mm×30 mm×2.3mm 尺寸的槽钢背靠背组成的（1.2mm 薄板）H 形截面。将面板放进槽里，形成剪力墙板和骨架组合，该设想是轴组-面板组合结构系统的原型（图 2.18）。

　　日本政府十分重视钢结构建筑节能和环保的优势，于 1981 年颁发《新耐震设计法》，2001 年、2007 年两次修订《建筑基准法》，针对钢构建筑的节能效率与抗震性能等，发布了非常明确的法律条款和强制性规范。此外，成立于 1955 年的日本轻钢建筑协会，对日本钢结构建筑产业化的形成和发展起到了重要作用。该协会颁布有关钢结构节能装配的现行规范、规程就达几十部之多，如《钢构造设计规准》《钢构造塑性设计指针》等。对于钢结构的装配节能技术和所有建筑材料以及新型材料，由专业节能装配组织评审检验后，再由政府签发通用许可；并要求每批材料的标准审定和批准文号都存档备案，同时对生产与建造企业实现全过程的监管和检验，保证达到标准的材料才能运用到节能装配建筑中。

图 2.16   "小型房屋"

图 2.17   "小型房屋"模块

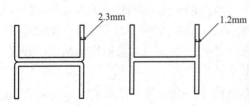

图 2.18   "小型房屋"立柱

2.1.3   日本装配建筑产品技术体系

下面主要对典型的日本低层钢结构建筑结构体系进行介绍：

1. 板框式结构体系

日本积水化学工业于1973年开发了通用型框架结构体系（ユニバーサルフレーム）

并获得了日本发明奖励奖，这种结构体系也成为积水化学工业的住宅系列的典型结构体系。该体系是由2条槽钢背靠背形成板框（图2.19），然后直接将多个板框连接构成一个整体，水平抗侧力体系则通过在板框中添加柔性支撑来实现。外墙板、窗框、保温材料等都在施工现场安装。虽然施工现场安装工作较多，但是提高了外墙板等材料的自由度。

图 2.19　积水住宅板框式结构体系

2. 剪力墙板-框架组合结构体系

大和房建开发的剪力墙板–框架组合结构体系由集成式外墙板和房屋框架构成（图2.20），集成式外墙板包括支撑剪力墙板和非剪力墙板。非剪力墙板是在C形钢墙框骨架上安装好外墙板、窗框、保温材料、内装底板。剪力墙板则是在不设窗框的墙板内部加设扁钢支撑，主要用于承受水平荷载（图2.21），其余构造同非剪力墙板。框架柱则使用简捷有效的C型钢柱，该钢柱由2组C形面板框架夹在当中，钢柱与C形框架面板间通过高强度螺栓连接，组成了特有的"三位一体"构造系统。在承受建筑自重、积雪荷载和其他竖向荷载的同时具备高强的抗震性能。外墙板则完全是工厂加工成品，工厂生产比率很高，保证了住宅的品质，也提高了生产效率、缩短了工期、节约了造价。

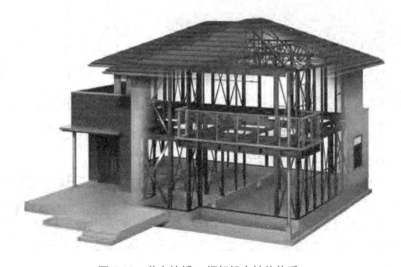

图 2.20　剪力墙板 – 框架组合结构体系

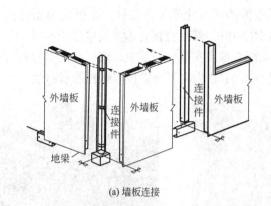

（a）墙板连接
（b）扁钢支撑节点

图 2.21　剪力墙板 – 框架体系节点

图 2.22　框架 – 支撑墙板体系（松下住宅）

3. 框架 – 支撑墙板体系

　　由松下住宅开发的框架–支撑墙板体系是由框架和成品带支撑的剪力墙板组成（图2.22）。采用了80mm×80mm尺寸的矩形钢管框架柱和250mm高的H型钢梁构成了承重框架。此外，为了提高整个框架的水平承载力，支撑剪力墙板采用了K形支撑，并加入了减震阻尼器。梁柱节点采用了高强度螺栓连接，而K形支撑部分则使用"防屈曲耗能支撑+低屈服点钢"的K形构造（图2.23）。

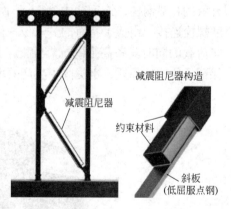

图 2.23　框架 – 支撑墙板体系节点

4. 铰接框架支撑+AAC外墙板体系

　　旭化成住宅的铰接框架支撑+AAC外墙板体系是由方形钢管柱和H型钢梁组成的铰接框架形式，水平抗侧力体系采用了自主开发的Hyper-Coss支撑体系，该支撑采用了交叉支撑的形式，并在支撑的中点加入了阻尼装置。外墙采用自主研发的AAC板，具有高性能的耐火性以及足够的强度。所有部件均为工厂加工后运送至现场组装（图2.24和图2.25）。

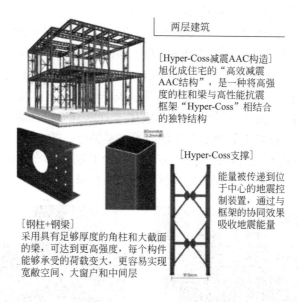

图 2.24　旭化成住宅的铰接框架支撑 +AAC 外墙板体系

图 2.25　"Hyper-Coss" +AAC 支撑体系

5. 3~4层重型钢框架体系

重型钢框架体系利用方形钢管和H型钢组成基本框架结构，3 ~ 4层重型钢结构装配住宅体系特点集中体现在其外墙体系上，外墙体系通常使用性能优越的钢骨架、墙板及相关构配件。其装配技术体系主要有：

（1）"β-system技术体系"即H型钢柱梁框架结构＋挤压成形纤维水泥板（ECP板）体系，应用于上下柱错位重型钢框架。该体系由积水公司开发，采用"梁通柱断"的方案，柱高同层高，上下柱可错位。该体系采用窄翼缘的型钢，且腹板方向与墙身平行，外墙轴线在柱的强轴方向上，可以减小墙体的厚度。通常，ECP板与H型钢柱梁框架结构配合使用，由于ECP板本身内部有机纤维的使用大大加强了其跨度方向的抗弯强度，因此无需外部龙骨支撑，只在四角处伸进垫块通过高强度螺栓在板外固定Z形连接件，即可满足安装强度的需要，实现大跨度的立面覆盖。当柱跨尺寸均匀时，ECP板可以采用横向挂板方式，这种方式布板横缝多、竖缝少；当用于小住宅的房间时，由于开间不均匀，柱跨难以采用统一尺寸，此时竖挂板应用较多。

ECP板是以水泥、硅酸盐以及纤维质为主要原料，通过挤塑成形工艺并由高温高压蒸汽养护制成的中空板状预制件，其表面硬度高，即使不加任何涂饰仍有一定的防水性。主要特点：质轻高强，抗弯强度是混凝土的5倍，抗压强度是混凝土的2倍；尺度大，减少拼接缝；耐候性、化学稳定性好；使用寿命长、隔声性能好。连接方式采用了独特的Z形夹具，连接件本身有一定的变形余地，在地震中能有效避免板材断裂或脱落现象的发生。"β–system技术体系"在日本阪神地震中创造了"零脱落"的奇迹，充分证明了其抗震性能好、经久耐用；该技术采用装配式施工方法，减少了施工现场粉尘、噪声等对环境的污染；废弃钢材可回收再利用，实现了建筑材料的循环利用（图2.26）。

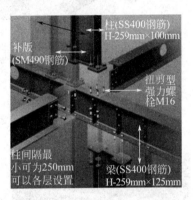

图 2.26　"β–system 技术体系"

（2）"NS工法技术体系"即H型钢梁–管柱组合框架结构＋NTC板（以水泥、有机纤维为主要原料制成的陶制外墙装饰板材）体系。该体系由松下公司研发，其方钢管柱各向等强，承载能力高；钢管端头封闭后抗腐蚀性能好；外形规则且断面尺寸较小，结构轻巧美观；此外，方钢截面小，容易埋于墙体内，因而具有很好的建筑适用性。此体系中的抗震框架增加了防屈曲支撑，可在地震作用下吸收能量变形。

在方管上焊接出一截牛腿后可与H型钢梁做高强度螺栓连接或焊接，采用方钢和H型钢组成的结构相对用钢量少，和圆形钢管相比，梁柱连接构造比较简单，便于加工。外墙装饰板材是以水泥、有机纤维为主要原料制成的陶制外墙装饰板材，其厚度小、重量轻、强度比较高、施工便捷且保温性好（图2.27）。

（3）框架结构＋蒸压轻质混凝土板体系。该体系由旭化成公司提出，竖向受力结构采用矩形钢管柱，H型钢梁在水平向连通，属"柱断梁通"的结构形式。梁柱连接节点采用特殊的6个高强度螺栓将梁柱直接接合（图2.28），柱与柱的连接使用了独自开发连接系统"柱耦合器"。由于柱尺寸小不露于室内，空间完整性好。从而可使墙体的厚度也较小，传热量减小，"冷热桥"现象处理较容易。从构造层次的功能上分析，外壁板由于采用蒸压轻质混凝土基材实现了"外墙外保温"，配合钢柱间填充保温岩棉的做法共同达到优异的外墙保温性能。

该体系采用的蒸压轻质混凝土板（AAC板）干法施工，工期短，性能好；远小于传统的砖石、混凝土$0.5\sim0.65g/cm^3$的密度，减轻了建筑重量；高温蒸汽养护中材料内形成致密结晶体构造，干燥收缩率与线热膨胀率小，不易变形；$0.15W/（m·K）$的导热系数和

$0.67m^2 \cdot K/W$ 的热阻保证其极佳的保温隔热性能，达到同样的热工性能，较砖石材料显著减小墙体厚度，提高得房率；耐火性好、隔声性能优越。

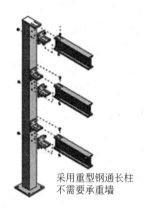

采用重型钢通长柱
不需要承重墙

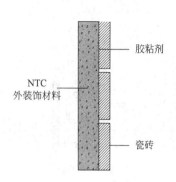

NTC
外装饰材料

胶粘剂

瓷砖

150mm~300mm

柱

图 2.27　NS 工法技术体系

图 2.28　梁柱连接节点

6. 箱单元工法（模块化建筑）

1971 年，积水住宅发布了日本第一套箱单元工法住宅。随后于 1977 年，丰田汽车公司住宅事业部（现称丰田住宅）也发售自己的钢骨框架单元式住宅。箱单元技术采用了以房间为单位将目标建筑物分割成不同大小的"盒子单元"，每个"盒子单元"的外墙板和内部装修均在工厂完成，这样使现场作业量最小化，各个独立的盒式单元通过现场组装形成框架结构体系，工业化生产率高。

图 2.29　银座中银舱体大楼

日本最著名的箱单元建筑是银座中银舱体大楼（图2.29）。这座现代主义风格的巨型积木状建筑是日本设计师黑川纪章的成名作品。大楼像由很多方形的集装箱垒起来的，具有强烈的视觉冲击。在注重外表特征的同时，注重功能性的体现，该建筑采用在工厂预制建筑部件并在现场组建的建造方法。所有的家具和设备都单元化，收纳进2.3m×3.m×2.1m的居住舱体内，作为服务中核的双塔内藏有电梯、机械设备及楼梯等。

日本具有代表性的箱单元体系住宅的供应商是丰田住宅和积水住宅（图2.30）。但是由于日本的道路比较狭窄，因此箱单元房屋的单元宽度被限制在2.5m以内，高度被限制在3.8m以下。

图 2.30　丰田住宅和积水住宅

该工法具有如下优点：房屋的80%在工厂完成，缩短了现场施工的工期，节约建造成本；工厂生产的部品、部件品质稳定；结构稳定、耐久性和耐火性优良。同样，该工法也具有明显的缺点，例如：装载组合体的卡车和起重机对道路行走宽度有要求；受工厂运营情况影响严重，制作、组合的工厂繁忙时，工期和质量会受到影响；工厂生产率越高，自由设计越困难，定做的成本就越高。

7. 其他日本装配式房屋特征

（1）减震隔震措施。日本是地震多发国家，其抗震设防技术的应用处于国际领先水平，《建筑基准法》中，对新建筑抗震标准做出"大震不倒、中震不受损、小震不修"的规定要求。注重"阻震建筑""隔震建筑""抑震建筑"3种技术的应用。阻震建筑是充分发挥螺栓、墙体和各建筑构件的弹性特性吸收地震能量；隔震建筑是楼层间或地基设置轴承、橡胶垫等吸收地震能量；抑震建筑是利用阻尼器、滚珠等技术手段吸收地震的破坏能量，控制整个建筑物的摆动，从而降低地震对建筑物的危害。

（2）百年住宅。日本百年住宅是以长期、耐用型为目标，将主体、内装、设备、管线进行分离，可以对部品进行更换，对构件进行维护。其主要包括六个特征：可以改变房间大小和布置、可以统一构件和部品的尺寸、可以更换部品、有独立设置的管线空间、采用耐久性较高的构件和结构、可以有计划地进行维护和管理。

（3）KSI节能装配技术。KSI中的"S"为英文Skeleton的缩写，是指住宅与建筑结构部分的骨架体与支撑体；"I"是英文Infill的缩写，指住宅的填充体，包括设备管线和内装修；"K"是指日本UR机构（都市再生机构），1973年UR机构开始从"公团试验住宅项目（KEP）"入手开发节能装配技术，到2010年发展成为KSI节能装配技术体系。日本的KSI节能装配技术创造了可持续居住环境的最成熟体系，对于建设资源节约型、环境友好型社会等方面都具有重要意义。

（4）NEXT21节能装配技术。为了探索与环境共生的可持续节能装配技术，日本引进了荷兰建筑师研究会"骨架与支撑体SI理论"发展的"支撑体和可分体SAR理论"，由日本国土交通省住宅局成立的环境共生住宅研究会（ESHRA）与日本建设环境/节能机构财团（IBEC）共同企划发展，以探索21世纪城市集合住宅模式为目标，于1993年由大阪株式会社于大阪市中心企划建成NEXT21试验住宅。

NEXT21住宅，又称为NEXT21可持续节能装配住宅体系，是为探索未来可持续装配住宅能源系统和住宅设备建设的一栋试验性环境共生型集合住宅。其中的建筑面积为1542m²，地下1层，地上6层，包括由安藤忠雄在内的共计13名建筑师分别设计的18个居住单元，配置在整个建筑物上的绿化面积约为1000m²。为实现建筑主体结构使用年限100年和住户内部装配可随时改造的目标，采用了主体和住户分离的SI装配建造方式。这样既保证结构的长期耐用，又能够对住户进行改造而又不伤害结构，同时也保证了装配住户设计的自由度。

2.1.4　日本发展装配建筑产业化的经验特点

1. 住宅产业的市场化

日本住宅产业化的形成是建立在住宅私有化、商品化以及市场化的前提下，市场的需求促进了产业的迅速发展。

2. 积极的配套政策

日本政府对住宅产业化的强有力的支持和政策的制定是保证该产业健康发展的前提。一方面，日本政府专门设立通产省和建设省。通产省是通商产业省的简称，主管工商、贸易、外汇汇兑和负责度量衡管理事务，2001年改名为经济产业省；通产省的管理职能相当于中国的发展改革委、科技部和商务部的复合体。建设省，现改为国土交通省，相当于我国的住房和城乡建设部，为住宅产业的政府管理部门。通过政府的行政管理，对住宅生产的工业化、产业化的实施进行了整体规划，统一指导。此外，通过1950年设立的住宅金融公库，为住宅建设提供了充足的资金与必要的融资渠道；设立了面向中低收入者的银行住房贷款，大力支持住房信贷，促进居民个人自建自购住宅并制定了一系列的优惠政策，为住宅产业化的发展提供了必要的资金支持。另外，《公营住宅法》的制定，即通过财政拨款，低息贷款重点支持了公营住宅建设、团体建造和出租住宅供应，解决了居民住房短缺的问题。在住宅生产方面，日本在1999年通过《住宅品质确保促进法》，确立了住宅性能标准制度和住宅性能保证制度的法律地位，保证了住宅的品质，进一步地促进了住宅产业化的发展（图2.31）。

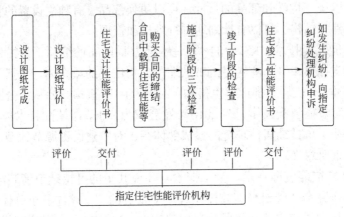

图 2.31　日本住宅品质评价方法

3. 标准化、部件化的工业化大生产

通过实施标准化、部件化的住宅生产来推动住宅产业化的技术进步与完善。日本建设省自20世纪60年代起就制定了一系列的住宅建设工业化方针政策，并组织专家学者研究建立统一的模数标准，逐步实现住宅产业的标准化、部件化、大批量生产的目标，并解决了标准化、工业化和住宅需求多样化之间的矛盾，提高了建筑工业化的水平与生产效率。

4. 成立住宅产业集团及行业协会

住宅产业集团（Housing Industrial Group，简称HIG）是顺应住宅产业化发展需要而出现的新型住宅企业组织形式，是集住宅投资、产品研究开发、设计、配构件部品制造、施工和售后服务于一体的住宅生产企业，是一种智力、技术、资金密集型、能够承担全部住宅生产任务的大型企业集团。大型住宅产业集团的形成既是住宅产业化的标志，又是住宅产业化的支柱及实施主体，这种大型产业集团在生产能力、规模、技术创新等方面具有绝对的优势。1995年，日本最大的十家住宅产业集团的住宅销量已经占据全国工业化住宅销量的90%。可见，住宅产业集团在住宅产业中占有举足轻重的地位，同时，通过成立日本预制建筑协会等行业协会，推动住宅产业的发展。

5. 注重科技进步与技术创新

通过实行住宅技术方案竞赛制度，推动了住宅小区的规划，提高了设计水平和建设的科技含量。另外，通过制定技术开发计划，提出课题来促进住宅业的科技进步与集约化、信息化、可持续发展。如通产省提出的"新型住宅开发计划（1979—1985年）""21世纪公寓式住宅开发计划（1987—1990 年）""21 世纪住宅开发计划（1990—1995）"。

2.1.5　日本装配建筑技术发展趋势

根据日本建筑环境与节能研究院（JIBEEC）发布的最新报告表示，新型的节能装配住宅与建筑在 2016—2025 年的十年发展将成为日本拉动产业化发展的新生动力，成为国家产业经济发展的主要方向，影响全社会的方方面面。在未来，日本的装配建筑及其产业的发展趋势将体现在以下几个方面：

1.　开放体系发展趋势

目前日本装配建筑技术正在从闭锁体系向开放体系转变，原来的闭锁体系强调标准化构件，并配合标准设计、快速施工，缺点是结构形式有限、设计缺乏灵活性；而开放体系致力于发展标准化的功能块、设计上统一模数，这样易于统一又富于变化，方便了生产和施工，也给设计者带来更大自由。

2.　PS/BSI 发展趋势

现在日本建筑以结构预制为主，今后将向结构预制（PS）和内装系统化集成（BSI）的方向发展。未来 PS/BSI 发展趋势是：装配式住宅既是主体结构的产业化也是内装修部品的产业化，两者相辅相成，互为依托。

3.　BIM 信息化趋势

通过 BIM 节能信息化技术搭建住宅产业化的咨询、规划、设计、建造和管理各个环节中的信息交换平台，实现全产业链的信息平台支持，以"节能信息化"促进"装配产业化"，是实现未来住宅与建筑全生命周期节能效益和装配质量责任可追溯的重要手段。

4.　相变节能装配趋势

当前，日本绿色建筑委员会（JGBC）、日本可持续建筑发展协会（JSBC）等研发机构正在加紧开发新型的相变节能装配技术。该技术是利用适宜的相变材料装配建造节能住宅，让住宅具有特殊的保温与恒温功能，住宅内可以形成永久性的"恒温空调房"。由于相变材料的特殊性，可以通过物理变化进行热能转换，可以在使用较少能源的情况下使得居室保持恒温状态，这是建筑领域一个革命性突破。

5.　NAESP 发展趋势

住宅结构的新装配技术和性能节能化（NAESP），是环境共生住宅未来普及发展的主要趋势之一。住宅的 NAESP 技术体系强调节约能源、不污染环境、保持生态平衡，体现出可持续节能的发展战略。日本国会已经对装配建筑节能基本计划作出了原则性规定："到 2020 年新建住宅和建筑物要满足阶段性规定的节能标准义务，到 2030 年新建住宅建筑将接近实现近零能耗"。从这个角度看，日本 NAESP 住宅的建设将获得更大的政府推力，日本环境共生住宅的普及速度将逐步加快。

2.2　美国工业化建筑发展概述

美国的建筑工业化发展一直走在世界的前列，美国建设管理局国际联合会（ICBO）

副主席凯文·伍尔夫教授认为："美国已经形成成熟的装配住宅建筑市场，装配住宅构件及部品的标准化、系列化以及商品化的程度将近100%"。其装配式住宅盛行于20世纪70年代，1976年美国国会通过了国家工业化住宅建造及安全法案，同年出台一系列严格的行业规范标准，一直沿用至今。除注重质量，目前的装配式住宅更加注重美观、舒适性及个性化。美国国家房屋制造者联盟（NAHB）的装配建筑产业定义如下：

（1）生产的连续性，是指装配建筑部品与构件的工厂预制生产线的实现；

（2）生产物的标准统一，是指装配建筑标准设计以及生产装配建筑部品与构件统一标准的实现；

（3）技术与工艺，装配建筑的全部生产过程各阶段的工艺的集约与技术的集成；

（4）施工组织与工程管理，从工厂预制到现场施工的全过程具有高度组织化并实行科学管理；

（5）替代手工与体力劳动的全程机械力量，是在装配建筑材料的准备、制造、组装与设置的全部过程中发展起来的机械力量；

（6）与装配生产活动构成一体的有组织的研究和试验。

2.2.1　美国工业化建筑的历史和发展

美国的工业化住宅最早起源于20世纪30年代用于野营的汽车房屋，汽车房屋是美国工业化住宅的一个雏形。这种汽车房屋每个住宅单元就像是一辆大型的拖车，需要用特殊的汽车把它拉到现场，再由起重机吊装到地板垫块上和预埋好的水道、电源、电话系统相接（图2.32）。房屋内部有暖气、浴室、厨房、餐厅、卧室等设施，其特点是既能独成一个单元，也能互相连接。20世纪40年代，野营的人数减少，旅行车被固定下来，作为临时住宅。"二战"结束以后，政府担心拖车催生贫民窟，禁止用其当作住宅。20世纪50年代，随着战后移民涌入，人口大幅增加，战中军人也出现复员高峰，军队和建筑施工队对简易装配住宅的需求增加，全国出现了严重的住房荒，在这种背景下，联邦政府放宽了政策，允许使用汽车房屋，并努力提高这种住宅的质量。同时，一些装配住宅生产工厂受其启发，开始生产外观趋近传统模式的装配住宅，即底部配有滑轨可以用拖车托运的产业化装配住宅。

美国装配式建筑产业化、标准化初期的另一方面动力是采用Art Deco建筑风格。1931年完工的纽约帝国大厦是美国采用Art Deco建筑风格的标志性装配式建筑物，现为美国第三高的建筑，共102层，高381m。建于大萧条时期，采用了装配式的建造方式，即所有的建筑构件全部都在宾夕法尼亚的工厂里预制装配好，然后运到纽约进行现场组装，每周的建设速度是4层半，其建设速度和技术在当时是具有划时代意义的。

20世纪40年代末到50年代初，美国建筑行业对高层建筑的需求增加，随着塔式起重机出现，为了减轻维护墙体重量，开始使用标准化与模数化的装配集成预制建筑幕墙。大面积玻璃幕墙代表作是1952年美国SOM事务所设计建造的纽约利华公司办公大厦，幕墙采用不锈钢框架，色彩雅致，尺度适宜（图2.33）。

20世纪60年代后，随着生活水平的提高，美国人对住宅舒适度的要求提高，然而通货膨胀致使房地产领域的资金抽逃，专业工人的短缺以及人工价格上升。这些因素进一步加速了建筑构件的工业化生产，促进了美国集成装配建筑进入一个新阶段，其特点就是应用现浇集成体系和全装配体系，从专项体系向通用体系过渡。轻质高强度的建筑材料如钢、铝、石棉板、石膏、声热绝缘材料、木材料、结构塑料等构成的轻型体系，是当时集成装配体系的先进形式。这一时期，美国的中小学校以及大学的广泛建设，柱子、支撑以及大跨度的楼板在框架结构体系的运用中逐渐成熟；工业厂房以及体育场馆的建设使预制柱、预应力桁架、桁条和顶棚得到了应用。

图 2.32　美国早年的汽车房屋　　　　　　　　图 2.33　纽约利华大厦

到了20世纪70年代，装配建造体系迫切需要统一标准与规范。人们对住宅的要求更高，同时美国恰逢第一次能源危机，致使建筑界开始致力于实施配件化施工和机械化生产。美国国会在1976年通过了《国家产业化住宅建造及安全法案》；同年在联邦法案指导下出台了美国装配住宅和城市发展部（HUD）的一系列严格的行业标准。其中HUD强制性规范的法规《制造装配住宅建造和安全标准》一直沿用至今，并与后来的美国建筑体系逐步融合；1980年，接近75%的产业化装配住宅都是3.7～4.3m宽的单个部段单元，大多数设置在租赁的产业化装配住宅社区。该阶段，美国建筑业致力于发展标准化的功能块、设计上统一模数，降低了建设成本，提高了工厂通用性，增加了施工的可操作性。

到了1988年，美国超过60%的产业化装配住宅是由两个以上的单元在工地上进行拼装，大约75%的装配住宅是置于私人土地，超过了装配住宅社区的房屋数量，许多新的产业化装配住宅社区开始提供带有地下室的高质量装配住宅。

1990年后，美国建筑产业结构在"装配式建造潮流"中进行了调整，兼并和垂直整合加速，大型装配式住宅公司收购零售公司和金融服务公司，同时本地的金融巨头也进入装配式住宅市场。在1991年PCI年会上，预制混凝土结构的发展被视为美国乃至全球建筑业发展的新契机。

2000年，美国通过产业化装配住宅改进法律，明确装配住宅安装的标准和安装企业的责任。在经历了产业调整、兼并及重组之后的美国装配建筑产业初具规模，装配住宅产业化也开始向多方面多体系发展。2000年后，在政策的推动下，美国装配式建筑走上了快速发展的道路，产业化发展进入成熟期，解决的重点是进一步降低装配式建筑的物耗和环境负荷、发展资源循环型可持续绿色装配式建筑与住宅。

近十年，在信息时代到来后，数字化语境下的集成装配建筑发展渗透到建造技术的各个层面，诸如"数字化建构""模数协调""虚拟现实""功能仿真"等概念逐渐兴起。美国建筑界不断深化使用电脑辅助设计建筑，用数控机械建造建筑，借用数字信息定位进行机械化建筑安装。

2.2.2　美国工业化建筑的类型

美国建筑工业的结构范式不断与时代科技相融合发展，其结构主要采用以下几种：

1. 木结构

木材与混凝土相较，主要优点在于可再生和低能耗。19世纪30年代的芝加哥，出现了集成装配背景下Balloon预制木构架。随着不断发展的技术革命与更有效的建造方法，使木构架在美国装配式建筑中有更广泛的应用，并已形成了技术成熟的结构体系。

2. 预制混凝土结构

最早提出PC结构装配建筑产业化的是以美国为代表的欧美国家，多年来美国建筑界致力于发展标准化的功能模块、设计上统一模数，方便装配建筑的生产和施工。目前美国产业化装配住宅的PC结构体系主要有嵌板式结构、预切割结构、剪力墙结构、框架-剪力墙结构（图2.34）。

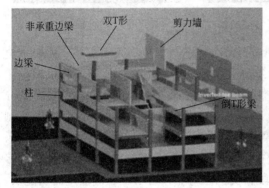

图 2.34　PC 结构体系

3. 钢结构

钢结构建筑有着更快的建造速度，作为一种主流新技术，在美国建造市场上所占的比重越来越大。其结构体系主要有：

（1）型钢、轻钢结构：以部分型钢与镀锌轻钢作为房屋的支承和围护，是在木结构的基础上的新发展，具有更好的抗震、抗风性能以及更好的防虫性、防潮性、防火性、防腐性，布局灵活。

（2）钢-混凝土结构：主要有型钢-钢筋混凝土体系、预制钢管混凝土体系等。该结构主要用低合金型钢在工厂加工制作，运到施工现场组装。按美国通用的钢结构规范设计，最大能承受193km/h的风速、7320N/m² 的雪荷载以及规范要求的地震荷载，适用于高层、超高层建筑。

4. 模数集成结构

该结构体系是指利用模数协调新技术集成装配整个建筑或者建筑群，在现场进行组装。在建造过程中，集成材料被直接运送到场地、组装到位、接上水电管网系统，相互搭接后加以密封，现场的安装步骤简单、建造高效。尽可能使用集成装配模式高精度的建筑材料和配件，最大程度地保证质量和精度。典型建筑如美国皮博迪信托公司完成的默里的格罗夫项目（Peabody Trust's Murray Grove Apartment，一栋5层楼30套公寓，如图2.35所示）。

图 2.35　Peabody Trust's Murray Grove Apartment（格罗夫项目）

2.2.3　美国装配建筑产品技术体系

1. DBS 技术体系

近年来在可持续发展背景下，美国装配建筑界越来越重视钢结构体系，并致力于开发最符合可持续发展要求，具有节能、环保、绿色等优势的钢结构体系新技术。新型DBS技术体系是美国Dietric公司研究开发的多层轻钢结构住宅体系（Dietrich Building System），该体系是以SI理念为基础衍生而来（图2.36）。SI是美国哈布瑞根教授提出"Skeleton Infill"理论的缩写。SI住宅由S和I两部分组成，S表示具有耐久性、公共性的住宅支撑体，是住宅内不允许随意改动的部分；I表示具有灵活性、专有性的住宅填充体，是住宅全寿命周期内可以根据需求进行灵活改造的部分。区分SI理念与非SI理念的关键点在于除主体结构外的构件是否可以拆卸替换，而DBS技术是可实现SI的多层轻钢住宅体系，该技术体系的专利技术与装配优势有：

图 2.36　DBS 体系展示

（1）DBS体系专利技术：DBS体系拥有多项专利技术，一般采用美国住宅常用的空间尺度：开间4.88m，每层净高2.44m。墙体则采用C形镀锌轻钢龙骨，截面高100mm，间距610mm，龙骨根据荷载大小采用0.5~1.5mm厚的镀锌钢板制成。墙面为固定在轻钢龙骨两侧的纸面石膏板，剪力墙需要加设一层镀锌钢板，并用自攻螺钉和轻钢龙骨固定。

（2）DBS体系楼板技术：在轻钢楼盖梁上铺20mm厚纤维水泥板形成承重结构，再在其上做各种地板面层。为布置管线，墙体龙骨和楼盖梁均每隔一定距离开孔，开孔周边的变形处理保证了截面削弱处的局部稳定性，可使楼板开孔直径达截面高度的80%。墙体龙骨和楼盖梁间均填充玻璃棉，用以保温并可起到吸声隔声作用（图2.37、图2.38）。

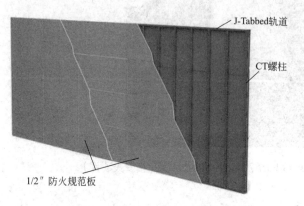

图2.37　C形镀锌轻钢龙骨石膏板　　　　图2.38　DBS体系楼板

（3）采用DBS体系技术的多层轻钢结构住宅，其优势有：

1）采用DBS系统建造轻钢结构住宅，在非地震区最高可建到12层。

2）DBS体系较混凝土结构体系施工进度快，易于水、电、气等管线布置。

3）DBS体系结构自重轻，以某多层住宅为例，结构用镀锌轻钢构件为3lkg/m²，结构自重161kg/m²。

4）DBS体系的墙体龙骨和楼盖梁间均填充玻璃棉，保温、吸声隔声、防火与抗震性能均通过了美国权威的UL实验室检测认证。

5）利于循环经济的发展。例如在美国建造一座建筑面积（约合4645m²）的旅馆，可使用168辆旧汽车所回收的钢材。

6）采用DBS技术体系，既能在建筑全生命周期的不同阶段进行平面及空间改造，又可以在不损伤主体结构时更换设备或构件，可实现住宅寿命的百年目标。

2. Conxtech技术体系

目前美国大多数装配式钢结构建筑体系适用于低层建筑，用于多高层的装配式结构较少。在美国的LSFB（Light Steel Frame Building，轻型钢框架建筑）体系中，适用于多高层具有代表性的结构体系技术是《2010版美国钢结构抗震设计规范》中的"Conxtech Steel Frame Technology System（Conxtech钢框架技术体系）"。该技术体系是由美国ConXL公司开发的一种新型装配式钢框架结构技术。

Conxtech体系关键技术适用于多高层建筑，由框架梁、框架柱、梁柱连接组件、压型钢板组合楼盖组成，是一种纯钢框架结构体系，采用方钢管混凝土柱及宽翼缘H型钢截面梁（图2.39）。根据Conxtech的结构特点、节点形式与采用梁柱截面尺寸的不同，该体系分为如下四种子体系关键技术：

图 2.39　Conxtech 体系梁柱连接

（1）ConXRTM100子体系：采用ConXR梁柱连接，柱采用100mm×100mm（4ft）的方钢管，钢梁采用W6宽翼缘钢梁，跨度在1.2~4.8m，其体系框架层数不超过12层，主要应用于小型的管道架构及钢平台结构。

（2）ConXRTM200子体系：采用ConXR梁柱连接，柱采用200mm×200mm（8ft）的方钢管，钢梁采用W12宽翼缘钢梁，跨度在2.4~6.0m，主要应用于多高层钢结构住宅及管道架构。

（3）ConXLTM300子体系：采用ConXL梁柱连接，柱采用300mm×300mm（12 ft）的方钢管或焊接方形截面，钢梁采用W14~W24宽翼缘钢梁，跨度在3.6~9.0m，其体系框架层数不超过15层，主要应用于多高层钢结构住宅及管道架构。

（4）ConXLTM400子体系：采用ConXL梁柱连接，柱采用400mm×400mm（16 ft）的方钢管或焊接方钢管，钢梁采用W18~W30的宽翼缘钢梁，钢梁跨度大于5.5m，最大跨度可达19.8m，主要应用于医疗、军事、数据中心、商务办公、停车场和大型工业建筑等的主体结构。

此外，Conxtech体系独创性地运用了ConXR和ConXL两种梁柱连接方式，其中ConXR连接形式在梁柱交接处，柱子的四个侧面以楔形的插座锁定相连，辅以高强度螺栓固定完成梁柱节点拼接。连接节点处框架柱上下贯通，内部填充混凝土形成钢管混凝土柱，形成刚性连接节点。适用于框架层数不超过12层的结构体系；ConXL连接形式是在梁柱节点处，在柱子对角位置采用柱面T形套板相连，梁端套板插入两个柱面套板之间，就位锁定后由高强度螺栓完成梁柱节点拼接。与ConRL形式相同，ConXL节点区域同样为刚性连接节点。适用于框架层数不超过15层的结构体系中（图2.40）。

采用Conxtech技术体系的多高层装配式钢结构建筑，其优势有：

（1）Conxtech钢框架体系的梁柱连接构造方式简单，安装方便；

（2）Conxtech技术的传力性能满足体系梁柱间传力的要求，对同类型结构体系的研究具有很好的参考价值；

（3）Conxtech钢框架体系根据不同建筑的使用条件开发了4种子体系技术，针对不同建筑的装配要求；

（4）Conxtech体系由于对柱单元进行了整合，同时该体系梁柱连接具有自锁功能，整个体系的装配效率比较高；

图 2.40 ConXR 和 ConXL 连接方式

（5）Conxtech技术的楼盖体系采用了典型的压型钢板安装、楼面钢筋绑扎与混凝土现浇方式，使其建筑空间布置相对较为灵活，适用范围较广，并具有平面布置自由、整体刚度好的特点；

（6）Conxtech体系得到了2010版美国钢结构抗震设计规范的推荐，该规范对Conxtech钢框架体系的结构分析与节点设计都给出了明确规定，是一种具有成熟设计方法的结构体系。

3. Modularize（模块化）技术体系

Modularize技术体系是美国发展装配式建筑产业化的一种新兴建筑结构技术，它是将建筑体分成若干个空间模块，均在工厂中进行预制生产，完成后运输至现场并通过可靠的连接方式组装成建筑整体。与传统建筑的建造方式相比，其具有可缩短工期、节约人力物力、绿色环保、品质精良等优点（图2.41）。

图 2.41 美国模块化房屋的项目案例

（1） Modularize体系结构技术。该结构体系按种类可分为全模块化结构技术和复合模块化结构技术。为提高模块化建筑的结构与使用性能，需要将Modularize建筑与其他建筑形式进行复合，一般又包括：与传统框架复合结构技术、与板体结构复合技术、与剪力墙/核心筒结构复合技术等。在模块技术方面，根据Modularize结构所用模块的功能类型，目前可分为墙体承重模块、角柱支撑模块、楼梯模块和非承重模块等。

（2） Modularize体系施工技术。结合BIM系统可通过模块化建筑的整个安装过程的施工模拟对实际过程进行优化设计：①建立3D-CI模型：收集相关信息，建立3D-CI（3维施工信息）模型。需要信息包括建筑有关天气信息、现场场地安全情况、使用起重机情况以及所需考虑的限制条件等；根据3D-CI模型对场地布置进行优化分析，确定场地的起重机位置、模块单元的固定交付位置等。②应用4D-AS方案：应用4D-AS（4维装配模拟）方案，对建筑模块的吊装、装配与连接的全过程进行模拟分析，确定模块安装的最优次序及装配时间安排，并对施工过程中可能出现的问题进行预防。通过对施工过程中的4D模拟分析，确定了最优化的施工方案，并给出了施工过程的时间安排表。

（3）Modularize体系拓展技术。根据美国近年来发展Modularize技术体系的目标，正在拓展以下几个方面：①拓展定制化系统：根据企业的产品种类情况，由某些通用模块构建简化管理的生产线平台，通过模块化定制系统，改变一些面向特定客户和应用的模块来调整生产线的产品范围。②拓展布局化动态组合：保证制造系统的布局化动态组合和调整能力，以满足未来"拼插模块建筑"，更多地体现仿生学元素所要求的柔性和快速响应能力。③拓展异构控制结构：由于模块订单到来的随机性，要求控制系统具有动态响应的特点，因此装配建造系统可借鉴异构控制结构。④拓展网络化供应链：通过供应链实现模块生产过程的网络化组织和管理，优化产品从开发到销售的全过程。

2.2.4　美国发展装配建筑产业化的经验特点

美国物质技术基础较好，商品经济发达，而且建筑业一直沿着工业化产业道路发展，已达到较高水平。美国装配式住宅与建筑产业化发展中，设计体系标准化、材料制造工厂化、构配件供应配套化、现场建造工业化、材质结构长寿化与综合指标绿色低碳化的程度很高，几乎达到100%。纵观美国发展装配建筑产业化可借鉴的经验特点有：

（1）设计体系标准化。装配式住宅相对于传统设计区别在于更加需要建立一套相对完整的标准化设计体系。美国装配建筑大多数的标准化设计体系由标准化户型模块及标准化交通核模块共同构成。以统一的建筑模数为基础，形成标准化的建筑模块，促进专业化构配件的通用性和互换性。

（2）材料制造工厂化。美国装配式建筑的零部件经过严格的工厂化流水线生产，有很高的质量保证。所有建材在工厂生产过程中，其耐火性、抗冻融性、防火防潮、隔声保温等性能指标，都可随时进行标准化控制。

（3）构配件供应配套化。美国装配产业界要求构配件的预制化规模与装配化规模相适应；构配件生产种类与建筑多样化需求相适应；政策激励方向与措施落地相配套。

（4）现场建造工业化。工厂预制好的建筑部品构件运到现场后，按程序实施工业化组装，可缩短生产工期，提高生产效率，降低建造成本。

（5）建筑装修一体化。美国装配建筑界正在推行采用建筑与装修一体化设计，理想状态下装修可随主体施工同步进行。再配合工厂的数字化管理，整个装配式建筑的性价比更高。

（6）建造形式多样化。建筑设计过程中，多采用轴线的调整和功能的微调以实现大开间灵活分割的方式。根据用户的需要，可分割成大厅小居室或小厅大居室。住宅采用灵活大开间，需要具备配套的轻质隔墙，轻钢龙骨配以复合板或其他轻型板材适用于隔墙和吊顶。

（7）建筑品质优良化。主要强调对综合性玄关、全屋收纳、阳台家政区等进行人性化设计，同时采用环保内装、新风系统、地暖、整体卫浴等工业化新技术，有效提高建筑性能质量，提升建筑品质。

（8）构配件功能现代化。美国装配式建筑的构配件要求应具有以下功能：节能：外墙有保温层，最大限度地减少冬季采暖和夏季空调的能耗。隔声：提高墙体和门窗的密封功能，保温材料具有吸声功能，使室内有一个安静的环境，避免外来噪声的干扰。防火：使用不燃或难燃材料，防止火灾的蔓延或波及。抗震：大量使用轻质材料，降低建筑物重量，增加装配式的柔性连接；为厨房、厕所配备各种卫生设施提供有利条件；为改建、增加新的电气设备或通信设备创造可能性。

（9）材质结构长寿化。是美国发展装配式建筑产业化的主要标志，其基础是结构支撑体的高耐久性和长寿化。然而，建筑内填充体的寿命无法与结构主体同步，传统住宅随着时间的累积，内填充的装饰、管线部分逐渐老化，必然面临更新检修的要求。美国的装配百年住宅强调采用SI住宅体系，实现支撑体与填充体完全分离、共用部分与私有部分区分明确，有利于使用中的更新和维护，实现100年的安全、可变、耐用。

（10）综合指标绿色低碳化。美国装配建筑界致力于利用智能技术与环保材料，在增加外墙的保温及门窗的气密性同时，考虑增加外遮阳设施，节约空调能耗。采用干式工法，减少工地扬尘、噪声污染，内装采用架空地板、轻质隔墙、整体卫浴，减少现场湿作业。综合实现节水、节地、节能、节材指标，达到绿色低碳化。

2.2.5　美国装配建筑技术发展趋势

随着产业信息化、装配智能化、结构绿色化、信息多样化发展趋势，未来美国装配建筑界对于集成装配建筑体系的产业化发展，将步入到可持续装配式体系和数字信息时代的背景下未来建筑的多样化进程。总体来说，美国装配式建筑技术发展趋势如下：

1. 装配工艺发展趋势

首先是结构从闭锁体系向开放体系发展，致力于发展标准化的功能块、设计上统一模数，其次是连接工艺从湿体系向干体系发展。结构形式从只强调结构的装配式，向结构装配式和内装系统化、集成化方向发展。

2. BIM技术发展趋势

BIM技术是应用于装配工程设计、建造与管理的数据化基础工具，在提高生产效率、节约成本和缩短工期方面发挥重要作用。大力推广BIM技术应用于装配式建筑工程，到2020年全面实现装配建筑全生命周期的BIM自动化，利用美国国家BIM标准数据有效降低建设项目造价与工期，帮助装配建设部门避免31%的浪费。

3. 绿色装配发展趋势

当前美国业界正在重视发展以复合轻钢结构、钢-塑结构、生物质-木结构等为主的新型绿色化装配构件体系，其目标是使装配式建筑从设计、预制、运输、装配到报废处理的整个住宅生命周期中，对环境的影响最小，资源效率最高，使得住宅与建筑的构件体系朝着安全、环保、节能和可持续发展方向发展。

4. 智能化装配发展趋势

目前美国建筑业对劳动力资源的需求越来越难满足，特别是装配建筑的施工现场，需要吊装、搬运、装配和连接等大量人工，因此美国建筑界正在致力发展智能化装配模式（IAM），不断发明和推广机器人、自动装置和智能装配线等，以大量减少施工现场的劳动力需求。智能化装配模式比以往建造模式大大节约了人力资源，同时可以缩短工期提高施工效率。

5. 网络定制装配发展趋势

未来基于网络定制装配建筑的主要模式包括：定制环境内部的网络化，实现定制过程的住宅装配；定制环境与整个装配企业的网络化，实现定制环境与企业产业链信息系统等各子系统的装配交易；企业与企业间的产业链网络化，实现企业间的装配式住宅与建筑资源的共享、组合与优化利用；通过网络，实现异地定制装配式住宅。

2.3　德国工业化建筑发展概述

德国是世界上住宅装配化与建筑低能耗发展最快的国家。近年来，德国提出零能耗的被动式建筑，通过大幅度的节能举措，将装配式住宅与节能标准之间充分融合。

2.3.1　德国工业化建筑的历史和发展

德国以及其他欧洲发达国家建筑工业化起源于19世纪中叶，推动因素主要有两方面：一是社会经济因素，城市化发展需要以较低的造价，迅速建设大量住宅、办公和厂房等建筑；二是建筑审美因素，建筑及设计界摒弃古典建筑形式及其复杂的装饰，崇尚极简的新型建筑。

1920年之前，欧洲建筑通常为传统建筑形式，此类建筑的特点是大量应用装饰构件，需要大量人工劳动和手工艺匠人。随着欧洲国家迈入工业化和城市化进程，农村人口大量流向城市，需要在较短时间内建造大量住宅、办公用房和厂房等建筑。标准化、预制混凝土大板建造技术能够缩短建造时间、降低造价，因而应运而生。

德国最早的预制混凝土板式建筑是1926—1930年间在柏林利希滕伯格—弗里德希菲尔德（Berlin-Lichtenberg，Friedrichsfelde）建造的战争伤残军人住宅区。该项目采用现场预制混凝土多层复合板材构件，共有138套住宅，为2~3层楼建筑，如今该项目的名称是施普朗曼（Splanemann）居住区。纵观德国装配式住宅的工业化发展历程，大致经历了三个阶段：

第一阶段（1945—1960年）：是工业化形成的初期阶段，解决的重点是建立工业化生产（建造）体系。由于战争的破坏、城市化发展以及难民涌入使得民主德国、联邦德国地区的住宅极度短缺，在这一时期PC预制建筑大量应用。德国各地出现了各种类型的大板住宅建筑体系，如Cauus体系、Plateassembly体系、Larsena&Nielsen体系等，这些大板建筑为解决当年住宅紧缺问题做出了贡献。然而，现今不少缺少维护更新的大板居住区已成为社会底层人群聚集地，导致了犯罪率高等社会问题，成为城市更新首先要改造的对象，有些地区已经开始大面积拆除这些大板建筑。

第二阶段（1960—1980年）：是工业化的发展期，解决的重点是提高产品（住宅）的质量和性价比。由于人们对住宅舒适度的要求、经济环境的变化、专业工人短缺等因素，进一步促进了建筑构件的机械化生产，直接推动了装配式建筑的突破性发展。这一时期，除住宅建设外，德国的中小学校以及大学广泛地采用装配式建筑，柱子、支撑以及大跨度的楼板（7.2m/8.4m）在装配式框架结构体系的运用中逐渐成熟。

第三阶段（1981年后）：是工业化发展的成熟期，解决的重点是进一步降低住宅的物耗和环境负荷，发展资源循环型住宅。德国是世界上建筑能耗降低幅度发展最快的国家，直至近几年致力于零能耗装配式建筑的工业化。

　　德国今天的公共建筑、商业建筑、集合住宅项目大都因地制宜、根据项目特点，选择现浇与预制构件混合建造体系或钢混结构体系，并不追求高比例装配率。而是通过策划、设计、施工各个环节的精细化优化过程，寻求项目的个性化、经济性、功能性和生态环保性能的综合平衡。随着工业化进程的不断发展，建筑业工业化水平不断提升，建筑技术不断发展进步。

　　德国小住宅建设方面装配式建筑占比最高，2015年达到16%。2015年1～7月德国共有59752套独栋或双拼式住宅通过审批开工建设，其中装配式建筑为8934套。这一期间独栋或双拼式住宅新开工建设总量较去年同期增长1.8%；而其中装配式住宅同比增长7.5%，表明装配式建筑受到市场的认可。单层工业厂房采用预制钢结构或预制混凝土结构在造价和缩短施工周期方面有明显优势，因而一直得到较多应用。

2.3.2　德国工业化建筑的类型

　　德国现代建筑工业化建造技术主要有三大体系，分别是预制混凝土建造体系（主要包括：预制混凝土大板体系、预制混凝土叠合板体系和预制混凝土外墙体系）、钢结构建造体系、预制木结构建造体系。

1. 预制混凝土结构体系

　　德国预制混凝土结构三大建造体系为预制混凝土大板体系、预制混凝土叠合板体系、预制混凝土外墙体系。

　　预制混凝土大板体系：20世纪中叶以后德国有大量混凝土预制大板建造的居住区项目，但从1990年以后基本没有新建项目应用。现在，德国住宅建设更追求个性化的设计，应用现代化的环保、美观、实用、耐久的综合技术，满足使用者的需求。通过精细化的设计、模数化设计，使大量建筑部品可以在工厂内加工制作，并且不断优化技术体系，如可循环使用的模板技术，叠合楼板（免拆模板）技术、预制楼梯、多种复合预制外墙板。

　　预制混凝土叠合板体系：德国有大量多层建筑，现浇混凝土支模、拆模，表面处理等工作需要人工量大，费用高。混凝土预制叠合楼板、叠合墙体作为楼板、墙体的模板使用，结构整体性好，混凝土表面平整度高，节省抹灰、打磨工序，相比预制混凝土实体楼板，叠合楼板质量轻，节约运输和安装成本，因而有一定市场（图2.42）。

图2.42　预制混凝土叠合楼板住宅项目

预制混凝土外墙体系：2012年在柏林落成的Tour Total大厦，建筑面积约2.8万 m²，高度68m。外墙面积约1万 m²，由1395个、200多种不同种类、三维方向变化的混凝土预制构件装配而成。每个构件高度7.35m，构件误差小于3mm，安装缝误差小于1.5mm。构件由白色混凝土加入石材粉末颗粒浇铸而成，三维方向微妙变化且富有雕塑感的预制件，使建筑显得光影丰富、精致耐看（图2.43）。

图 2.43　柏林 Tour Total 大厦

2. 预制钢结构体系

预制高层钢结构建筑体系：高层、超高层钢结构建筑在德国建造量有限，大规模批量生产的技术体系几乎没有应用市场。同时高层建筑多为商业或企业总部类建筑，业主对个性化和审美要求高，不接受同质化、批量化、缺少个性的装配式建筑。近年来高层、超高层钢结构建筑的承重钢结构以及为每个项目专门设计的复杂精致的幕墙体系，采用工业化生产、在现场安装的建造形式，可以归纳到个性定制化装配式建筑中。

法兰克福德国商业银行总部大楼是德国为数不多的高层钢结构建筑，其钢制构件和金属玻璃幕墙采用工业化加工、现场安装方式建造（图2.44）。帝森克虏伯总部大楼，楼板为现浇钢筋混凝土，外墙、隔墙、楼面、顶棚等采用预制装配系统（图2.45）。

图 2.44　法兰克福德国商业银行总部大楼

预制多层钢结构建造体系：汉诺威VGH保险大楼采用一种模块化、多层钢结构装配式体系建造，由承重结构、外墙、内部结构和建筑设备组成。基本构件：楼板5.00m×2.50m，厚度20cm（可加长到10.00m），墙板3.00m×1.25m，厚度15cm。楼板和墙板由U形钢框架和梯形钢板构成，表面有防火板，楼面、地面采用架空双层地面构造。楼板和承重墙板之间采用螺栓固定，并用柔性材料隔绝固体传声，墙板之间可做窗、门、百叶等，非承重隔墙采用轻钢龙骨石膏板墙体（图2.46）。

图 2.45　帝森克虏伯总部大楼

图 2.46　汉诺威 VGH 保险大楼

3. 预制木结构体系

德国小住宅领域（独栋和双拼）是采用预制装配式建造形式最多的领域，其中大量采用的是木结构体系。木结构体系之中又细分为木框板结构、木框架结构、层压实木板材结构三种形式。

木框板结构：承重木框架与抗剪板体是木框板结构建筑的特点。框体采用实木，构造宜采用全实木（KVH）形式，板材主要由木材或石膏板材料构成。标准化的木构件截面和标准化的板材尺寸使加工生产和建造得到优化。实木框架和板材组合，形成墙壁、楼板和屋顶结构体系，能够有效地承载垂直和水平荷载。木框板结构建筑自重轻，保温层位于木框材料空隙之间，因而建筑显得轻盈。要达到被动节能要求，则需要增加外侧或内侧保温材料，这一步可以在工厂预先完成，外墙部分可以选择装饰木材面板、面砖或保温层加涂料等形式（图2.47、图2.48）。

木框架结构：木框架结构体系是指垂直承载的木制柱和水平承载的木制梁组成的木结构体系。木材大多采用工程用高质量的复合胶合木（Brettschichtholz），跨度可达5m，这种工程用复合胶合木也被用来建造大跨度体育馆等建筑。辅助性木构件，如楼板次梁、檩条等则采用构造用实木。用木框架结构体系建造的房屋，其外墙板也具有保温隔热层，隔气层和气密层，但木框架结构体系中的内外墙板不承担任何结构作用。建筑物的抗剪由木制、钢制斜撑或刚性楼梯间承担。由于墙体是填充性构件，因而墙体可随意布置并在未来灵活更改，楼板也可方便设置挑空构造。建筑内部空间灵动，开窗位置与面积灵活，采光和景观好（图2.49）。

图 2.47　预制木框板构件生产

图 2.48　预制木框板住宅项目

层压实木板材结构：层压实木板材结构建筑近十年来得到快速发展。实木板材结构采用交叉层压木材，有很好的结构承载性能，可以加工制成楼板、墙体、屋面板。现代化的计算机控制切割机床，能够轻松切割出任何需要的洞口和形状。层压实木板材结构不受建筑模数限制，可以创造出独特的、灵活的空间，受到建筑师、结构工程师和业主的青睐。层压实木板材结构，同以上两种木结构形式一样，可以在工厂加工预制，到现场组装（图2.50）。

图 2.49　预制木框架住宅项目

图 2.50　层压实木板结构建造

2.3.3　德国装配建筑产品技术体系

德国的构件预制与装配建设已经进入工业化、专业化设计，标准化、模块化、通用化生产，构件部品易于仓储、运输，可多次重复使用、临时周转并具有节能低耗、绿色环保的性能。德国推广装配式产品技术、推行环保节能的绿色装配已有成熟的经验，建立了非常完善的绿色装配及其产品技术体系，主要的技术体系如下：

1. DIN设计体系

德国装配式建筑"DIN设计体系"颁布于1990年11月，由建筑和土木工程标准委员会与德国钢结构委员会联合制定，已逐步纳入德国的工业标准。它在模数协调的基础上实现了部品的尺寸、连接等标准化、系列化，市场份额达到80%，该体系的特点如下：

（1）标准设计。"DIN设计体系"要求从局部到整体的模块组合。首先是由卧室、次卧、客厅、厨房、卫生间等按照设计需求并结合相关模数尺寸制定一系列功能性模块；功能性模块组成后再组装成A、B、C、D等一系列户型，即户型模块；户型模块确定后再进行自由拼装完成单元模块，最后由不同的单元模块组合到一起形成各种建筑单体。

（2）模数协调。设计中应遵守模数协调的原则，做到建筑与部品模数协调，以及部品之间的模数协调和部品的集成化与工业化生产，实现建造与装修在模数协调原则下的一体化，并做到装修一次性到位。

（3）建筑规范。以简单、规则为原则，避免刚度、质量和承载力分布不均匀；宜采用大空间的平面布局方式，满足住宅灵活性、可变性；充分考虑设备管线与结构体系关系；优化套型模块的尺寸和种类；优先采用叠合楼板；楼板与楼板之间，楼板与墙体之间采用混凝土后浇工艺保证整体性。

（4）结构原则。建筑体型、平面布置及构造应符合抗震设计的原则和要求；应遵循受力合理、连接简单、施工方便、少规格、多组合的原则；承重墙、柱等竖向构件宜上下连续，门窗洞口宜上下对齐，成列布置，不宜采用转角窗。

（5）节能设计。要求预制外墙的保温材料及厚度满足相关规范；宜采用轻质高效保温材料；穿透保温材料的连接件，宜采用玻璃纤维、PC等非金属材料，保证热工性能不削减；带门窗的预制外墙，门窗洞口与门窗框间密闭性不低于门窗密闭性，避免冬季冷风渗透；外墙与梁、板、柱相连时，连接处保持墙体保温的连续性，避免形成冷桥，产生内部结露。

（6）设备管线规格。"DIN设计体系"指定机电管线进行综合设计，公共部分宜采用架空；预留沟、槽、孔、洞的位置遵循结构设计模数网格；卫生间宜采用同层排水；太阳能热水系统集热器等考虑建筑一体化，做好预留；给水、采暖水平管暗敷于地面垫层中；散热器挂件预埋结构体上；电气水平管线暗敷于结构楼板叠合层中；分户墙两侧安装电器设备不应连通设置，避免影响隔声；预制墙体上开关、插座、弱电插座等进行预留。

（7）成本控制。"DIN设计体系"要求装配式住宅比传统住宅的施工成本控制更加有效。在装配概念中的成本有三个方面：材料、劳动力和时间，与传统住宅建造工程相比，装配式住宅建造在这三个方面均有不同程度减少。

2. AB技术体系

AB技术体系又称装配式建筑技术体系。德国在装配式建筑的建造技术方面，其预制技术、结构技术和施工方法有：

（1）砌块结构技术。该结构技术在德国东部地区采用较多，是用预制的块状材料砌成墙体的装配式建筑，适于建造3~5层建筑，砌块建筑适应性强，生产工艺简单，施工简便，造价较低，还可利用地方材料和工业废料生产砌块。建筑砌块有小型、中型、大型之分。小型砌块适于人工搬运和砌筑，工业化程度较低，灵活方便，使用较广；中型砌块可用小型机械吊装，可节省砌筑劳动力；大型砌块现已被预制大型板材所代替。

（2）板材结构技术。是20世纪德国装配式住宅的主要结构技术，又称大板建筑，由预制的大型内外墙板、楼板和屋面板等板材装配而成。它是工业化体系建筑中全装配式建筑的主要类型。建筑内的设备常采用集中的室内管道配件或盒式卫生间等，以提高装配化的程度。大板建筑的主要缺点是对建筑物造型和建筑物布局有较大的制约性，并且小开间横向承重的大板建筑内部分隔缺少灵活性，在住宅的使用上有一定的局限性。

（3）盒式结构技术。从板材建筑的基础上发展起来的一种装配式建筑，这种建筑工厂化的程度高，现场安装快，在德国北部地区多用于住宅、旅馆等低层和多层建筑。盒式建筑的构成有整浇式、骨架条板组装式、预制板组装式；不仅在工厂完成盒子的结构部分，而且内部装修和设备也安装完成，甚至家具、地毯等全部安装齐全，盒子吊装完成，接好管线后即可使用（图2.51）。盒式建筑的装配技术有：全盒式、板材盒式、核心体盒式、骨架盒式。

图 2.51　盒式结构

（4）骨架板材结构技术。由预制的骨架和板材组成，承重骨架一般多为重型的钢筋混凝土结构，也有采用钢、木作骨架与板材组合，常用于轻型装配式建筑中。其构件技术有梁板柱框架体系、板柱框架体系、剪力墙框架体系。适用于有较大空间要求的高层、多层住宅和大型公共建筑。

（5）滑升模板结构技术。是先将工具式模板组合好，利用墙体钢筋作导杆，油压千斤顶提供提升动力，浇筑的同时匀速提升模板。适用于上下有相同壁厚的建筑物和具有简单垂直形体的构筑物。特点是整体性强、机械化程度高、施工速度快、节省模板，但对施工精度要求高。

（6）导杆升板结构技术。是在底层混凝土地面上浇筑各层楼板和屋面板，安装预制钢筋混凝土柱子，再以柱为导杆，把楼板和屋面板提升到设计高度，加以安装固定。适用于室内大空间、楼面荷载大的多层建筑。其特点是施工设备简单，可简化工序、提高效率、减少高空作业、节省模板，施工场地小。

（7）装配式建筑技术。主要有叠合剪力墙（PCF）体系、现浇外挂体系、装配整体式剪力墙体系、装配整体式框架体系、装配整体式框架-现浇剪力墙（核心筒）体系、全工业化轻钢结构体系等6项技术（图2.52）。

3. RPA 技术体系

RPA（Robotic Process Automation）技术体系为机器人自动化生产技术体系。近年来，德国建筑界开发了多种系列化机器人生产技术，主要用于装配式住宅与建筑的复杂构件与部品的预制生产，如三明治墙、保温夹面或双面墙、间隔实心墙及异形楼板的自动化生产（图2.53）。

图 2.52　AB 技术体系的工厂预制构件

(a) JDFR机械手填缝料划胶

(b) Sommer机械手分开成捆保温板

(c) 切割保温板

(d) 放置保温板

(e) 饰面材料布置机械手

(f) 放置墙体连接件

图 2.53　机器人自动化生产技术

用于自动化填缝料划胶机械手——JDFR，基于CAD数据的机器人启动机械手自动将饰面材料（瓷砖、面砖）传送至输送装置，然后通过机械手准确布置于生产托模上；再由机械手从输送装置上拾取饰面材料并送至切割装置或饰面材料布置机械手处。布置机械手抓取材料后将其准确移至填缝料划出的轮廓中，其间距可自定义。在传统加工方式中，保温层和墙体连接件均需要人工进行放置：切割保温板、在板上钻出墙体连接件的洞口、将保温板放至现浇混凝土上、插入并固定墙体连接件、最后使用泡沫填满缝隙。人工作业流程需大量的人力，因此与在工地现场加保温层比起来没有太大的优势。而在新型自动化生产方式中：成捆的保温板被自动分开并根据CAD数据进行切割、墙体连接件孔洞被自动钻出、布置机械手自动将保温板放置现浇混凝土上并向孔洞中放入墙体连接件。这种自动化技术体系是一种高度灵活、高产能的多层预制构件生产方式，打开了复杂预制构件自动化生产应用的新篇章。

4. BIM技术体系

BIM技术是现在德国创新用于装配式工业设计、建造与管理的数据化工具，通过参数模型整合各种项目的相关信息，在各种装配式建筑项目策划、运行和维护的全生命周期过程中进行共享和传递，使工程技术人员对各种建筑信息做出正确理解和高效应对，为设计团队以及包括建筑运营单位在内的各方建设主体提供协同工作的基础，在提高生产效率、节约成本和缩短工期方面发挥了重要作用。例如，德国RIB集团是世界领先的建筑软件供应商，其旗舰产品RIB-iTWO是全球领先的装配式建筑全流程建造管理5D-BIM解决方案（图2.54）。德国装配式建筑研究所（GABRI）所长科特勒·弗朗克博士认为"新型装配式建筑是设计、生产、施工、装修和管理'五位一体'的体系化和集成化的建筑，它具备新型建筑工业化的五大特点：标准化设计、工厂化生产、装配式施工、一体化装修和信息化管理"。

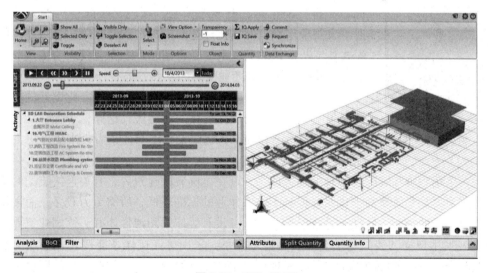

图 2.54　RIB–iTWO

5. DGNB评估体系

DGNB评估体系又称"德国DGN可持续建筑评估体系"，德语全称是Deutsche

Gesellschaft für Nachhaltiges Bauen。创建于2007年的DGNB是当今世界上最为先进、完整，同时也是最新的可持续建筑评估体系，由德国可持续建筑委员会与德国政府共同开发编制，具有国家标准性质。DGNB可持续评估生态建筑、节能建筑、智能建筑、集成建筑和装配式住宅与建筑等，覆盖德国建筑行业整个产业链，整个体系有严格全面的评价方法和庞大数据库及计算机软件的支持，包含了建筑全寿命周期成本计算，建造成本、运营成本、回收成本，能有效评估和控制建筑成本和投资风险（图2.55、图2.56）。

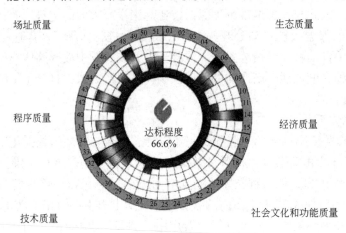

图 2.55　各个标准的达标情况

2.3.4　德国装配建筑技术发展趋势

图 2.56　证书样式

　　发展中的工业4.0德国制造给德国建筑业带来了新的变革和重大影响，各种新概念和新模式不断涌现，诸如产业链有机集成、并行装配工程、低能耗预制、绿色化装配、机器人敏捷建造、大规模定制、网络化建造和虚拟选购装配等；未来德国的装配式住宅与建筑的建造系统必将超越现有企业模式与工业形式的范畴。其行业转型和产业变革的发展趋势有：

　　（1）从封闭体系向开放体系转变。在其标准化设计的技术上进一步统一模数，发展标准化的功能块，这样易于统一又富于变化，方便了生产和施工，也给设计者与建造者带来更多更大的装配性自由。

　　（2）采用现浇和装配相结合的连接体系。现在德国装配建筑界，有关连接装配的施工作业方式主要是湿体系与干体系。但是湿体系作业的标准较低，所需劳力较多；而干体系就是螺栓螺帽的结合，其缺点是抗震性能较差，没有湿体系防渗性能好。德国建筑界正在创新发展采用现浇和装配相结合的新型连接体系。采用该连接体系能按装配作业配套需要，及时安排所需零件的加工；及时实现预制生产，从而减少毛坯和在制品的库存量，缩短生产周期；提高装配构件的利用率，减少设备数量和厂房面积；减少直接劳动力，提高装配构件与建筑质量的一致性；因而经济效果显著。

　　（3）向"结构预制式（SPM）和内装修系统化（IDS）"（"SPM&IDS"）集成发展。装配式住宅与建筑的结构设计是多模式的，一是填充式；二是结构式；三是模块式，目前模块式在德国的发展相对比较快。今后德国装配式建筑的发展趋势将向"SPM&IDS"集成方向发展。因为装配式住宅既是主体结构的工业化也是内装修部品的产业化，两者相辅相成，互为依托，对推动德国住宅产业现代化、住宅建造工业化以及住宅建设可持续具有重要意义。

（4）实现全产业链（WIC）信息平台支持。今后德国装配式建筑界将会更加强调信息化的管理与应用，通过搭建装配式建筑工业化的技术咨询、规划、设计、建造和管理各个环节中的信息交换平台，实现WIC的信息平台支持，以"现代信息化"促进"可持续装配工业化"，是实现装配式住宅全生命周期和质量责任可追溯管理的重要手段。

（5）发展智能化装配模式。目前建筑业对劳动力资源的需求越来越难以满足，特别是装配建筑的施工现场，需要吊装、搬运、装配和连接等大量工人。德国建筑界正在致力发展智能化装配模式，以大量减少施工现场的劳动力资源；不断发明和推广机器人、自动装置和智能装配线等，同时创新采用附加值高的装配式构件与部品，使施工现场不再需要大量脏而笨重的体力劳动。这种智能化装配模式比以往建造模式大大节约了人力资源，同时可以提高施工效率，进而又缩短了工期。

（6）发展新一代装配工程技术。随着经济与社会的发展，多样化、多变化、个性化与人性化的住宅与建筑开始在城市中不断出现，为顺应这一发展趋势的装配建筑企业必须发展新一代装配工程技术，不断创新装配工艺与发展构件技术，推出适用的异形构件与功能部品，采用相应的新型装配技术和施工方法。

（7）装配模式定制网络化。随着网络技术的迅速发展，将给德国建筑界带来装配模式定制网络化的新变革。未来基于网络定制的住宅装配模式主要包括：定制环境内部的网络化，实现定制过程的住宅装配；定制环境与整个装配企业的网络化，实现定制环境与企业产业链信息系统等各子系统的装配交易；企业与企业间的产业链网络化，实现企业间的装配式住宅与建筑资源的共享、组合与优化利用；通过网络，实现异地定制装配式住宅。

（8）推进建筑节能减排。德国最新发布2020版《建筑能源法》，其建筑节能标准不断提升，有力地促进了建筑节能减排。德国制定了明确可执行的法规标准、激励政策、经济激励措施，未来将进一步促进建筑节能的实施。

2.4　英国工业化建筑发展概述

英国是世界上第一个工业化国家，目前在英国工厂化预制、现场安装的建造方式，已广泛应用于建筑行业。大量新建的低层住房都会采用工厂化预制屋架和工厂化预制的木结构墙框架系统，但对于此类的建筑及其建设方式并没有统一范围界定。为区别于传统现场建造方式，业内通常将现场施工的工程量价值低于完工建筑价值40%的建造方式，称为非现场建造方式（Offsite Construction）。关于非现场建造建筑的范围也没有明确的界定，小到工厂预制的墙体框架，大到工厂制造的房间模块或建筑整体，均可归于其中。

2.4.1　英国工业化建筑的历史和发展

英国工业化建筑的历史可以追溯到20世纪初。规模化、工厂化生产建筑的原动力是两次世界大战带来的巨大的住宅需求以及建筑工人的短缺。具体发展历程如下：

起步发展期（1914—1939年）："一战"结束后，英国建筑行业极度缺乏技术工人和建筑材料，造成住宅的严重短缺，急迫需要新的建造方式来缓解这些问题。1918—1939年期间，英国总共建造了450万套房屋，开发了20多种钢结构房屋系统，但由于人工和材料逐渐充足，绝大多数房屋仍然采用传统方式进行建造，仅有5%左右的房屋，采用现场搭建和预制混凝土构件、木构件以及铸铁构件相结合的方式。当时英国工业化建造的规模小，程度低。而由于石材的建造成本上升以及合格砖石工人的短缺，使得工业化建造方式在苏格兰地区的应用相对英国其他地区更为广泛。

"二战"后快速发展期："二战"结束后，英国住宅再次陷入短缺，新建住宅问题和改造已有贫民窟问题成为政府的主要工作重点。英国政府于1945年发布白皮书，重点发展工业化制造能力，弥补传统建造方式的不足，推进清除贫民窟计划。此外，战争结束后，钢铁和铝的生产过剩，多种因素共同促进了英国建筑工业化的发展。

20世纪50～80年代产生了多种装配式结构，预制木结构广泛应用。该时期主要分为两个交叉阶段：20世纪50～70年代和20世纪60～80年代。第一阶段，英国建筑行业朝着装配式建筑方向蓬勃发展。其中，既有预制混凝土大板方式，也有通常采用轻钢结构或木结构的盒子模块方式，甚至产生了铝结构。第二阶段，提高建筑设计流程的简化和效率，钢结构、木结构以及混凝土结构体系等得到进一步发展。其中，以装配式木结构为主，采用木结构墙体和楼板作为承重体系，内部围护采用木板，外侧围护采用砖或石头的建造方式得到广泛应用，木结构住宅在新建建筑市场中的占比一度达到30%左右。

20世纪90年代步入房屋品质提升期。这一时期，英国住宅的数量问题已基本解决，建筑行业发展陷入困境，住宅建造迈入提高品质阶段。这一阶段工业化建造建筑的发展主要受制于市场需求和政治导向。

21世纪初期，英国工业化建造方式的建筑、部件和结构每年的产值为20亿～30亿英镑（2009年），约占整个建筑行业市场份额的2%，占新建建筑市场的3.6%，并以每年25%的比例持续增长，装配式建筑行业发展前景良好。21世纪后期，工业化建造方式将逐步成为行业主流建造方式。

2.4.2　英国工业化建筑的类型

1. 木结构体系

英国早期的木结构体系外墙采用重型框架或实木墙板，并且外挂木板，随后发展形成了龙骨框架式木结构体系，并且在1927—1941年间大量采用，大多数只用作单层住宅。龙骨框架式木结构体系是另外一种目前普遍使用的轻钢密肋柱框架体系的原型，除了结构材料本身有所变化之外，其他围护和填充材料基本上是通用的。

"二战"后由于木材的短缺，同时木材本身有方便加工的特点，木框架体系得到了进一步的优化和发展，并且成为英国工业化建造房屋体系中份额最大的建造方式（图2.57～图2.60）。

图 2.57　封闭式木结构集成墙体

图 2.58　木结构预制楼板屋架

图 2.59　采用预制木结构墙体

图 2.60　大尺寸木结构墙体框架

2. 钢结构住宅体系

钢结构住宅结构体系根据预制单元的大小不同，可分"Stick"结构、"Panel"结构及完全模块体系（Modular）（图2.61）。"Stick"结构中所有的杆件按设计尺寸切割，主要的开洞也在工厂完成，并以单根杆件形式运至现场，采用螺栓或自攻螺栓现场连接，该体系优点是：①现场可进行一定修改；②对工厂设备要求低可用集装箱运输；③适用于体形复杂的建筑。缺点是现场劳动量大。

"Panel"结构中带骨架的墙板、屋面板及屋架均在工厂采用专用模具预制成型。建造速度快，质量易于控制，自动化程度高，现场工作量小；但相对运输费用高，现场需要提升设备。

模块体系（Modular）的特点是以整个房间为一个模块，均在工厂预制，运至现场的将是包括地毯、窗帘家具及各种设备的完整房间单元。三种体系的结构组成示意见图2.62。

根据竖向承重结构在楼面处是否断开，又分为Balloon式框架和Platform式框架。Balloon式框架中的立柱在楼板连接处连续通过，不间断，因此用于Panel结构时，承重外墙板通常要高于一层（图 2.62）。Platform 式框架体系中墙立柱在每层楼板处均断开，结构一层一层施工，下面一层作为施工上面一层的工作平台。由于柱在楼层处间断，竖向荷载的传递需要经过楼面，这种体系的梁柱节点连接构造相较 Balloon 式体系更复杂（图 2.63）。

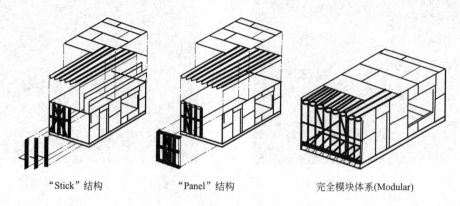

"Stick" 结构   "Panel" 结构   完全模块体系(Modular)

图 2.61　按预制单元大小的分类

图 2.62　Balloon 式   图 2.63　Platform 式

与传统的钢结构住宅体系主要由墙面立柱承重不同，一种新型的钢结构住宅体系 "盒子"（Cassette）结构，它的主要承重构件称为 Cassette，是一种冷弯薄壁型钢（图 2.64 ~ 图 2.66）。

"盒子" 结构组成的钢结构住宅体系，其优点体现在构造简单，能够进行快速的模块化生产墙板，结构防水性好，克服了传统细长墙面立柱的稳定问题，能合理地抵抗风荷载。

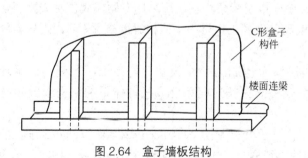

C形盒子构件

楼面连梁

图 2.64　盒子墙板结构

图 2.65　盒子结构住宅体系组成

2.4.3 英国发展建筑工业化的政策经验

从政府角度，除了履行相应政策制定职责，更应当支持和保护对工业化建造体系发展的投资与尝试。具体建议包括：

（1）对于进行工业化建造设计与体系开发的投资者提供税收优惠；

（2）政府主管部门与行业协会合作，完善房屋自建体系，促进工业化建造方式的尝试与实践；

图 2.66　钢结构住宅实例

（3）监控用地规划与分配系统，在房屋土地的供给方式和产权方面支持工业化建造房屋的推广；

（4）基于推进绿色节能住宅的政策和措施，以对建筑品质、性能的严格要求促进行业向新型建造模式转变；

（5）根据装配式建筑行业的专业技能要求，建立专业水平和技能的认定体系；

（6）除了关注设计、建造和开发外，注重扶持供应商和物流建设等全产业链的发展。

2.5 其他国家工业化建筑发展概述

1. 法国

法国是世界上推行建筑工业化最早的国家之一，20世纪50～70年代法国走过了一条以全装配式大板和工具式模板现浇工艺为标志的建筑工业化道路。到20世纪70年代，为适应建筑市场的需求，开始以发展通用部品为主要研究方向。1978年法国住房部提出以推广"构造体系"，作为向通用建筑体系过渡的一种手段。构造体系具有以下特点：一是为使多户住宅的室内设计灵活自由，结构较多采用框架式或板柱式，墙体承重体系向大跨发展；二是为加快现场施工速度，创造文明的施工环境，体系采用焊接和螺栓连接；三是倾向于将结构构件生产与设备安装和装修工程分开，以减少预制构件中的预埋件和预留孔，简化节点，减少构件规格；四是建筑设计灵活多样，建筑师有较大的自由发挥空间。

1982年，法国政府调整了技术政策，推行构件生产与施工分离的原则，发展面向全行业的通用构配件的商品生产。为了推行住宅建筑工业化，法国混凝土工业联合会和法国混凝土制品研究中心将全国预制厂组织在一起，由它们提供产品的技术信息和经济信息，并编制出一套软件系统。这套软件系统把遵守同一模数协调规则、在安装上具有兼容性的建筑部件，包括围护构件、内墙、楼板、柱和梁、楼梯和各种功能管道汇集在产品目录之内，采用这套软件系统，可以把任何一个建筑设计"转变"为用工业化建筑部件进行设计而又不改变原设计。

法国住宅产业发展经历了三个阶段，第一阶段是以"数量"为目标的住宅产业化形成阶段。20世纪50、60年代，第二次世界大战对法国的住宅建筑造成了极大的破坏，为了解决"房荒"问题，法国进行了大规模的住宅工业化生产，以成片住宅新区建设的方式大量建造住宅，此阶段被称为"数量时期"。第二阶段是以"高性能"为目标的住宅产业化成熟阶段。20世纪70年代，法国住房短缺得以缓解，但是随着居民生活水平不断提高，新区的问题却逐渐暴露出来，于是开始寻求住宅产业化的新途径。住宅产业化的重点逐渐从"量"转移到"质"即全面提高住宅的性能（High Quality，即高品质），住宅产业化开始迈入成熟阶段。第三阶段是以"高品质环保"为目标的住宅产业化高级阶段。20世纪90年代开始，为了缓解全球"温室效应"，法国等欧盟国家率先提出城市和建筑的可持续发展，由此住宅产业化发展的重点开始转向节能、减排、即逐渐降低住宅的能源消耗、水消耗、材料消耗、减少对环境的污染，实现可持续发展，由此法国的住宅产业化进入了"环保"的高级阶段。

2. 芬兰

20世纪60年代随着城市化的开始，芬兰住宅建设迅速发展起来。进入20世纪70年代，芬兰的住宅建设开始呈增长趋势，尤其在20世纪80年代建造了几乎万栋单体别墅住宅，同一时期还建造了大量的成排住宅，芬兰几乎2/3的现有住房都是建于20世纪80年代。20世纪90年代初由于芬兰经济衰退，公寓住宅和居民的自主建设都有所减少，直到20世纪90年代末才稍有回升。然而，相对人口比例来看，20世纪90年代芬兰所建的住宅还是比丹麦、瑞典多。芬兰20世纪90年代所建的单体别墅和连体别墅约占所建住宅的1/3。在20世纪最初10年内，随着经济的增长，芬兰每年要新建4000~20000栋住宅。芬兰典型的单户住宅很多仍采用现场施工的木框架房屋，但近几年，现场施工或采用预制单元的轻型钢框架住宅在芬兰也开始流行（图2.67、图2.68）。

图2.67　两户连体别墅　　　　　　　　图2.68　单层轻钢住宅

芬兰的别墅住宅近年来有许多采用轻钢龙骨框架结构体系，并已达到很高的工业化程度，其组成主要有墙板单元、Termo龙骨和Rosette节点连接等。墙板单元由墙板钢骨架、隔热层、防潮层以及内外面板组成，成品墙板单元可带有门窗洞口及装饰面层。墙板龙骨在工厂用短铆钉连接，挂板（通常为石膏板）用螺栓固定在龙骨上。无论承重还是非承重外墙板都制成预制单元，这种单元的安装速度快，没有填充保温材料及挂板的工序。其安装方式有两种：一种是完全的现场安装，另一种是部分工厂组装、部分现场安装。预制单元之间用节点连接件通过自攻螺钉相连，当墙板单元安装并固定后，角部要封保温材料和防风板条。

芬兰的轻钢龙骨结构体系中，Termo龙骨是一种主要构件，其采用热浸镀锌薄壁钢板制成，壁厚通常为1.0 ~ 2.0mm，截面形式为C形（主要用于垂直构件）和U形（主要用于地梁和顶部水平横梁)，门窗洞口、过梁采用两个C形构件组合成工字形截面。在龙骨的腹板上打出不同形状的槽孔，这些槽孔可使热传导中断，从而削弱由于龙骨形成的冷桥效应，改善钢龙骨的隔热性能。芬兰针对薄壁钢板开发了一种新的连接方法——Rosette 节点，在两块钢板上各开一个直径为20mm的洞，在其中一块钢板上开的钢材被做成"衣领"形，一块钢板上的卡环被压入另一块钢板的洞口圆周内，形成紧密连接的节点。与传统的钢结构节点相比，这种节点的优点有：①节点加工速度快，工序简便；②不需其他连接材料；③最后固定前不需卡具等配件；④节点外观简洁且品质良好。

这种Rosette节点使住宅中的钢屋架和墙板框架的工业化制造成为可能。屋架和墙板单元可以在一条生产线上生产出来，从切割薄壁钢板卷材开始，最终的产品为可供安装的龙骨单元。从设计到成品生产已形成一体化，一体化生产体系的优点是：①无需中间的存储及额外的运输；②较低的人工劳动量且不需专业技术；③材料浪费最小；④生产速度快，产品质量高（图 2.69~图 2.71）。

图 2.69　Termo 龙骨

图 2.70　Rosette 节点

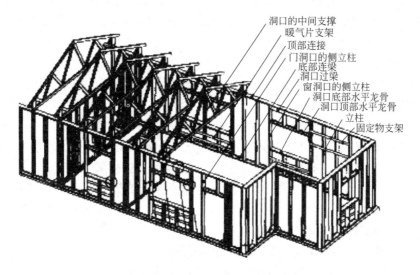

洞口的中间支撑
暖气片支架
顶部连接
门洞口的侧立柱
底部连梁
洞口过梁
窗洞口的侧立柱
洞口底部水平龙骨
洞口顶部水平龙骨
立柱
固定物支架

图 2.71　轻钢龙骨住宅体系组成

3. 加拿大

加拿大从20世纪20年代开始探索预制混凝土的开发和应用，到20世纪60、70年代该技术得到大面积普遍应用。目前装配式建筑在住宅、学校、医院、办公、停车库、单层工业厂房等建筑中均得到应用。大城市多采用装配式混凝土和钢结构，在小镇多为钢或钢-木结构。

加拿大的轻钢构件通常由镀锌或镀铝锌合金的薄钢板冷弯滚压成型，其截面形状通常为C形和槽形，钢板的厚度可根据结构的要求而变化，构件长度根据需要决定。轻钢构件制作精确，在其制作过程中通常在构件上有规律地穿孔，以利于水电线路和管道及横向加强构件的通过。

低层钢结构住宅结构形式通常采用线内支承的板肋体系，轻钢构件可应用于不同的房屋构件，作为楼面托梁的轻钢龙骨其截面高度通常在150～300mm之间，其钢板厚度大约在0.84～2.56mm之间，楼面托梁常见支撑形式是简支或连续梁，多跨连续梁既可采用单一构件的形式，也可采取多构件搭接的形式。楼面托梁龙骨的腹板通常等间距冲孔，以便水电管线布置。墙体的轻钢龙骨可分为承重和非承重两种，承重的C形龙骨其截面高度一般在93～200mm之间，钢板厚度通常介于0.80～1.91mm之间；非承重龙骨的截面高度在41～150mm之间，其钢板厚度为0.45～0.84mm，这种由轻钢龙骨与石膏板（若作外墙还需加结构板材）组成的板肋墙体也普遍地应用于高层住宅建筑。

中低层住宅通常采用轻钢板肋结构体系，适用于6层或6层以下的住宅建筑，但目前也有应用到8层的旅馆建筑实例。中层住宅建筑，其底层轻钢龙骨厚度可达2.6mm，上部楼层的龙骨材料厚度可随荷载的减小而减少。楼面结构可根据其跨度的长短选择下列体系：轻钢楼面体系，由压型钢板和混凝土构成的钢承复合楼板，钢筋混凝土预制或现浇楼面。特大开间可采用轻型空腹钢桁架，压型钢板和混凝土组成的复合楼面，抗侧构件常由轻钢拉条构成X形斜向支撑体系，或由抗剪板材与轻钢龙骨组成的剪力墙体系构成。屋架多由轻钢椽梁或桁架构成。

在加拿大，轻钢结构已广泛地应用于包括住宅在内的各种高层建筑，其主要用于内外填充墙、隔墙、幕墙、外维护墙及屋架和屋顶体系。高层住宅的承载结构常由H型钢或钢筋混凝土的框架体系组成，由轻钢构件构成的轻质内外墙体系非常便于与承重结构的框架体系融为一体。

4. 澳大利亚

澳大利亚在20世纪60年代就提出了"快速安装预制住宅"的概念，但由于市场尚未成熟，并未得到很好发展。20世纪60～80年代间，澳大利亚与新西兰联合推出了冷弯薄壁钢结构，并于1996年联合出台AS/NZS4600冷弯成型结构钢规范。这种钢材承载力高，与相同承载力的木材相比，只是木材的1/3重，表面经镀锌处理，在免大修的情况下，使用寿命长达75年。此外，澳大利亚还发展了一种称为"速成墙"（Rapiwall）的系统，它是一种中间挖空的板材，在工厂制造时已完成装修，主要成分为石膏板、玻璃纤维和水密性聚酯材料等的混合体，重量为38kg/m²。标准板尺寸为（长）13m×（宽）2.85m×（厚）12mm。它也可以裁剪成任何长度和高度的组合件，在其中孔洞处灌注混凝土，则可以起到较好的防火、隔声、防热作用，可以用于内外墙体。

澳大利亚轻钢结构建筑体系以镀锌冷弯薄壁型钢作为承重结构，采用高强、防腐钢卷板，与目前美国等国家适用的镀锌钢板相比，所需钢板厚度较小、单位建筑面积用钢量相对较低。楼面由冷弯薄壁型钢架或组合梁、楼面OSB结构板、支撑、连接件等组成。所用的材料是定向刨花板，水泥纤维板，以及胶合板；屋面系统是由屋架、结构OSB面板、防水层、轻型屋面瓦（金属或沥青瓦）组成的，在保障防水的前提下，外观有许多可选择的方案；墙体主要由墙架柱、墙顶梁、墙底梁、墙体支撑、墙板和连接件组成，一般将内横墙作为结构的承重墙，墙柱为C形轻钢构件，其壁厚根据所受的荷载而定，通常0.84～2mm，墙柱间距一般为400 ~ 600mm，这种墙体结构布置方式，可有效承受并可靠传递竖向荷载，且布置方便；保温做法一般在墙的墙柱间、楼层格栅之间、所有内墙墙体的墙柱之间填充玻璃纤维，在墙外侧再贴一层保温材料。速成墙（Rapiwall）因其轻质、空心，具有较好防水性能，较大制作尺寸和较高的力学性能指标，充当建筑物的围护结构，组成内、外墙体。

澳大利亚轻钢结构建筑体系通过电脑辅助制造专用设备（CAM）进行设计，有许多轻钢结构建造设计软件，如G-CAD，由此生成的设计文件可以直接输入到加工设备进行自动加工。生产制作的全过程由电脑软件控制的专业设备完成，保证构件制作的精确度，其误差在0.5mm以内，直接在工厂轧制成各种不同类型的结构构件，除基础施工外，其余均为干作业施工安装。

5. 新加坡

新加坡装配式结构体系应用非常广泛，始于20世纪70年代。在20世纪80年代，随着住房需求的增加，该结构体系迅速发展，到20世纪90年代后期已进入全预制阶段，装配式结构体系得到新加坡政府的积极推崇，并出台相应的鼓励政策促进其发展。新加坡建屋发展局出资对该体系进行研发，每年投资几千万新元对关键节点技术进行研究、开发，技术成熟并形成标准后，再鼓励企业进行预制装配式结构的设计和施工，这使新加坡建筑工业化水平得到迅速提高。

由于标准化和重复性程度高，工业化建筑方法具有较高的生产率。与相似建设规模的传统设计相比，这些项目的建设时间从18个月下降到8 ~ 14个月。同时，预制构件的大规模使用使这些项目的建造成本与传统建筑方法相比具有较大优势。新加坡对工业化建筑方法进行了及时评估，结合新加坡建筑的具体情况，决定采用预制混凝土组件，如外墙、垃圾槽、楼板及走廊护墙等进行组屋建设，并配合使用机械化模板系统，新加坡的建筑工业化由此开始稳步发展。组屋一般采用塔式和板式的多层或高层，建设较早的有5 ~ 6层楼高，新建建筑一般都是13 ~ 14层，层高大多为2.7m左右。另外，随着建筑工业化项目的发展，建屋发展局把重点从大规模的工业化转向低量灵活的预制加工，预制混凝土构件，比如垃圾槽、楼梯，开始越来越多地运用在建屋发展局的公共项目中，随着预制技术优越性的显现，企业也越来越多地运用了工业化的建筑方法（图2.72、图2.73）。目前，新加坡开发出15~30层的单元化装配式住宅，占全国总住宅数量的80%以上。通过平面的布局，部件尺寸和安装节点的重复性来实现标准化，以设计为核心，设计和施工过程的工业化，相互之间配套融合，装配率达到70%。

图 2.72　预制模块　　　　　　　　　　图 2.73　避难功能的储藏室

　　1966年，新加坡政府颁布的《土地征用法令》规定，由政府通过划拨国有土地进行公共住宅的开发建设，并且政府有权在任何地区征用私人土地建造组屋，还可以调整被征用土地的价格，被征用土地价格确定后不受市场影响。新加坡用地结构中居住用地占比最高，建屋发展局以低于市场价格的土地进行组屋建设，政府根据中低收入家庭的支付能力来确定组屋的销售价格。此外，建屋发展局经批准后还可发行债券来资助组屋计划的实施，保证中低收入家庭能够负担得起组屋的价格。20世纪60年代，新加坡政府制定并实施了《建屋与发展法》，同时还颁布了《建屋局法》和《特别物产法》等，从而逐步完善了住房法律体系。政府采取了一系列措施严格限制炒卖组屋，建屋发展局的政策定位是"以自住为主"，限制居民购买组屋的次数。在资金方面，新加坡政府以提供低息贷款的形式给予建屋发展局资金支持，支付大笔财政预算以维持组屋顺畅运作。此外，政府对组屋的出售实行优惠，补贴亏损。为保障普通老百姓能够买得起组屋，政府根据中低收入阶层的承受能力而不是靠成本来确定售价，使其远远低于市场价格。

6. 瑞典

　　瑞典20世纪50年代开始在法国的影响下推行建筑工业化政策。并由民间企业开发了大型混凝土预制板的工业化体系，大力发展以通用部件为基础的通用体系。目前瑞典的新建住宅中，采用通用部件的住宅占80%以上。瑞典建筑工业化特点归结为以下几点：①在较完善的标准体系基础上发展通用部件；②独户住宅建造工业十分发达；③政府推动住宅建筑工业化的手段主要是标准化和贷款制度；④住宅建设合作组织起着重要作用。

7. 丹麦

　　丹麦是全球第一个将模数法制化的国家，其标准化程度很高，国际标准化组织的ISO模数协调标准就是以丹麦标准为模板的。丹麦通过发展以"产品目录设计"为中心的通用体系，在通用化基础上实现多样化。丹麦把住宅通用的产品、部件称为"目录产品、部件"，住宅部品和构配件的生产企业将自己生产的产品、部件列入目录，国家把各个企业产品目录中的部品、产品汇集成"通用部件和产品总目录"，这样设计人员在设计住宅时，可以任意选用总目录中的部品或产品进行设计，实现了住宅产品的多样性。

8. 意大利

　　意大利BSAIS工业化建筑体系适用建造1~8层钢结构住宅。它具有造型新颖、结构受力合理、抗震性能好、施工速度快、居住办公舒适方便等优点，采用CAD计算机辅助设计和CAM计算机辅助制造，在欧洲、非洲、中东等地区大量推广应用。结构为框架支撑形式，柱子采用H型钢，主梁采用大断面冷弯型钢，支撑采用角钢，梁柱用高强度螺栓连接；楼板采用压型钢板、混凝土的组合楼板；外墙板设预埋件采用T形螺栓与梁连接，外墙内侧为100mm厚玻璃棉铝箔隔气层，主体为轻龙骨石膏板内置玻璃植棉；平屋顶为组合板，上面做保温、防水。该体系施工速度快，施工技术难度低，操作人数少。

第3章 国内工业化建筑发展及装配式钢结构建筑技术体系

3.1 国内工业化建筑的现状与发展

3.1.1 国内主要工业化建筑类型

根据建筑材料的不同，工业化建筑可分为装配式混凝土结构、钢结构、木结构、竹结构和铝合金结构等不同类型（图3.1）。在我国目前的工业化建筑体系中，装配式混凝土结构和钢结构是最为主要的结构体系（图3.2、图3.3）。

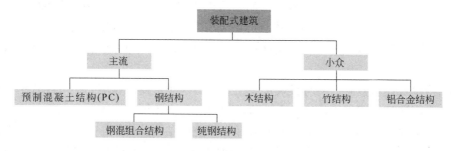

图3.1 我国主要装配式建筑体系

图3.2 装配式钢结构

图3.3 装配式混凝土结构

1. 装配式混凝土结构

钢筋混凝土结构具有取材方便、成本低、刚度大以及耐久性好的优点，在房屋建筑及其他土木工程中的应用十分广泛。装配式混凝土结构（PC，Prestressed Concrete）是指在工厂中通过标准化、机械化方式加工生产的混凝土制品，制作完成后运送至施工现场进行搭建的结构体系。工厂预制可以将大量的湿作业施工转移到工厂内进行标准化生产，并将保温和装饰整合在构件的生产环节完成，从而使原材料和施工水电消耗大幅下降，同时能有效提高工程质量，并加快工期和减少污染。装配式混凝土结构保持了钢筋混凝土结构的耐久性好、刚度大以及耐火性好的优点，同时又减少了现场湿作业，劳动效率高，但其建筑设计和施工组织设计过程均较复杂，且预制构件自重较大，对构件运输和现场吊装机械的要求较高，尤其是节点构造普遍更为复杂，仍需现浇作业，需要进一步的研究来改善现有缺陷。

装配式混凝土结构体系按装配的工法主要分为外墙挂板体系（又称内浇外挂体系）和全装配体系（包括装配式框架体系、装配式剪力墙体系、装配式框架–剪力墙体系）。内浇外挂体系，一般竖向受力结构采用现浇施工，外墙、楼梯和阳台则采用预制构件，有时也采用预制叠合楼板，预制比例一般在15%左右，施工难度较低，国内的具有代表性的单位主要有万科企业股份有限公司、远大住宅工业集团股份有限公司等。

2. 钢结构体系

钢结构的力学性能优越，技术相对成熟，适应性强，结构构件和维护板材都可在工厂生产，施工水电消耗少，垃圾排放少，污染低，能充分体现绿色建筑"四节一环保"的性能优点。由于此前我国经济发展较为落后，所以钢材主要应用于工业和国防等重要领域，建筑用钢占比过小，市场对钢结构建筑的认可度偏低，普遍认为其防火和防腐性能不佳，结构体系的研发主要依靠企业的自我发展机制，建造成本偏高也是制约钢结构发展的主要因素。

钢结构建筑体系主要类型有模块化装配式钢结构建筑体系和多高层装配式钢结构建筑体系。多高层装配式钢结构建筑体系按研发的阶段分为传统结构体系和新型结构体系。传统的钢结构体系主要包括：纯框架结构、框架–支撑结构、框架–剪力墙结构、集装箱等结构体系，新型钢结构体系主要包括：模块化钢结构体系、交错桁架结构体系，适用于住宅类的钢板组合剪力墙结构体系（主要有钢管束、箱形钢板组合剪力墙、波形钢板组合剪力墙等体系）和钢框架结构体系（主要有钢管组合异形柱框架结构、隐式框结构、壁式钢–混凝土柱框架结构、组合异形柱框架结构等体系）。传统结构体系技术成熟，具有完善的设计规范，构件加工和施工技术成熟，用钢量也较少，但建筑功能的实现存在一定问题，如"露梁露柱"问题（图3.4）影响建筑使用效果。

为了解决"露梁露柱"的问题，国内各科研院所研发了几种典型的钢结构建筑体系（图3.5）。钢管混凝土组合异形柱，将传统的方柱用几个小直径的方钢混凝土代替，组成T形、L形、十字形截面，通过截面变化解决室内凸柱问题；钢管束组合结构体系，由标准化、模数化的钢管部件并排连接在一起形成钢管束，内部浇筑混凝土形成钢管束组合结构构件作为主要承重和抗侧力构件，具有不外露梁柱、结构刚度大、抗震性能好等优点；PSC（Precast steel and precast concrete）组合剪力墙结构体系，在外

图 3.4   传统钢结构"露梁露柱"的问题

侧包裹混凝土形成组合剪力墙，具有良好的防火和防腐性能；箱形钢板剪力墙结构体系，箱形钢板剪力墙与墙体厚度相同，建筑内部空间完整、布局方便，适用于各种复杂平面户型。

(a) 异形柱框架结构体系

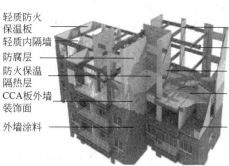

轻质防火保温板
轻质内隔墙
防腐层
防火保温隔热层
CCA板外墙装饰面
外墙涂料

钢管束组合结构剪力墙
H型钢梁
轻质防火板
装配式钢筋桁架楼承板
钢管束内灌混凝土

(b) 束管组合剪力墙结构体系

(c) PSC组合剪力墙结构体系

(d) 箱形钢板组合剪力墙

图 3.5　国内几种典型的钢结构建筑体系

　　目前国内装配式钢结构建筑研发和生产的代表性企业主要有杭萧钢构股份有限公司、浙江东南网架股份有限公司、浙江绿筑集成科技有限公司、浙江精工钢结构集团有限公司等。国内装配式钢结构建筑取得了长足的进步，但是仍存在不少的问题。大多数体系研发关注主体结构问题，"三板"问题仍然突出。普遍存在产品部品部件标准不统一，外墙围护技术未规范化和通用化，配套的通用标准图集少，与主结构匹配性差的问题，并且安装过程仍存在湿作业，焊接和安装繁琐不利于高空作业等现象也较为突出。围护墙板隔声、隔热性能差、气密性不佳、使用功能差，条板容易开裂等也是目前存在的突出问题，解决好这些问题是实现装配式钢结构建筑产业化的必要条件。为大力推广钢结构体系，加快我国建筑工业化的发展，应有组织研发与钢结构体系相配套的墙板维护、装修工厂化和装配化等技术，通过技术创新、规模化生产和资源的高效利用，实现国家的节能减排和可持续发展的目标。

3.1.2　国内工业化建筑的发展

　　我国的建筑工业化发展始于20世纪50年代，在第一个五年计划中就提出借鉴苏联和东欧各国的经验，在国内推行标准化、工厂化、机械化的预制构件和装配式建筑。由于多种原因，建筑工业化历经兴起、停滞、再提升等多个曲折发展阶段。

20世纪60～80年代是我国工业化建筑的持续发展期，尤其是从20世纪70年代后期开始，我国多种装配式建筑体系得到了快速的发展。20世纪70年代末，北京地区为满足高层住宅建设的发展需要，从东欧引入了装配式大板住宅体系，有效地解决了当时发展高层住宅建设的需求，1986年北京市累计建成的装配式大板高层住宅面积就接近70万 m²。在多层办公楼的建设方面，上海市采用了装配式框架结构体系，其框架梁采用预制的花篮梁，柱采用现浇混凝土柱，楼板为预制预应力空心板。单层工业厂房当时普遍采用装配式混凝土排架结构体系，构件为预制混凝土排架柱、预制预应力混凝土吊车梁、后张预应力混凝土屋架和预应力大型屋面板等。20世纪80年代，全国已有数万家预制混凝土构件厂，全国预制混凝土年产量达2500万 m³，这一时期这些装配式体系被广泛应用与认可。

20世纪80年代末，我国装配式建筑的发展遭遇了低潮。由于采用预制板的砖混结构房屋、预制装配式单层工业厂房等在唐山大地震中遭受严重破坏，装配式体系的抗震性能受到质疑，相比之下认为现浇体系具有更好的整体性和抗震性能。同时，大板住宅建筑因当时的产品工艺与施工条件限制，存在墙板接缝渗漏、隔声差、保温差等使用性能方面的问题，在北京的高层住宅建设中的应用也大规模减少。然而，近些年以现场浇筑混凝土结构为主、以手工作业为主的传统粗放式建筑业生产方式是否符合我国建筑业的发展方向，受到业内审视。首先是随着社会发展，农民工大量减少，施工企业出现"用工荒"，劳动力成本快速提升；其次，社会对于施工现场环境污染的高度重视，采用现浇方式的施工现场存在水资源浪费、噪声污染、建筑垃圾产生量大等诸多问题；最后，从可持续发展角度考虑，对传统的建筑业提出产业转型与升级要求。在国家与地方政府的支持下，我国装配式结构体系重新迎来发展契机，形成了如装配式剪力墙结构、装配式框架结构等多种形式的装配式建筑技术，先后发布了《装配式混凝土结构技术规程》JGJ 1—2014、《装配式钢结构建筑技术标准》GB/T 51232—2016等相应技术标准。

20世纪90年代中后期，随着钢材产量的快速增加，我国开始大力推广使用钢结构。2006年国家开始鼓励推广节能省地型绿色建筑，并鼓励建筑工业化的发展和新型建筑结构系统的开发。钢结构建筑是符合循环经济特征的节能环保型绿色建筑，因而得到了推广应用。"十一五"和"十二五"期间，与钢结构相关的科技支撑计划和国家"863计划"项目课题共有18个，属于钢结构领域的重大项目有两项。"十三五"国家重大科技专项"绿色建筑及建筑工业化"中，进一步加强钢结构领域科研方面的投入，超过前10年的总数。

"十三五"规划强调，要研究并推广在各类建筑中应用钢结构新体系，扩大钢结构的应用范围；我国的钢结构设计标准要与国际接轨、完善钢结构设计规范和标准；为实现钢结构住宅产业化提供成套技术，研制快速安装、经济适用、安全可靠的钢结构体系、轻钢结构楼板等，应用于保障性住房工程建设；争取到2020年，我国钢结构建筑占10%以上。

2022年1月《"十四五"建筑业发展规划》发布，为今后一段时间建筑行业的发展指明了方向。规划强调，大力发展装配式建筑，构建装配式建筑标准化设计和生产体系，推动生产和施工智能化升级，扩大标准化构件和部品部件使用规模，提高装配式建筑综合效益；完善钢结构建筑标准体系，推动建立钢结构住宅通用技术体系，健全钢结构建筑工程计价依据；积极推进装配化装修方式在商品住房项目中的应用，推广管线分离、一体化装修技术，推广集成化模块化建筑部品，促进装配化装修与装配式建筑深度融合；积极推进高品质钢结构住宅建设，鼓励学校、医院等公共建筑优先采用钢结构。

我国钢结构建筑市场具有广阔的发展前景。一方面，我国是世界上建筑体量最大和钢产量最大的国家，但钢结构建筑的发展却明显滞后，目前发达国家钢结构建筑普遍占建筑总量的比例在40%以上，我国钢结构建筑占比只有10%，钢结构住宅占比仅1%左右，这反映出我国钢结构建筑产业的巨大发展空间；另一方面，城市化进程为民用建筑市场提供了广阔的空间，而传统建筑生产效率低，对环境和耕地破坏严重，节能省地的绿色环保型钢结构建筑将面临新的发展机遇。最重要的是，政府也通过相关政策对钢结构工业化建筑产业的发展提供了大力的支持和引导。推广和应用钢结构建筑将逐渐成为社会共识，这是实现我国当前建筑生产方式由粗放型向集约型转变、提高人民生活质量和节约能耗的重大举措，对我国经济及社会发展有着极其深远的意义。

3.1.3　国内工业化建筑的现状

1. 国内工业化建筑结构体系发展现状

（1）缺乏成套建筑体系研发，未形成工业化通用建筑体系。

为解决建筑室内"露梁露柱"和"肥梁胖柱"问题，各个企业研发了不同的建筑体系，但这些体系独立性较高，相互配合程度极低。各结构体系部品模数自成一套，没有统一模数的设计概念，造成部品种类增加和部品接口多样化。且各个体系也存在各种各样的问题，如焊接作业量大，构件本身加工复杂，对构件加工设备、加工技术要求较高。

（2）标准化部品部件少。

标准构件必须具备优选的规格尺寸和标准化的制作工艺。目前，大多以房间为单元划分墙体和楼板构件。事实上，如果不改变目前构件拆分方法和生产线生产能力，就只能在构件加工工法的标准化和模具的工具化方面提高效率，不能从根本上改变构件生产效率和订单生产模式。

（3）部品的接口设计亟待完善。

部品的接口设计是建筑工业化体系中最大的短板，设计不当易引发质量问题。尽管目前建筑部品与结构的接口、建筑部品与水电及采暖通风等接口的设计水平有所提高，但在接口形式、接口尺寸及精度方面仍需要进一步加强。

2. 国内工业化建筑装修发展现状

（1）建筑设计与装修设计脱节，建筑的标准化、模数化推行不力。

目前我国的建筑行业，建筑设计与装修设计通常是独立的两个部门。在设计过程中，建筑师往往只从自身的设计理念出发，很少深入地分析以后可能进行的二次装修，建筑设计与装饰设计之间，缺乏连贯性，为建筑功能的最终实现带来隐患。

（2）装修部品质量不高，集成程度低。

长期以来，装修部品施工的机械化水平较低，生产部门之间普遍脱节，衔接不足，使得产品质量良莠不齐。我国建材行业非常重视新型建材的开发，建材的品种不亚于发达国家，但忽略了建筑材料的部品部件化、系列化发展。由于尚未形成建筑材料的部品部件化生产与供应，建造用材还是以基本的原材料生产供应方式为主，致使施工现场的手工作业和再加工作业的工作量大，施工效率低。

（3）全装修后期服务系统不完善。

全装修推行以来已有数年，但有效的质量保证体系仍未建立，以至于全装修房的质量认定模糊，住户与开发商之间的纠纷层出不穷。由于没有有效的质量保险制度，住户与开发商间的纠纷和赔偿问题难以得到有效的解决，造成了社会对于全装修住宅的信心不足。

3.1.4　国内工业化建筑的发展趋势

1. 产品设计的标准化

标准化设计是装配式建筑的重要特点，可以有效提高深化设计、材料采购、构件加工和施工等后续工作的效率。在做好标准化设计的同时，兼顾个性化设计，是未来装配式建筑的发展方向。

（1）建筑户型的标准化

建筑户型的标准化，便于建筑部品部件的标准化，便于集成厨卫和家具配套的标准化与系列化。对于装配式钢结构建筑的设计，应当充分考虑钢材的特性，发挥钢结构体系的结构大跨度优势，充分体现大空间、可变户型、巧妙隐藏梁柱等优点。

（2）结构构件标准化

通过结构设计过程中合理的归并，使构件形式标准化，从而便于原材料生产厂家的批量制造，同时便于总承包方集中采购和集中仓储，降低建造成本。

（3）部件部品标准化

楼板、墙板、外墙、整体厨房、集成式卫浴和集成管井等部品实现标准化，提高全产业链的生产效率，降低生产成本。此外，目前装配式钢结构建筑配套围护体系尚不完善，建立完善的标准化围护体系，是突破目前装配式钢结构建筑发展瓶颈的关键。

2. 信息化技术在设计中的应用

通过信息化手段进行设计，进行全专业建模，将结构构件、墙板围护部品、机电管线等深化设计工作提前在信息化技术中进行预演，在设计阶段做到建筑、结构、设备管线、装修、部品部件等一体化设计，将问题在设计阶段体现出来，从而更好地指导现场施工，提高现场施工效率，提升施工现场信息化水平。尤其是钢构件在在深化设计和加工时就需要充分考虑机电、幕墙和装修等专业所需的预留洞口和预设连接板。信息化技术可显著提高该部分工作的质量和效率，使之充分地在工厂完成，减少现场工作量并提高构件质量。并且，利用信息化技术管理平台，项目各相关方可通过物联网进行管理实践，实现对项目质量、进度、成本等方面的高效管理。因此，信息化技术应该成为钢结构建筑的标配，且应用深度和广度可进一步开发。

3. 全寿命周期的一体化设计

装配式建筑是一个完整的建筑系统，涉及设计、制作、运输、施工、装饰装修、管理等全方位的工作，需要综合协调建筑、结构、机电和装饰等各专业。因此，由建筑牵头各专业的一体化设计是未来的发展趋势。装配式建筑研发团队不能只有结构设计人员，还需要建筑、加工、施工、和装饰装修等各方面的技术人员。统筹结构构件与墙板、门窗、装修部品等部件之间的关系，有效地进行部品部件的加工制造。

4. 定制化设计

公共建筑一般在建筑功能、风格、外立面等要素上差别较大，住宅建筑相对统一，尤其是安居房和保障房。随着地产经济的发展，住宅对个性化也有强烈的需求。

我国主要采用多高层住宅来满足国民日益增长的住房需求，随着国家经济的发展、社会新观念的产生和新技术的出现，以手机、家电和汽车等行业为代表的制造业开始出现个性定制服务以吸引用户，在国内的住宅建设中，个性定制鲜有被提及，或是技术条件不允许，或是产业配套未跟上。

近年来国内外开发商、建造商、建筑师等均对住宅的个性定制理念进行了深入探讨，旨在从根本上缓和当前住宅建设中存在的单一化的产品形式与用户多样化、个性化的居住需求之间的矛盾。日本的新日本制铁、竹中公务店等5家公司20世纪70年代设计的"芦屋浜高层住宅"，就是将住宅楼的钢结构构件与各住户的建筑构成分离开，从而可获得多样的建筑平面布置，实现住宅的定制化。国内万科企业股份有限公司2016年9月份发布了无限系产品，即考虑住宅全生命周期、全户型、后期改造的无限可能、风格可选的个性化定制住宅产品，在业内引起巨大反响，随后万科在全国多个区域开始推广。国内其他大型房产公司也相继提出类似的新产品研发概念。

定制化设计被各大房产公司看好，主要有两方面原因：①从用户的角度来看，随着全生命周期的推移，生长环境的变化，家庭结构的改变，自然就有换房的需求，但由于房价持续走高或保持高位，人们换房之路越来越难，现有的户型包括一些建筑结构也很难改造，定制化的装修价格也很高。在这种大环境下，买到精装房，也是千篇一律的，没有办法满足个性化的需求。②从开发商的角度来看，土地资源稀缺，竞争激烈，限价政策导致了利润被压缩，住宅产品的同质化比较严重，解决好这个问题对开发企业而言将有效增加产品竞争力，提高用户体验，对社会而言将有效促进住宅建筑的产业化发展，节约社会资源。钢结构由于强度大、自重轻、抗震性能好，容易实现大跨度无柱空间，在定制化设计住宅中有广阔的应用前景。

5. 新技术新材料的应用

在建筑领域，近些年随着科研手段的提升，新技术新材料的发展层出不穷。在钢结构建筑的技术发展方面，新材料表现在特种钢材和新型建筑材料的创新和应用，新技术则表现在钢结构建筑本身的健康检测与监测，以及建筑使用过程中的新技术应用，比如智能消防、地震智能预测等。

耐候耐火钢可以较好地提升钢材的耐腐蚀性能和防火性能，从而减少防腐蚀涂料和防火材料的用量，节约成本。在相同处理工艺的情况下，耐候耐火钢有更好的耐久性，这可显著提高建筑的品质和寿命。但目前耐候耐火钢在钢结构建筑中的应用还不多，未来有较好的应用前景。

其他新型的建筑材料，如新型墙体材料、新型保温材料、新型密封材料、防水材料、防水隔气膜、防水透气膜等，在被动式建筑、装配式建筑中已逐步得到应用。随着技术的成熟、成本的降低，以及国内钢结构建筑的品质逐步提升，这些新材料会得到越来越多的工程应用。

随着电子科技、互联网、AI智能化在建筑领域的研究越来越多，智能家居设备、智能消防、智能安防、智能地震监测等设备在钢结构建筑中的应用，也是未来的发展方向。

3.2 国内装配式钢结构建筑的特点和结构体系

3.2.1 国内装配式钢结构建筑的技术特点

1. 主体结构技术特点

（1）高层钢结构建筑的梁柱和支撑构件尺寸较大，室内经常出现"露梁凸柱"问题。

（2）钢梁、柱、支撑之间的连接一般采用栓焊连接，现场焊接的工作量较大，对于工人的技术水平要求较高。

（3）钢构件防火一般采用厚涂型防火涂料和防火板，与混凝土结构相比，这增加了工序和成本。

（4）钢结构建筑的用钢量较大，建造成本偏高，这成为推广的主要障碍。但与装配式混凝土结构建筑相比，运输半径和运输成本的制约较小。

（5）钢构件可工厂加工，不占用工期，现场安装速度快，与现浇混凝土结构相比可节省1/4 ～ 1/3的工期。

（6）配合装配式楼板、楼梯等预制构件，可以提高建筑工业化水平，节省模板、支撑、脚手架等施工耗材，干作业的施工方法可节水、节电、减少施工垃圾，施工噪声小，绿色程度高。

2. 常见结构类型

目前我国钢结构工业化建筑通常采用的主要结构类型有钢框架结构、钢框架-支撑结构、钢框架-混凝土剪力墙结构和钢框架-钢板剪力墙结构四种。

（1）钢框架结构

钢框架结构是由钢梁和钢柱作为主要承重构件和水平抗侧力构件的结构体系。框架柱一般采用热轧或高频焊接H型钢，双向受力框架柱或角柱也可用箱形截面；当柱受力较小时，可采用轻型热轧型钢或冷弯薄壁型钢。框架梁多为轧制或焊接H型钢。钢框架结构受力明确，具有良好的抗震延性，建筑平面布置灵活、制作安装简单、施工速度较快，其缺点是侧向刚度较小，为满足层间位移要求需要加大梁柱截面。因此，该类结构应用于高层建筑时经济性较差，常用于6层以下的多层建筑，不适用于强震区的高层住宅。

（2）钢框架-支撑结构

钢框架-支撑结构是由钢框架和钢支撑组成的抗侧力结构形式，具有良好的抗震性能，支撑可以是中心支撑也可以是偏心支撑，在高层建筑中有广泛的应用，对建筑平面布置有一定的规则性要求。该结构的缺点是高层建筑的柱截面较大，钢梁在防腐防火处理后也比室内隔墙要厚，从而出现露梁露柱问题。另外，板式建筑南北立面的窗洞会导致斜支撑布置困难。但近年来研发的小截面组合钢柱可以解决室内露柱的问题，将楼板放在梁下翼缘可以解决露梁问题。

（3）钢框架-混凝土剪力墙结构

钢框架-混凝土剪力墙结构是由钢框架和混凝土剪力墙组成的双重抗力结构体系，在高层建筑中，通常在电梯间及部分户墙体内布设混凝土剪力墙，起到主要抵抗地震和风荷载等水平力的作用。为了与钢框架更好地连接，并加快施工速度，通常在混凝土剪力墙内设置型钢柱和型钢梁，形成钢骨混凝土剪力墙。

（4）钢框架–钢板剪力墙结构

钢框架–钢板剪力墙结构是由钢框架和钢板剪力墙组成的双重抗侧力结构体系。钢板剪力墙结构单元由内嵌钢板和边缘框架组成（图3.6），内嵌钢板和框架通过鱼尾板连接。钢板墙在受力机理上可比拟为底端固接的竖向悬臂板梁，边缘柱相当于悬臂梁的翼缘，内嵌钢板相当于腹板，边缘梁则相当于腹板加劲肋。

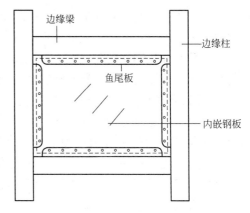

图 3.6　钢板剪力墙单元构成

与混凝土剪力墙相比，钢板剪力墙的厚度更小，能有效减小结构自重，降低地震响应，减少基础造价，也可增加建筑使用面积。

3. 次结构技术特点

（1）内墙多采用轻质墙板和轻钢龙骨板材墙。轻质墙板的使用较多，施工速度快，湿作业少，并且平整度高，节省了墙体抹灰量。

（2）目前外墙多采用砌块墙体。由于目前没有合适的隔声、保温、耐火性能好、成本低的复合保温外墙板，外墙板的施工工序偏多，墙体、保温装饰分步施工，工业化程度不高。并且外墙由于常常设置斜向支撑，采用外挂墙板增加了墙厚和成本，因此目前多采用砌块填充墙。

（3）对于高层钢结构建筑，次结构的工程量比混凝土结构建筑的工程量大。

（4）钢结构建筑墙体多为非承重构件、厚度小，使得房率提高，二次改造相对容易。

3.2.2　国内装配式钢结构建筑技术发展新趋势

经过近几年的研发和工程实践推广，国内相关企业、高校技术趋于合理化，落地性更强，主要呈现以下新趋势。

1. 注重用户需求，提供系统完备和完整建筑物

装配式钢结构建筑不单指采用钢结构这种结构形式，而是指涵盖建筑、结构、围护、门窗、水、暖、电、楼宇自动化等各专业完备的建筑整体。应以最终用户的要求为导向，向用户提供功能完整的建筑物，向中间用户提供考虑了最终用户需求的部品部件。最终完成的建筑物，是一个多单位、多部门、多专业、多工种协同、合作的现代化工业产品。

2. 注重系统思维及集成创新

装配式钢结构建筑技术体系复杂，具有多层次、多领域、多学科融合的特点。将装配式钢结构建筑作为一个完整的建筑产品，借鉴其他高度发达的工业行业发展的成功经验，从系统思维的角度去发现问题、研究问题，进而解决问题。从产业系统角度出发进行研发和集成，集成成熟、可靠、适宜的技术。

3. 注重采用面向制造和装配的钢结构建筑产品设计方法

面向制造和装配的设计方法是产品开发中常用的方法，广泛地应用于汽车、飞机制造、航空和国防等行业。将装配式钢结构建筑体系的研发当作现代化工业产品去开发设

计，这里的"制造"就是指建筑物所有的部品部件的制造，"装配"就是指把这些部品部件通过适当的方式互相连接起来形成完整功能的建筑物。面向制造和装配的设计方法提供了一个从装配和制造的角度去分析已给定设计的系统方法。采用这种方法可以使得产品结构更简单、性能更可靠、装配和制造的成本更低。

4. 注重工业化、标准化、智能化

建筑工业化是运用现代工业化的组织方式和生产手段，对建筑生产全过程的各个阶段的各个生产要素的系统集成和整合；建筑标准化是指建筑工程方面建立和实现有关的标准、规范、规则等的过程。建筑标准化的目的是合理利用原材料，促进构配件的通用性和互换性，实现建筑工业化，以取得最佳经济效果。建筑智能化是指以建筑物为平台，基于对各类智能化信息的综合应用。

以解决钢结构存在的问题为导向，以"工业化、绿色化、标准化、信息化"为研发目标，以"系统理念、集成思维、创新引领、实践检验"为研发路线，研发全产业链技术。

3.3　国内典型的装配式钢结构建筑体系

我国装配式钢结构建筑发展时间还较短，但在政策的大力支持下，国内已开发出了多种不同形式的新型装配式钢结构体系。

3.3.1　装配式斜支撑钢框架结构体系

装配式斜支撑钢框架结构主要由主板和斜撑柱两种模块组成，其中模块内部各构件在工厂采用焊接连接，施工现场采用高强度螺栓完成不同模块间的拼装。主板模块由柱座、压型钢板混凝土楼板、桁架梁组成，完全在工厂预制。柱采用轧制方钢管，梁采用钢桁架梁，梁柱节点区周围布置斜支撑，桁架梁由槽钢、角钢及钢板焊接而成，格构形式便于设备管线的预铺设。主板模块在出厂前完成楼板面装饰层、吊顶以及水、暖、电管线的铺设工作，并留有模块间连接接口。斜撑柱模块由立柱和斜撑焊接组成，斜撑一端与柱相连，另一端与桁架梁相连，参与框架的共同工作。立柱采用方钢管柱，四面均可布置斜撑，形式较为灵活，根据平面布局位置不同，有单撑柱、双撑柱、三撑柱、四撑柱等多种形式，也可不设斜撑即成为普通钢柱。主板和斜撑柱模块在工地通过方钢管柱和柱座两端的法兰盘连接（图3.7、图3.8）。

该结构体系首次提出了预制楼层梁单元、预制梁板复合楼盖的概念，完善了装配式钢结构的结构系统概念，即除钢梁、钢

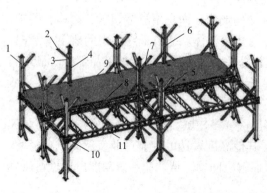

1—角柱；2—斜支撑；3—立柱加劲肋；4—单撑柱；
5—三撑柱；6—双撑柱；7—四撑柱；8—吊盒；9—主板；
10—柱座；11—主板桁架

图 3.7　斜支撑钢框架结构的构成

柱、钢支撑等钢构件采用工厂预制现场拼接的方式以外，楼层梁单元及梁板复合楼盖也采用整体预制、现场拼装的方式进行设计施工。为了配合设备与管线系统、实现机电管线的高度集成，楼层梁均采用桁架形式，高度为800mm，集中了水、暖、电等所有管线，实现了装配式钢结构的设备与管线系统的集成。该结构体系通过采用合理的结构构件，做到以结构系统为基础，以工业化围护、内装、设备管线部品为支撑，实现了结构系统、围护系统、设备管线系统、内装系统的协同和集成，提高了建筑的建设速度。

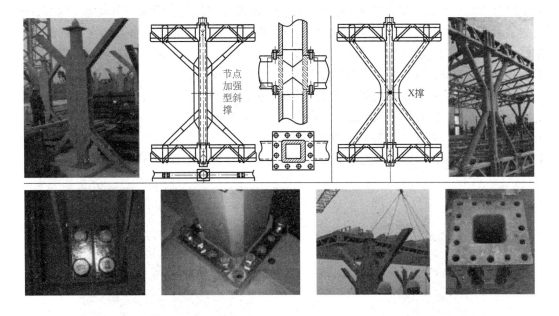

图 3.8　典型的节点连接

装配式斜支撑钢框架结构仍存在以下主要特点：

（1）结构用钢量较高，已建成T30塔楼结构总用钢量1920t，用钢量111.6kg/m²（6度区）。

（2）预算造价大约3000元/m²（此预算只包含建筑物的地上部分的结构、设备安装、装修和厨卫洁具，不含地下工程、外网和成本摊销费用）。

（3）结构体系只能应用在较为规整的写字楼、酒店等建筑，对于住宅类建筑应用较为困难。

（4）楼板振动，隔墙隔声效果问题仍有待解决。

3.3.2　交错桁架结构体系

交错桁架结构由纵向外围布置的柱子和横向布置的平面桁架组成（图3.9），柱布置在结构外围，中间不设柱，框架柱与桁架采用铰接连接，平面桁架隔跨、错层布置，其跨度等于建筑物的全宽，其高度一般为建筑层高，楼板一端支承在下一层平面桁架的上弦杆上，另一端支承在上一层桁架的下弦杆上。交错桁架结构的桁架有两种基本形式：空腹桁架和混合桁架。空腹桁架不设斜腹杆，这在建筑上可以方便地布置门洞及走廊，但当

图3.9　交错桁架结构

宽度较大时，空腹桁架往往挠度较大从而影响建筑的使用。混合桁架的刚度大，承载力高，但桁架节间的斜腹杆会妨碍门窗洞口的灵活布置。

交错桁架结构可以给建筑带来大空间。当桁架底层不落地时，可以实现建筑底层的大空间。另外，由于桁架在纵向隔跨布置，使得在任意楼层的纵向，建筑都可以获得两倍柱距的大空间（图3.10）。在特定情况下桁架也可以非均匀布置，实现3倍柱距的建筑空间。

该结构体系中的楼板采用无支撑钢筋桁架叠合楼板，主要包括预制钢筋桁架混凝土底板（简称预制板）和后浇混凝土叠合层两部分。楼板施工阶段，预制板内混凝土与钢筋桁架组成共同受力的梁式单元，承受板上的竖向荷载（叠合层混凝土自重和施工活荷载）。钢筋桁架刚度较大，无需在板底额外设置支撑。楼板正常使用阶段，预制板与后浇混凝土形成叠合板，钢筋桁架作为叠合板的受力钢筋，与混凝土一起承受使用阶段的荷载。

外围护体系采用了预制混凝土"外挂内嵌"的集成外墙系统（图3.11），外挂墙板只承受本身的荷载，包括自重、风荷载、地震荷载以及施工阶段的荷载。该体系内外构造分离，可适应结构变形，防止墙面开裂。该外围护体系立面整体性好，生产工艺多样化，可以有效处理好围护、装饰、保温性能等要求，耐久性好，质量标准高，可与混凝土同寿命。

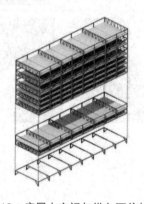

图 3.10　底层大空间与纵向两倍柱距　　　　图 3.11　外围护体系的现场吊装

交错桁架钢框架结构体系具有大跨度、大空间、刚度大、经济性好等特点，主要结构构件在工厂制作，主体结构可基本实现全预制装配式施工，现场处理构件数量少，施工速度快，工期短，符合建筑工业化发展的趋势，总造价低。工程经验表明，该体系造价低于钢框架结构、混凝土框筒结构、混凝土框剪结构。

3.3.3　钢管束组合结构体系

钢管束组合结构采用了剪力墙的思路，由钢管束混凝土剪力墙和钢梁组成（图3.12）。钢管束由若干个U型钢或U型钢与方形钢管、钢板拼装组成的具有多个竖向空腔的结构单元，有一字形、L形、T形、工字形、十字形等不同形式，钢管束内部浇筑混凝土形成钢管束混凝土剪力墙，是主要的竖向和水平受力构件。

楼层板采用钢筋桁架楼承板，充分规避了现浇钢筋混凝土楼板和压型钢板现浇混凝土组合楼板的不足，具有以下优点：

（1）钢筋桁架楼承板作为组合楼盖，在施工阶段可承受楼板湿混凝土自重与一定的施工荷载；在使用阶段，钢筋桁架上下弦钢筋与混凝土整体共同工作承受使用荷载。

（2）钢筋桁架楼承板系统彻底改变了传统手工作业方式，采用工业化大规模生产和装配化施工，杜绝了木模板消耗。

（3）减少现场钢筋作业量及减少用工量。

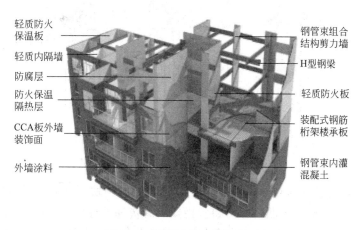

图 3.12　钢管束组合结构体系

该体系外墙体采用汉德邦压蒸无石棉纤维素纤维水泥平板（CCA板）整体灌浆墙（图3.13）。该墙体以轻钢龙骨为骨架，两侧用CCA板作为面层，在骨架和面层板形成的空腔内灌注EPS轻骨料混凝土，混凝土硬化后便形成复合墙体。其中的轻钢龙骨的表面做了镀锌防锈处理，镀锌量不小于 $120g/m^2$ ，厚度为 $0.8\sim1.8mm$ 。EPS混凝土是一种由普通硅酸盐水泥、粉煤灰、聚苯乙烯泡沫颗粒（EPS颗粒）、外加剂和水等材料按一定比例混合而成的轻骨料混凝土。该墙体厚度较小，属于自保温墙体，集保温、围护、密封三合一，无需做外保温和内保温，解决了干作业外墙的渗漏难题，但该轻质灌浆材料的成本偏高，且外饰面仍旧要在现场施工。

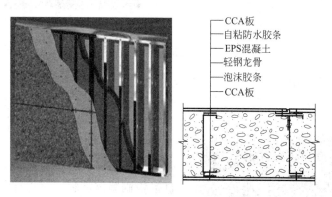

图 3.13　CCA 板灌浆墙结构构造

该体系不存在凸柱问题，空间布局更灵活但用钢量大、造价高，钢管束工厂和现场焊接工作量大，需要专门的加工设备且加工精度要求较高，楼板钢筋遇到墙体施工难度大。

3.3.4　钢管混凝土组合异形柱结构体系

钢管混凝土组合异形柱（SCFST）是由多根方钢管混凝土柱通过缀件连接组合而成的

异形结构柱，常用的截面形式有L形、T形和十字形等（图3.14）。钢管混凝土组合异形柱代替传统钢框架柱可基本做到室内不凸柱。

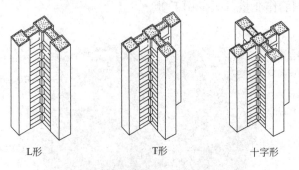

L形   T形   十字形

图3.14　方钢管混凝土组合异形柱结构

SCFST柱的梁柱连接采用外肋环板节点，该节点的两块竖向外肋环板贴于柱子外侧，与梁翼缘焊接（图3.15）。外肋环板可将力由梁翼缘传递至柱侧壁，避免钢管柱柱壁撕裂，该节点受力明确，力学性能良好，可避免室内节点凸角。外肋环板节点与SCFST柱相得益彰，保证了结构体系良好的建筑效果。

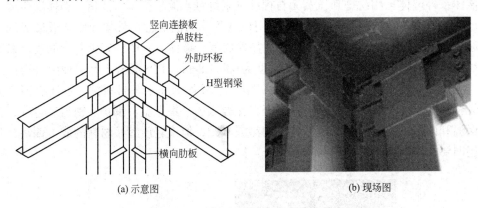

竖向连接板
单肢柱
外肋环板
H型钢梁
横向肋板

(a) 示意图   (b) 现场图

图3.15　SCFST柱与钢梁连接采用外肋环板节点

该体系的墙板采用蒸压加气混凝土板（图3.16），该墙板以水泥、硅砂、石灰和石膏为原料，采用铝粉（膏）作为发气剂，经细磨、浇筑、切割、蒸压养护而成，具有轻质、高强、保温隔热、抗水、抗渗、安全耐久、隔声、防火、绿色环保、经济适用、安装方便等特点，表面平整程度高，无需抹灰就可直接粉刷墙体涂料。该墙体具有一定的承载能力，其立方体抗压强度大于3.5MPa，抗震性能良好，具有较大的变形能力，允许层间位移角达1/150，是一种性能优越的建材。但运输容易破损，做到装饰一体化较为困难，安装难度较大，板缝有开裂的问题。

图3.16　房间内蒸压加气混凝土板效果

钢管混凝土组合异形柱结构体系适用于多

高层建筑，具有良好的抗震性能，建筑面积损失小，房间布置灵活，施工效率高。但是也存在一定缺陷：

（1）通过沧州市福康家园公共租赁住房试点项目来看，用钢量比传统钢框架偏高。

（2）较常规钢管混凝土柱，SCFST柱空腔数量较多，截面较小，因此对混凝土作业的质量要求更高，人工及材料成本有一定的上升。

（3）组合截面焊缝较多，焊接难度较大，质量较难控制，检测成本也较高。

3.3.5　装配式壁柱多高层钢结构建筑体系

1. 体系简介

装配式壁柱多高层建筑体系，是由西安建筑科技大学钢结构团队在本校及国内外技术的研究基础上，以系统工程思维为指导，以"少规格，多组合"的思路，由壁柱逐级组合形成的多种结构体系，同时从全产业链角度出发，集成围护体系、内装设备体系的一套完备的装配式钢结构建筑体系。装配式壁柱多高层建筑体系产业投资少，成本造价低，工业化程度高，并且较好地解决了传统钢结构住宅的"三板"等问题。研究成果《装配式钢框架与钢板剪力墙建筑体系成套技术研发及应用》获得2019年华夏建设科学技术一等奖。目前相关技术累计推广近200万 m²，在建面积30余万 m²。

2. 体系构成

（1）建筑特点，大空间、灵活可变。

以建筑功能为核心，户型具有大空间和定制化设计的特点，可变性强，南北通透等特点。通过取消、减少室内承重墙，采用轻质隔墙，实现大跨度空间，为将来户型的可变预留可能性和自由度，实现在不同家庭人口模式下，购房者可以根据居住人数来选择居住房间的数量和大小，满足不同家庭需要（图3.17）。

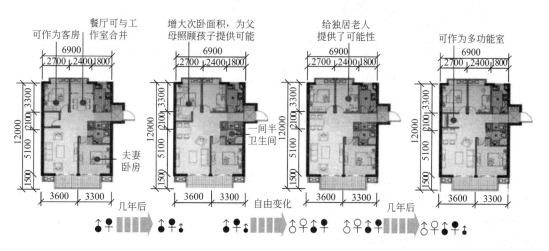

图 3.17　开发全生命周期住宅户型示意

（2）结构特点，不外露梁柱、加工简单、含钢量低、通用性强、结构体系不超限。

壁柱结构体系的钢管混凝土柱截面高度在180~250mm之间，截面高宽比在1:2~1:4之间，模块化钢板（组合）剪力墙截面高度在180~250mm之间，截面宽高比在1:5以内，宽度不大于3m。采用上述结构可做到不外露梁柱，采用"少规格、多组合"的思路，由壁柱逐级组合形成多种结构体系。从构件截面形式和连接形式创新发展到构件单元化、组合化创新，从而实现适用于各类功能的结构体系。同时，开发了与之配套的多种连接式节点，取消了内隔板和贯通外隔板的设置，工厂内制作加工简便；另一方面，管内混凝土容易浇灌密实。壁柱和抗侧力构件可组合形成多种建筑体系，壁柱框架、壁柱框架-支撑结构体系、壁柱框架-钢板剪力墙结构体系、壁柱框架-模块化组合墙结构体系、壁柱框架-连肢壁柱筒体结构体系、壁柱框架-连肢钢板组合墙筒体结构体系（图3.18），体系不但适合住宅，而且适合公建使用，是通用性建筑体系。

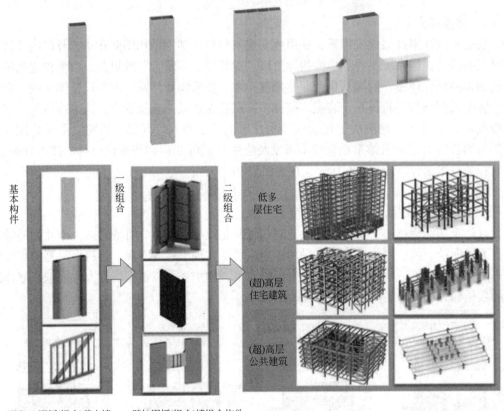

图 3.18 壁柱结构技术体系

研发团队对壁柱结构进行了系统的抗震性能研究，完成各类构件及节点足尺试验60余个，数值模拟数千个，系统地获得了壁式钢管混凝土柱、双侧板连接节点的内力分布模式和破坏机理，获得了壁式钢管混凝土柱、连接节点的内力分布模式和破坏机理，编制了相关设计方法及计算公式（图3.19）。

（3）围护特点，采用独有的密封和包裹砂浆技术，解决了防火、隔声等痛点问题。

采用系统集成思路，研发了与壁柱结构体系配套的装配式围护体系及全产业链技术，提出了"系统墙体"的概念，将成熟、可靠的围护体系改进、再组合和集成，实现系统集成创新。通过产学研合作，联合多个企业合作开发，在技术集成、项目实践的基础上形成了完备的围护结构技术体系和解决方案（图3.20）。

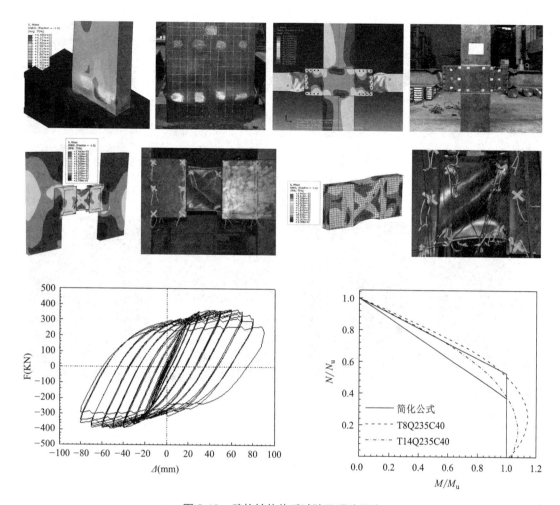

图 3.19　壁柱结构体系试验及理论研究

通过国内独创研发的喷涂式砂浆包裹梁柱及填充连接缝隙，解决了传统围护体系的隔声、气密性差等问题，并且兼有保温和防火效果，较好地解决了行业痛点"三板"问题。团队对该喷涂式砂浆及复合墙体进行了系统的测试和研究，如：材料抗压、抗折、粘结强度，墙体耐火测试等（图 3.21）。

（4）附属结构特点，解决了目前市场上楼板、楼梯等构件造价高等缺点。

从全产业链角度出发，研发了配套的附属结构（图 3.22），主要有钢和 PC 结合楼梯、快速可拆卸楼板系统、断桥式阳台及空调板等，具有造价低、加工简单、可靠性高等优点。

（5）配套门窗特点，标准、节能、舒适。

与专业门窗公司共同研究，将围护系统、结构系统、门窗系统整体集成，做到了门窗标准化、建筑低能耗、居住舒适性好（图 3.23）。

（6）装配化装修及设备特点，快速、便捷、环保。

针对装配式装修系统与壁柱建筑系统结合，进行了户型模块化、装修模块相关研究和设计，在设备管线分离、生活收纳等方面做了探索性研究和示范（图 3.24）。

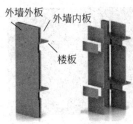

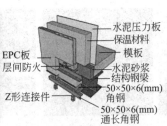

ALC复合墙体技术

保温装饰一体板
复合墙体技术

ECP或预制混凝土外板
复合墙体技术

轻钢龙骨整体预制板
复合墙体技术

复合保温的方式具有良好的
保温性能，防水性能好，施
工速度快，湿作业量非常低，
防火性能好

实现了保温、装饰
一体化

装配效率高，实现不外露梁柱，
装配和运输效率都比较高，实
现装修墙体一体化

全干法作业，效率高，施工
灵活，隔热保温、隔声、防
火、防水防渗、客户体验好

装配式外幕墙复合墙体技术

预制石膏基砂浆复合墙体技术

轻质砂浆细部处理技术

全干法作业，效率高，
施工灵活

装配率高，构造简单成熟，隔
声性能好，易吊挂，易于实现产
业化，生产线投资低等特点，
方便地实现管线分离

凝结时间快，施工周期短：简单有效地解决了
隔声、开裂等问题，良好的保温、防火性能

图 3.20   围护系统解决方案

耐火性试验结束时试件情况

图 3.21   喷涂式包裹砂浆防火试验

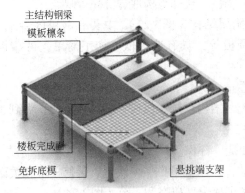

图 3.22   配套附属结构

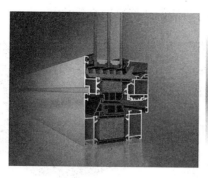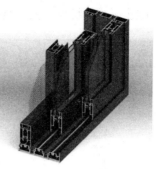

图 3.23　配套门窗系统

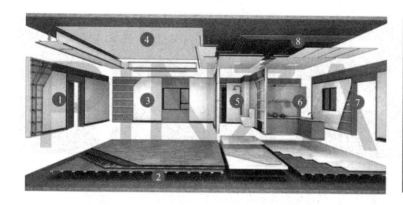

①—非砌筑内隔墙模块

②—楼面地面部品模块

③—饰面墙板部品模块

④—集成吊顶部品模块

⑤—集成卫浴部品模块

⑥—集成厨房部品模块

⑦—内门窗套部品模块

⑧—SI布线部品模块

图 3.24　模块化装配式装修及设备系统示意

（7）信息化管理特点，信息化管理、智能化建造。

在 BIM 建模标准、户型库、族库，设计计算、深化绘图等方面均有研发的相关软件支持。基于 LOD400 级高精度模型，提出适宜于装配式建筑的全流程管理模式，研发了装配式钢结构建筑体系多方协同管理云平台系统。同时，联合企业共同开发了壁柱关键生产设备，可有效提高生产效率（图 3.25）。

3. 产品优势

（1）体系的系统、完备性。

相比国内同类体系，部分体系以结构为主不同，装配式壁柱多高层钢结构建筑体系以系统工程学为基础，基于全产业链做了系统性的研发工作，联合多个企业，在建筑标准化设计、结构体系、围护体系、附属构件、工业化内装方面均做了研究和开发工作，集成了大量成熟的技术，完善系统的装配式建筑体系（图 3.26）。装配式建筑体系的结构构件、围护构件等采用"少规格、多组合"的思路，标准化程度高，使体系便于形成产业化，便于工程应用推广。

（2）较好地解决"三板"问题。

采用防火保温一体化喷涂式砂浆包裹梁柱及填充缝隙，解决了传统围护体系的隔声、气密性差等问题，并且兼有保温和防火效果，较好地解决了"三板"问题等行业痛点。

（3）全生命周期建筑。

以建筑功能为核心、开发了全生命周期百年住宅，户型具有大空间和定制化设计的特点，可变性强，南北通透等特点，同时具有节能好，舒适度高等优势。

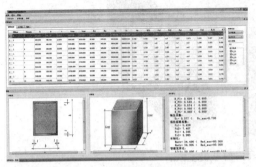

(a) 钢结构校核工具

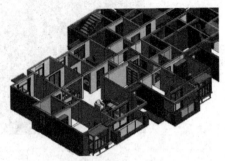

(b) BIM(REVIT)建模工具

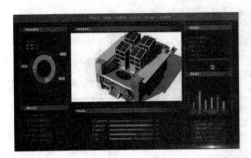

(c) BIM协同平台系统

(d) 壁柱关键生产设备

图 3.25　信息化管理系统及高效加工设备

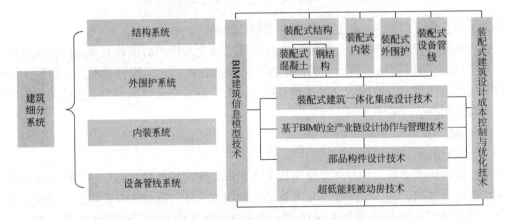

图 3.26　装配式壁柱建筑系统研发技术架构

（4）智慧建造平台解决多方协同问题。

装配式建筑参与方较多，采用BIM技术和应用协同管理平台系统可有效地提高各方配合效率，以信息化为协同工具，多方协同多方组织，以工业化产品思路和信息化手段来进行管理模式变更，可有效解决装配式建筑多方协同问题。

（5）产业投资少，成本造价低。

产业投资少，可以利用多种已有产业配套进行组合，钢结构无需购买专有设备，墙板生产线投资也较少。根据装配率的不同，整个产品针对不同地域、不同装配率有完善的解决方案，造价相比目前同类产品，有一定优势。

与传统现浇混凝土结构住宅体系相比，装配式壁柱多高层钢结构建筑体系的上部结构造价比现浇混凝土结构高200~300元/m²，进一步考虑钢结构自重轻，下部地基基础部分的费用会比现浇混凝土结构有所降低，在高烈度区，综合的结构造价与现浇混凝土结构相差不大。

当项目有装配率要求时，在满足同等装配率的条件下，装配式壁柱多高层钢结构建筑体系的造价要低于预制混凝土结构（PC），且装配率要求越高，相差幅度越大，装配式壁柱多高层钢结构建筑体系的优势会更加明显。

（6）体系兼容性强，不超规范，无需超限审查。

结构体系开发性强，可与多种围护体系进行配套，在不同区域根据产业链布局的不同可进行优化调整。体系总体符合规范要求，在山东、重庆、陕西、安徽、海南等多地有示范工程，均无需进行专门的超限审查。2019年10月31日，中国钢结构协会在北京组织专家对体系进行了科学技术成果评价，以聂建国院士、岳清瑞院士及多位全国勘察设计大师组成的专家委员会一致认为，该系列研究成果示范项目多，体系成熟可靠，实现了标准化和工业化，满足现行规范要求，符合装配式建筑发展趋势，该成果总体达到国际先进水平。

（7）具有完全自主知识产权。

获得百余项发明及实用新型专利，获得12项软件著作权，形成多部设计、施工、加工标准。

（8）建筑体系整体加工、制造技术要求低。

根据项目具体情况不同，以系统优化集成为基础进行体系集成，体系整体造价明显低于国内同类体系，做到了结构含钢量低、加工难度小、可靠性好。

4. 部分典型示范工程

（1）重庆新都汇示范项目。

项目位于重庆市綦江区东部新城，建筑高度90.3m，层高3.1m，共29层。结构主体采用壁柱框架+支撑结构，围护体系采用AAC双板体系，管线分离设计，属AA级装配示范项目（图3.27）。

图 3.27　重庆新都汇示范项目

（2）淄博文昌嘉苑项目示范楼。

项目位于山东淄博市，小高层，共11层，主体采用壁式钢管混凝土框架结构，围护采用AAC双板体系，属A级装配示范项目（图3.28）。

图 3.28   淄博文昌嘉苑项目示范楼

（3）西安高新一号超高层住宅项目。

项目位于西安市高新区，主体高度150m，采用壁柱框架－联肢钢板组合墙结构体系，围护采用单元式幕墙（图3.29）。

图 3.29   西安高新一号超高层住宅项目

（4）阜阳市裕丰佳苑保障房项目。

项目位于安徽阜阳市，小高层，共12层，主体采用壁式钢管混凝土框架结构，围护采用AAC单板＋保温装饰一体板，属A级装配示范项目（图3.30）。

（5）天水恒瑞心居装配式钢结构住宅项目。

项目位于甘肃省天水市，建筑高度60m，主体采用壁式钢管混凝土框架＋支撑结构，围护采用AAC双板，属A级装配示范项目（图3.31）。

图 3.30　阜阳市裕丰佳苑保障房项目

图 3.31　天水恒瑞心居装配式钢结构住宅项目

（6）凯丰·滨海幸福城西区住宅项目。

项目位于海南省，属于多层高档别墅群项目，采用壁式钢管混凝土框架结构，围护采用保温装饰一体板。（图 3.32）

（7）汉中南郑区人民医院综合楼。

项目位于陕西省汉中市南郑区，主体采用钢管混凝土框架+支撑结构，外围护采用 PC 单板+轻钢龙骨+石膏基砂浆预制板（图 3.33）。

（8）甘肃省天水传染病医院项目。

项目位于甘肃省天水市，主体采用钢管混凝土框架+支撑结构，围护采用石膏基砂浆复合预制板（图 3.34）。

图 3.32　凯丰·滨海幸福城西区住宅项目　　　　图 3.33　汉中南郑区人民医院综合楼

图 3.34　甘肃省天水传热病医院项目

参考文献

［1］赵冠谦，等.北方通用大板住宅建筑体系标准化与多样化问题的探讨［J］.建筑学报，1981（6）：57-63，3-4.

［2］吕俊华.住宅标准设计方法探新——台阶式花园住宅［J］.建筑学报，1988（3）：47-50.

［3］窦以德.工业化住宅设计方法分析［J］.建筑学报，1982（9）：57-61.

［4］内田祥哉，建筑工业化通用体系［M］.姚国华.译.上海：上海科学技术出版社，1983.

［5］类述渝，林夏.法国工业化住宅的设计与实践［M］.北京：中国建筑工业出版社，1986.

［6］贾倍思.长效住宅——现代建宅新思维［M］.南京：东南大学出版社，1993.

［7］李湘洲，李南.国外预制装配式建筑的现状［J］.国外建材科技，1995（4）：24-27.

［8］法国住宅建筑工业化的发展［J］.中国建设信息，1998（35）：75-76.

［9］关柯，等.住宅产业化概念释义［J］.建筑管理现代化，1998（4）：19-21.

［10］日本建筑学会.建筑设计资料集［居住篇］［M］.天津：天津大学出版社，2001.

［11］徐磊.加拿大轻钢结构住宅体系［J］.上海建材，2001（6）：38-39.

［12］Bagenholm C，Yates A，McAllister I. Prefabricated housing in the UK: asummary paper［M］. Construction Research Communications，2001.

［13］石氏克彦.多层集合住宅［M］.张丽丽.译.北京：中国建筑工业出版社，2001.

［14］内田祥哉.现代建築の造られ方［M］.东京：市ケ谷出版社，2002.

［15］吕俊华，等.中国现代城市住宅：1840—2000［M］.北京：清华大学出版社，2003.

［16］童悦仲，等.吸收国外经验提高我国住宅建筑技术水平——考察欧洲住宅建筑技术［J］.建筑学报，2004（4）：66-69.

［17］张小玲.意大利钢结构住宅设计及建造技术［J］.建设科技，2004（Z1）：78-79.

［18］严薇，曹永红，李国荣.装配式结构体系的发展与建筑工业化［J］.重庆建筑大学学报，2004（5）：131-136.

［19］马韵玉，等.日本可持续发展型集合住宅的五个设计准则［J］.住宅产业，2005（5）：84-85.

［20］童悦仲，刘美霞.澳大利亚冷弯薄壁轻钢结构体系［J］.住宅产业，2005（6）：89-90.

［21］陈眼云，等.建筑结构选型［M］.广州：华南理工大学出版社，2005.

［22］侯力，秦熠群.日本工业化的特点及启示［J］.现代日本经济，2005（4）：35-40.

［23］刘晓，王兵，阎东.国外低层钢结构住宅结构体系分析［J］.沈阳大学学报，2005（2）：31-33.

［24］Mehrotra N，Syal M，Hastak M. Manufactured housing production layout design［J］. Journal of architectural engineering，2005，11（1）：25-34.

［25］郭奇，孙翠鹏.钢结构节能住宅的设计与实践［J］.建筑学报，2006（4）：79-80.

［26］高颖.住宅产业化——住宅部品体系集成化技术及策略研究［D］.上海：同济大学，2006.

［27］梁桂保，张友志.浅谈我国装配式住宅的发展进程［J］.重庆工学院学报，2006（9）：50-52，60.

［28］李文斌，杨强跃，钱磊.钢筋桁架楼承板在钢结构建筑中的应用［J］.施工技术，2006（12）：105-107.

［29］孙志坚.日本集合住宅设计与生产工业化——住宅高附加值生产与多样化对应［J］.工业建筑，2007（7）：111-114.

［30］Kaneta T，Furusaka S，Deng N．Overview and problems of BIM implementation in Japan ［J］．REVIEW ARTICLE，2017，4（2）：146-155.

［31］卞宗舒．体系化钢结构住宅开发模式的初步研究［J］.钢结构，2007（3）：59-61.

［32］刘东卫.日本的公共住宅政策及住房保障制度［J］.北京城市规划，2007（4）：43-45.

［33］高祥.日本住宅产业化政策对我国住宅产业化发展的启示［J］.住宅产业，2007（6）：89-90.

［34］孙志坚.住宅部件化发展与住宅设计［J］.工业建筑，2007（9）：45-47.

［35］刘东卫.日本环境友好型住宅的建设理论与实践［J］.城市住宅，2007（9）：66-68.

［36］开彦.中国住宅标准化历程与展望［J］.中华建设，2007（6）：22-24.

［37］王炜文，等.1997—2007年施工和建造技术回顾［J］.世界建筑，2007（10）：50-53.

［38］范悦，等.可持续开放住宅的过去和现在［J］.建筑师，2008（3）：90-94.

［39］郝飞，等.日本SI住宅的绿色建筑理念［J］.住宅产业，2008（Z1）：87-90.

［40］刘东卫.日本集合住宅建设经验与启示［J］.住宅产业，2008（6）：85-87.

［41］Chandra S，Parker D，Sherwin J，et al. An Overview of Building America Industrialized Housing Partnership（BAIHP）Activities in Hot-Humid Climates［J］.2008.

［42］孙克放.中国住宅产业化的跨越构想［J］.建筑技术及设计，2009（3）：28.

［43］白德懋.居者有其屋——北京住宅建设的历史经验总结［J］.北京规划建设，2009（6）：58-59.

［44］刘东卫，等.百年住居建设理念的LC住宅体系研发及其工程示范［J］.建筑学报，2009（8）：1-5.

［45］吴东航，等.日本住宅建设与产业化［M］.北京：中国建筑工业出版社，2009.

［46］PCI. Design Handbook: Precast and Prestressed Concrete［M］.7h Edition，Chicago: Precast/Prestressed Concrete Institute，2010.

［47］陈丽.日本专家谈集成住宅发展之路［J］.城市开发，2010（4）：50-51.

［48］木村文雄，秋本敬子，王希慧.可持续发展实验住宅——日本积水住宅公司实验住宅案例介绍［J］.建筑学报，2010（8）：24-28.

［49］周静敏，苗青，李伟，等.英国工业化住宅的设计与建造特点［J］.建筑学报，2012（4）：44-49.

［50］童悦仲.我国住宅产业化的进展、问题与对策［J］.建筑，2010（23）：21-22，4.

［51］東郷武.日本の工業化住宅の産業と技術の変遷［R］.国立科学博物館技術の系統化調査報告第15集，2010.

［52］深尾精一，等.日本走向开放式建筑的发展史［J］.新建筑，2011（6）：14-17.

［53］李宗明，王三智，曹保平.装配式住宅与住宅工业化［J］.山西建筑，2011，37（10）：10-11.

［54］张珺.国际住宅工业化研究的现状分析［J］.现代物业（上旬刊），2011，10（6）：30-31.

［55］刘东卫，等.中国住宅工业化发展及其技术演进［J］.建筑学报，2012（4）：10-18.

［56］刘东卫，等.中国住宅设计与技术新趋势［J］.住宅产业，2012（11）：34-38.

［57］胡惠琴.工业化住宅建造方式——《建筑生产的通用体系》编译［J］.建筑学报，2012（4）：37-43.

［58］闫英俊，等.SI住宅的技术集成及其内装工业化工法研发与应用［J］.建筑学报，2012（4）：55-59.

［59］张传生，张凯.工业化预制装配式住宅建设研究与应用［J］.住宅产业，2012（6）：24-28.

［60］东乡武，等.日本低层工业化住宅的历史与现状［J］.岩崎琳.译.建筑钢结构进展，2012，14（6）：1-7，56.

［61］陈喆，等.基于"开放住宅"理论的北京市高层保障性住房设计研究［J］.建筑学报 2012（S2）：162-168.

［62］Sadafi N，Zain M F M，Jamil M. Adaptable industrial building system: Construction industry perspective［J］. Journal of Architectural Engineering，2012，18（2）：140-147.

［63］贾倍思，江盈盈."开放建筑"历史回顾及其对中国当代住宅设计的启示［J］.建筑学报，2013（1）：20-26.

［64］郑先超.新型装配式混合结构抗震体系试验及理论分析［D］.西安：西安建筑科技大学，2013.

［65］国家住宅与居住环境工程技术研究中心.SI 住宅建造体系设计技术——中日技术集成型住宅示范案例·北京雅世合金公寓［M］.北京：中国建筑工业出版社，2013.

［66］贺灵童，陈艳.建筑工业化的现在与未来［J］.工程质量，2013，31（2）：1-8.

［67］胡向磊，等.钢结构住宅技术体系发展模式［J］.建设科技，2014（6）：120-121.

［68］张爱林，赵越，刘学春.装配式钢结构新型轻质叠合楼板设计研究［J］.工业建筑，2014，44（8）：46-49.

［69］刘东卫，等.新型住宅工业化背景下建筑内装填充体研发与设计建造［J］.建筑学报，2014（7）：10-16.

［70］顾泰昌.国内外装配式建筑发展现状［J］.工程建设标准化，2014（8）：48-51.

［71］张爱林.工业化装配式高层钢结构体系创新.标准规范编制及产业化关键问题［J］.工业建筑，2014，44（8）：1-6，38.

［72］李滨.我国预制装配式建筑的现状与发展［J］.中国科技信息，2014（7）：114-115.

［73］周静敏，等.住宅产业化视角下的中国住宅装修发展与内装产业化前景研究［J］.建筑学报，2014（7）：1-9.

［74］樊骅.信息化技术在预制装配式建筑中的应用［J］.住宅产业，2015（8）：61-66.

［75］王爱兰，宋萍萍，杨震卿，张强.BIM 技术在装配式混凝土结构工程中的应用［J］.建筑技术，2015，46（3）：228-231.

［76］米萨，等.中英两国工业化建筑系统（IBS）的比较研究［J］.建筑设计管理，2016，33（5）：2-9.

［77］赵丽坤，张綦斌，纪颖波，姚福义.国内外钢结构住宅产业化适用技术应用对比研究［J］.钢结构，2016，31（12）：58-63.

［78］王俊，赵基达，胡宗羽.我国建筑工业化发展现状与思考［J］.土木工程学报，2016，49（5）：1-8.

［79］刘东卫.国际开放建筑的工业化建造理论与装配式住宅建设模式研究［J］.建筑技艺，2016（10）：60-67.

［80］沐助猛，张羽，李志富.海外超高层建筑钢结构与多专业设计协调管理研究［C］.《工业建筑》2016 年增刊Ⅰ，2016：146-150.

［81］肖明.日本装配式建筑发展研究［J］.住宅产业，2016（6）：10-19.

［82］虞向科.英国装配式建筑发展研究［J］.住宅产业，2016（6）：36-40.

［83］李广辉，邓思华，李晨光，郊泽.装配式建筑结构 BIM 碰撞检查与优化［J］.建筑技术，2016，47（7）：645-647.

［84］王玉.工业化预制装配建筑的全生命周期碳排放研究［D］.南京：东南大学，2016.

［85］宗德林，楚先锋，谷明旺.美国装配式建筑发展研究［J］.住宅产业，2016（6）：20-25.

［86］叶浩文.新型建筑工业化的思考与对策［J］.工程管理学报，2016，30（2）：1-6.

［87］张爱林.工业化装配式多高层钢结构住宅产业化关键问题和发展趋势［J］.住宅产业，2016（1）：10-14.

［88］祝琴.绿色环保钢结构建筑的发展前景探讨［J］.中国高新技术企业，2016（21）：81-82.

［89］方继，曹晗，李亚飞.一种新型装配式钢结构住宅体系的研究与实践［J］.安徽建筑，2016，23（5）：63-66.

［90］李忠富，等.建筑工业化与精益建造的支撑和协同关系研究［J］.建筑经济，2016（11）：92-97.

［91］刘赫，等.新型装配式住宅通用体系的集成设计与建造研究［J］.建设科技，2017（8）：36-39，42.

［92］王巧雯.基于BIM技术的装配式建筑协同化设计研究［J］.建筑学报，2017（S1）：18-21.

［93］王志成，约翰·格雷斯，约翰·凯·史密斯.美国装配式建筑产业发展趋势（下）［J］.中国建筑金属结构，2017（10）：24-31.

［94］王志成，约翰·格雷斯，约翰·凯·史密斯.美国装配式建筑产业发展趋势（上）［J］.中国建筑金属结构，2017（9）：24-31.

［95］叶浩文，周冲.装配建筑的设计–加工–装配一体化技术［J］.施工技术，2017，46（9）：17-19.

［96］叶浩文，周冲，黄轶群.欧洲装配式建筑发展经验与启示［J］.建设科技，2017（19）：51-56.

［97］佚名.全球十个国家的装配式建筑发展现状［J］.砖瓦，2017（4）：76-78.

［98］顾泰昌.中英美等十国装配式建筑的发展现状［J］.建筑设计管理，2017，34（8）：39-40.

［99］SE·iBuild，GERICON.装配式建筑在欧洲的发展历程及其对中国的启示［J］.动感（生态城市与绿色建筑），2017（1）：27-29.

［100］古阪秀三.日本建筑业生产率提高及工业化现状［J］.韩甜.译.工程管理年刊，2017：96-102.

［101］刘东卫.装配式建筑标准规范的"四五六"特色［J］.工程建设标准化，2017（5）：16-17.

［102］赵阳，王明贵.钢结构住宅围护体系简介［J］.工程建设标准化，2017（10）:84-87.

［103］王惜春，郭聪，戴俭.基于历史的视角辨析澳大利亚预制装配式的发展［J］.住宅与房地产，2017（29）：20-21.

［104］曾晖，徐伟炜，姜中天.国内外钢结构住宅应用现状［J］.城市住宅，2017，24（8）:69-74.

［105］李建.钢结构装配式住宅关键建造技术研究［D］.唐山：华北理工大学，2018.

［106］张辛，刘国维，张庆阳.法国：预制混凝土结构装配式建筑［J］.建筑，2018（15）：56-57.

［107］刘东卫.国际建筑工业化的前沿理论动态与技术发展研究［J］.城市住宅，2018，25（10）：99-102.

［108］浦华勇，孔祥忠，樊则森，等.国内钢结构装配式被动房设计实践［J］.建设科技，2018（13）：42-47.

［109］孙博楠.美日模块化医院装配式设计与建造对比研究［D］.西安：西安建筑科技大学，2018.

［110］陈红磊，陈琛，李国强，等.模块化钢结构建筑模块间节点的研究综述［J］.钢结构，2018，33（12）：1-5，27.

［111］欧加加.欧洲装配式木结构建筑发展经验［J］.建设科技，2018（5）:14-15.

［112］李瑜.全球装配式建筑产业发展状况分析［J］.砖瓦，2018（11）：144-145.

［113］赵亮，韩曲强.装配式建筑成本影响因素评价研究［J］.建筑经济，2018，39（5）：25-29.

［114］刘东卫.装配式内装产业及技术前景展望［J］.住宅产业，2018（12）：39-42.

［115］孙李涛，张海宾，焦伟，等.装配式钢结构建筑楼板体系的演变及应用［J］.建筑技术，2018，49（S1）：16–18.

［116］李忠富.再论住宅产业化与建筑工业化［J］.建筑经济，2018，39（1）：5–10.

［117］秦嗣晏.分析装配式建筑外围护结构节能设计［J］.智能城市，2018，4（18）：105–106.

［118］刘华，卢清刚，苗启松，等.沧州市天成装配式钢结构住宅设计［J］.建筑结构，2018，48（20）：55–59.

［119］司纪伟，张东健，刘金鑫，等.钢结构住宅中常用楼板体系及优缺点分析［J］.建筑技术，2018，49（S1）：249–252.

［120］李国强，等.国外全预制装配结构体系建筑——建筑技术与实践［M］.北京：中国建筑工业出版社，2018.

［121］Kumar N，Tiwari N，Misra S. Using Building Energy Simulation to Study Energy Demands of Prefabricated Housing Unit［M］//Urbanization Challenges in Emerging Economies: Energy and Water Infrastructure; Transportation Infrastructure; and Planning and Financing. Reston，VA: American Society of Civil Engineers，2018: 347–357.

［122］文林峰，等.装配式钢结构技术体系和工程案例汇编［M］.北京：中国建筑工业出版社，2019.

［123］樊骅，等.装配式建筑实施的管理要素［J］.住宅与房地产，2019（17）：60–66.

［124］廖礼平.绿色装配式建筑发展现状及策略［J］.企业经济，2019，38（12）：139–146.

［125］刘若南，张健，王羽，等.中国装配式建筑发展背景及现状［J］.住宅与房地产，2019（32）：32–47.

［126］颜於滕.装配式交错桁架钢结构体系的设计与应用［J］.上海建设科技，2019（4）：16–18.

［127］周静敏，等.内装工业化体系的居民接受度及改造灵活性研究［J］.建筑学报，2019（2）：12–17.

［128］文林峰.装配式混凝土结构技术体系和工程案例汇编［M］.北京：中国建筑工业出版社，2019.

［129］夏海山.中日住宅建筑工业化技术体系比较研究［J］.建筑师，2019（6）：90–95.

［130］刘东卫，周静敏.建筑产业转型进程中新型生产建造方式发展之路［J］.建筑学报，2020（5）：90–95.

［131］松村秀一.日本住宅生产的预制化建筑构法理论变迁与技术演进［J］.伍止超.译.建筑学报，2020（5）：6–11.

［132］南一诚.日本住宅建设产业的建筑生产系统及预制化技术——开放建筑理论与建筑构法［J］.马凌翔.译.建筑学报，2020（5）：12–17.

［133］川崎直宏.建筑长寿命化发展方向的日本公共住宅建设体系［J］.金艺丽.译.建筑学报，2020（5）：24–27.

［134］秦姗，刘东卫，伍止超.可持续发展模式的住宅建筑系统集成与设计建造——中国百年住宅建设理论方法·体系技术研发与实践［J］.建筑学报，2020（5）：32–37.

［135］中国施工企业管理协会.多高层钢结构住宅工程建造指南［M］.北京：中国建筑工业出版社，2020.

［136］刘卫东.装配式建筑系统集成与设计建造［M］.北京：中国建筑工业出版社，2020.

［137］郝际平.用钢结构落实"双碳"目标［J］.中国建筑金属结构，2021（6）:15.

［138］郝际平，薛强，郭亮，等.装配式多、高层钢结构住宅建筑体系研究与进展［J］.中国建筑金属结构，

2020（3）: 27–34.

［139］ 郝际平，薛强，樊春雷. 装配式钢结构建筑体系及低能耗技术探索研究与应用［J］. 中国建筑金属结构，2018（11）: 19–25.

［140］ 郝际平，孙晓岭，薛强，等. 绿色装配式钢结构建筑体系研究与应用［J］. 工程力学，2017，34（1）: 1–13.

［141］ 黄育琪，郝际平，樊春雷，等 WCFT柱–钢梁节点抗震性能试验研究［J］. 工程力学，2020，37（12）: 41–49.

［142］ 郝际平，郭宏超，解崎，等. 半刚性连接钢框架–钢板剪力墙结构抗震性试验研究［J］. 建筑结构学报，2011，32（2）: 33–40.

［143］ 郝际平，袁昌鲁，房晨. 薄钢板剪力墙结构边框架柱的设计方法研究［J］. 工程力学，2014，31（9）: 211–238.

［144］ 刘瀚超，郝际平，薛强，等. 壁式钢管混凝土柱平面外穿芯拉杆–端板梁柱节点抗震性能试验研究［J］，建筑结构学报，2020，43（5）: 98–111.

［145］ Liu H C，Hao J P. Xue Q，et al. Seismic performance of a wall–type concrete–filled steel tubular column with a double side–plate I–beam connection［J］，Thin–Walled Structures，2021，159: 1–17.

［146］ Huang Y Q，Hao J P，Bai R，et al. Mechanical behaviors of side–plate joint between walled concrete–filled steel tubular column and H–shaped steel beam［J］. Advanced Steel Construction，2020，16（4）: 346–353.

［147］ 孙晓岭. 壁式钢管混凝土柱抗震试验与力学性能研究［D］. 西安: 西安建筑科技大学，2018.

［148］ 何梦楠. 大高宽比多腔钢管混凝土柱抗震性能研究［D］. 西安: 西安建筑科技大学，2017.

［149］ 黄心怡. 壁式钢管混凝土柱–H型钢梁双侧板节点受力性能研究［D］. 西安: 西安建筑科技大学，2019.

［150］ 惠凡. 壁式钢管混凝土柱–钢梁嵌入式双侧板节点抗震性能研究［D］. 西安: 西安建筑科技大学，2020.

［151］ 孙航. 壁式钢管混凝土柱–面外穿芯螺栓连接节点抗震性能研究［D］. 西安: 西安建筑科技大学，2018.

［152］ 赵子健. 钢连梁与壁式钢管混凝土柱双侧板节点抗震性能研究［D］. 西安: 西安建筑科技大学，2017.

［153］ 郝际平，薛强，刘斌，等. 一种焊接L形多腔钢管混凝土柱: 中国 206800790U［P］. 2017-12-26.

［154］ 郝际平，刘斌，薛强，等. 一种基于H型钢的全焊接T形多腔钢管混凝土柱 中国 206829499U［P］. 2018-01-02.

［155］ 郝际平，孙晓岭，薛强，等. 一种基于H型钢的全焊接十字形多腔钢管混凝土柱. 中国 206829494U［P］. 2018-01-02.

［156］ 郝际平，刘瀚超，孙晓岭，等. 一种基于全焊接的T形多腔混凝土柱: 中国 207211521U［P］. 2018-04-10.

中 篇

装配式钢结构建筑关键技术研究与进展

第4章 装配式钢结构建筑系统集成关键技术进展

装配式建筑体系由四大部分构成，即结构系统、外围护系统、内装系统和设备管线系统（图4.1）。对于装配式钢结构建筑体系，合理的配套系统对于结构使用性能至关重要。近年来，国内对相关配套系统技术研究进展较快，本章对相关研究进行梳理。

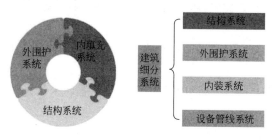

图 4.1　装配式建筑系统构成图

4.1　围护系统与机电设备系统

4.1.1　围护系统

装配式钢结构建筑的外围护系统是重点也是技术难点，是制约装配式钢结构建筑推广和应用的最大"拦路虎"，也是俗称的"三板"问题。由于建筑的外墙涉及安全性、功能性和耐久性要求，对抗震、抗风压、水密和气密、抗冲击、防火、防水防渗、防腐蚀、隔声、隔热保温、耐老化、耐冻融、耐热雨性能、耐热水性能、耐干湿性能等提出综合的、全方位的指标和性能要求，需要满足建筑外立面的装饰性、多风格、多组合的建筑设计要求，同时满足生产规模化、标准化、成品化、成本控制等的工业化要求，并且在运输仓储和安装施工过程中要满足简易、高效、合理成本、配套完善等需求，因此是装配式钢结构建筑研发的重点与难点，在满足建筑使用功能中起到重要作用。

1. 围护系统常见问题

围护墙体主要分内墙和外墙两种，内墙的使用功能只需满足防火、隔声、变形要求即可；外墙需要满足保温隔热、抗变形、抗裂、防水防渗漏、抗风、抗震、隔声、耐久性等要求，是钢结构建筑体系研发的重点与难点。由于钢结构的自身受力特点，外墙板与钢结构的连接宜采用有一定变形能力的柔性连接。目前，国内典型建筑外围护体系有预制PC

类、建筑幕墙类、轻钢龙骨类、板材类（图4.2）。目前装配式钢结构建筑面临的主要问题如下：

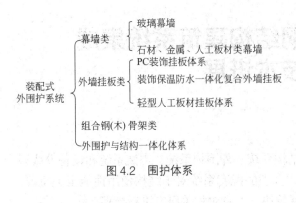

图4.2　围护体系

造价问题：常见的符合装配、保温、装饰一体化的外墙围护系统造价一般较高，是目前钢结构装配式建筑体系成本最为主要的增量部分。

设计问题：与生产建造商结合不紧密，缺乏产品思维和细节思维；未从设计方案阶段就进行优化协同；标准化程度低，无法规模化和工业化生产；安装难度大，构造不合理，容易出现开裂、漏水、隔声、隔热不良的问题。

产业化问题：在技术集成时，未考虑地材供应；未考虑当地产业配套，造成造价过高、施工困难。

技术研发问题：技术不够成熟，为满足装配需求，省略系统性的检验和试验，采用新技术过多。

系统集成问题：仅从单一材料和单一构造解决问题，未从系统集成角度来综合解决墙体构造问题。

2. 系统墙体及系统集成

针对目前装配式钢结构建筑墙体存在的问题，提出"系统墙体"概念（图4.3），即通过各类墙板优化组合，来解决目前墙板存在的问题。

墙体系统集成的关键技术如下：

系统集成：通过各类墙体的系统组合、构造降低成本，解决防水、保温、造价等综合问题。

联合研发：将墙板各个制造环节联合，共同攻关，统筹解决各个环节遇到的技术问题，统筹解决生产、安装等各个环节问题。

BIM技术：信息化技术的深度应用，会极大、有效地协调解决各个环节问题，实现围护产品设计、生产、安装一体化。

3. 围护系统构造要求

目前我国墙体材料主要有砌块和板材两大类。考虑我国墙体材料革新及建筑节能的要求和钢结构的特点，黏土砖类墙体不宜在钢结构住宅体系中采用，而且在装配式钢结构建筑中明确不推荐使用。因此对于钢结构建筑墙体系统中的基层墙体，可供考虑的墙体材料只有板材和轻钢龙骨两类。对于装配式钢结构建筑，特别是外墙板，有以下两方面要点：

（1）对构成墙板的材料要求较高，以加气混凝土材料为例，生产加气混凝土板材从工艺要求到生产材料要求均高于生产加气混凝土块材；

（2）墙板对于连接节点的构造要求较高，需要有适配节点设计及施工安装工艺。

考虑到我国目前较落后的建筑工业现状，国内能够满足该要求的板材较少。需要注意的是，与其他结构形式相比较，钢结构体系在外力作用下的变形较大，这对墙体结构性功能有很大的影响。从规范中不同结构类型的弹性层间位移角限值可以看出，多、高层钢结构的弹性层间位移角最大，对墙体结构十分不利，材料选择或构造处理不当均会引起墙体结构开裂和破坏（表4.1）。

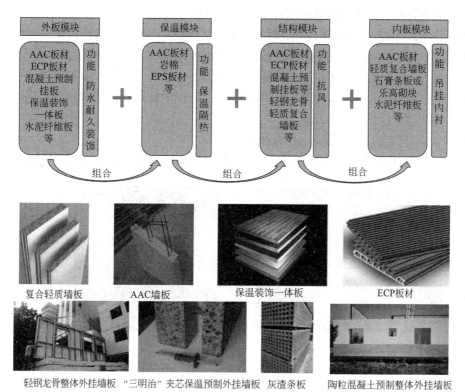

图 4.3 系统墙体——功能与特点分类和组合

不同结构类型弹性层间位移角限值比较	表 4.1
结构类型	位移角限值
钢筋混凝土框架	1/550
钢筋混凝土框架–抗震墙、框架–核心筒	1/800
钢筋混凝土抗震墙、筒中筒	1/1000
钢筋混凝土框架支撑	1/1000
多、高层钢结构	1/250

因此，对于装配式钢结构建筑外围护系统的设计，不仅需要参照现行国家标准《装配式钢结构建筑技术标准》GB/T 51232中的一般规定，还应综合考虑以下问题：

（1）采取必要的连接措施使钢结构建筑墙体具有较好的抗震性能，避免外墙板在地震中和强风下发生破坏。

（2）外墙板与钢结构的连接宜采用有一定变形能力的柔性连接。

（3）外墙板与钢结构的节点受力主要由钢框架的层间位移引起，由墙板惯性作用引起的应力较小。进行外墙板与钢结构的节点连接设计时，除应考虑上述两种受力外，尚应考虑各节点受力不均匀的影响。

4. 常见围护墙体类型

目前国内装配式钢结构建筑的围护体系可分为以下几类：

（1）预制PC体系：预制PC体系按照建筑外墙功能定位可分为围护板系统和装饰板系统，其中围护板系统又可按建筑立面特征划分为整间板体系、横条板体系、竖条板体系、异形板体系等（图4.4）。其中整间板体系又分为预制混凝土外墙板和拼装大板，可采用工厂预制模块，现场外挂内浇或采用螺栓连接安装，可用于低层、多层和部分高层的装配式钢结构公共和住宅建筑。该外墙体系优缺点如下：

优点：装配率高，安装简单，结构防水。

缺点：挂板自重较大，在钢结构（柔性结构）中安装前需要进行详细的论证和研究。

图4.4　预制PC体系

（2）幕墙体系：可遵循现有国家及各省关于幕墙的规范和标准执行，分别有玻璃幕墙、金属与石材幕墙、人造板材幕墙等（图4.5），广泛用于低层、多层和高层装配式钢结构公共建筑，建筑幕墙体系的优缺点如下：

优点：装配率高，安装简单，多重防水，造价适中。

缺点：造价较高，适宜于公建，目前在住宅中应用相对较少。

（3）轻钢龙骨式复合墙板体系：由冷弯薄壁型钢为主的构件组成墙架，并填充保温隔热材料，并采用装饰板材构成的复合建筑部品，可采用工厂预制单元模块，在现场整体安装或部分在现场安装的方式，可用于低层和多层轻钢体系建筑的外墙，以及多层和高层公共建筑和住宅建筑的外墙（图4.6）。该外墙体系优缺点如下：

图4.5　幕墙体系

优点：装配率高，围护重量相对较轻。

缺点：国内目前成熟的产品较少。

（4）条板类外墙体系：采用预制实心条板、复合夹芯条板等非空心外墙板材，通过外挂、内嵌、嵌挂结合等方式连接固定的外围护体系，外墙饰面可采用后置挂板、保温装饰一体化或现场粘挂结合等方式，可用于多层和高层钢结构公共建筑和居住建筑的外墙（图4.7）。该外墙体系优缺点如下：

优点：装配率高，安装方法简单、成熟。

缺点：板材质量参差不齐，粘挂工艺后期存在脱落风险。

图 4.6　轻钢龙骨式复合墙板组件体系

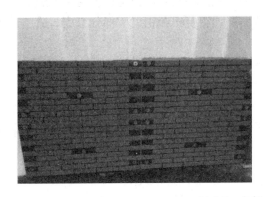

图 4.7　条板类外墙体系

以上对目前主流的钢结构装配式建筑采用的各种围护体系进行了梳理。尽管围护墙体系近几年发展迅速，在性能、工业化程度、耐久性和建筑功能上有很大提高，但每种墙体都有其自身的优点和缺点，一种墙体很难解决全部问题，将各种墙体材料混合应用，同时构造做法互相借鉴融合，是围护系统发展的新趋势。

4.1.2　楼板系统

楼板系统是重要的水平传力构件，协调整个楼层的抗侧力构件，其整体性至关重要。目前在引进吸收国外楼板体系的基础上，国内也发展出多种类型的装配式楼板系统。目前我国装配式钢结构建筑常用的楼、屋盖系统主要类型及性能特点如表4.2所示。表4.2所列出的现浇钢筋混凝土楼屋盖系统、预制预应力叠合现浇楼屋盖系统、压型钢板组合楼屋盖系统、预制加气混凝土楼屋盖系统都可以满足装配式钢结构建筑的要求。随着钢结构建筑的不断发展，楼板的体系形式已成为制约钢结构建筑建设速度的一个重要因素，近年来涌现出多种不同的新型楼板体系并在工程中广泛应用。

常用楼、屋盖系统主要类型及性能特点　　　　　　　　　　　　表 4.2

种类	现浇钢筋混凝土楼板系统	压型钢板现浇钢筋混凝土楼板系统	预制预应力叠合现浇楼板系统	压型钢板干式组合楼板系统	预制加气混凝土楼板系统
装配化	无	部分装配化	部分装配化	全部装配化	绝大部分装配化
施工效率	大量现场湿作业，施工效率低	大量现场湿作业，但施工速度较快	大量现场湿作业，但施工速度较快	全部现场干作业，施工速度快	大部分现场干作业，施工速度快
防火与隔声	隔声、防火性能好	压型钢板须做防火处理，隔声效果好	隔声、防火性能好	结构构件须防火，吊顶内须设置隔声材料	隔声、防火性能好
空间效果	板底刮腻子，净空较大	需要吊顶，导致净高降低，但新型钢板不需吊顶	板底抹灰即可，净空较大	必须吊顶且会占用较多高度	板底抹灰即可，净空较大

1. 压型钢板楼板

压型钢板混凝土组合楼板：利用凹凸相间的压型薄钢板做衬板与现浇混凝土浇筑在一起并支承在钢梁上构成整体型楼板，主要由楼面层、组合板和钢梁三部分组成。适用于大空间建筑和高层建筑，在国际上已普遍采用。

其中，压型钢板分为压型钢板开口板和压型钢板闭口板，其特征如下：

（1）压型钢板开口板。

采用压型钢板开口板（图4.8）的楼板体系无需支模、拆模，在钢结构工程中得到了广泛的应用。其中压型钢板开口板仅作为施工阶段模板使用，在施工阶段需考虑压型钢板开口板受力，而在使用阶段，压型钢板开口板可不参与结构受力。采用压型钢板开口板时，若不考虑防火措施，楼板整体厚度须满足规范要求，楼板内需配置受力钢筋。

该楼板体系特点如下：

1）由于压型钢板开口板的板肋较高，楼板结构层厚度大，使建筑物净高减小。

2）楼板下表面呈波浪形，板底不平整、不美观，楼板双向刚度不一致，对于酒店、住宅等项目必须做吊顶。

3）钢筋绑扎繁琐，钢筋间距不易保证，下部受力钢筋需要现场手工焊接短钢筋，效率低，保护层厚度不易控制。

4）通过增加整体钢板厚度才能满足较大跨度楼板施工阶段受力，造成材料浪费；双向板施工不便，必须牺牲肋高以下混凝土及板厚。

5）管线敷设施工时，垂直与板肋敷设须放置在板肋上部，对于板厚较小的楼板会影响到上部钢筋施工空间。

（2）压型钢板闭口板。

采用压型钢板闭口板（图4.9）楼板时，竖向刚度由板肋提供，水平抗剪承载力则由板肋与抗剪槽提供，同时板肋与抗剪槽共同保证楼承板与混凝土紧密连接。闭口板的形心接近板底，在相同楼板厚度情况下，可抵抗更大的跨中正弯矩。其组合楼板有很大的承载力，一般情形下可替代全部板底钢筋，从而节省混凝土中钢筋的用量。

图 4.8　压型钢板开口板　　　　　　　　　　图 4.9　压型钢板闭口板

该楼板体系特点如下：

1）由于闭口型压型钢板一次成型，肋为单向肋板型板且板底呈波浪形，双向刚度不一致，如果考虑双向板设计，则需在肋顶布置另一个方向的钢筋，增加了成本，也增加了楼板总厚度。

2）现场钢筋绑扎繁琐，钢筋间距及混凝土保护层厚度不易控制，需现场焊接短钢筋以控制保护层，采用垫块保证施工质量。按单向板设计时只能通过增加整体钢板厚度才能满足较大跨度楼板施工阶段受力，容易造成材料浪费。

3）管线敷设施工时，垂直与板肋敷设须放置在板肋上部，对于板厚较小的楼板会影响到上部钢筋施工空间。

2. 钢筋桁架楼承板

压型钢板–混凝土组合楼板施工省去了模板工程，施工速度快，与钢结构建筑施工周期相适应，但存在楼板平面内双向刚度不相同、板底不平整、钢板利用率不高等缺陷。采用钢筋桁架楼承板与混凝土组成的钢筋桁架混凝土现浇板不但解决了压型钢板混凝土组合楼板的缺陷，而且提高了楼板施工质量和使用性能，施工速度更快，是一种较为理想的节材、环保楼板体系（图 4.10）。

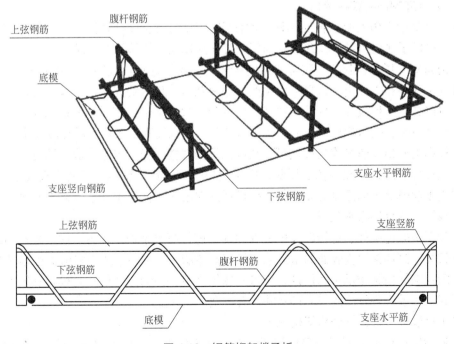

图 4.10　钢筋桁架楼承板

钢筋桁架楼承板是将混凝土楼板中的受力钢筋在工厂中加工成钢筋桁架,然后再与压型钢板点焊为一体的钢楼承板产品。钢筋桁架由一根上弦钢筋、两根弯折的腹杆钢筋和两根下弦钢筋组成空间桁架,具有一定的抗弯承载能力。底模板是由镀锌钢板压肋制作,与钢筋桁架的腹杆弯脚点焊连接。钢筋桁架的上、下弦钢筋多采用成盘供应的热轧钢筋HPB300和HRB400,腹杆钢筋采用成盘供应的HRB400或性能等同的CRB550级冷轧钢筋;底板一般采用不低于S250GD+Z牌号的镀锌钢板,双面镀锌量一般不少于$120g/m^2$。

普通现浇钢筋混凝土楼板在施工阶段因下部支模基本没有挠度,待混凝土达到一定强度后拆模,在自重作用下发生楼板下挠。而钢筋桁架楼承板设临时支撑时,与普通现浇混凝土楼板基本相同。不设临时支撑时,在混凝土硬化前,楼板强度和刚度即钢筋桁架的强度和刚度,钢筋桁架模板自重、混凝土重量及施工荷载全由钢筋桁架承受。在使用阶段,钢筋桁架与混凝土协同工作,承受使用荷载。此楼板与钢筋混凝土叠合式楼板具有相同的受力性能,但其承载力与普通钢筋混凝土楼板相同。

该楼板体系特点如下:

(1)板底平整、净高有保证,楼板双向刚度一致、抗震性能好;钢筋间距及混凝土保护层厚度有保证;钢筋桁架通过机械设备自动焊接而成,上、下弦及腹杆钢筋之间的节点间距稳定,混凝土保护层厚度可得到有效保证,给施工带来便利,为楼板质量提供保证,由于是镀锌钢板,不适合在住宅中使用。

(2)钢板不参与受力,无需防火及防腐涂料,双向板设计及施工简便,适用于大跨度楼板;设计成双向板时,只需在现场配置垂直于桁架方向的受力及构造钢筋,下部钢筋可穿过桁架,置于下弦钢筋上部即可。

(3)对于跨度较大的楼板,在设计成双向板时,可增加楼板厚度和桁架钢筋直径;也可在跨中设置一道临时支撑,可节省钢筋用量,降低造价,产品类型多样、应用领域广泛。

3. 可拆卸钢筋桁架楼承板

为了克服钢筋桁架楼承板底模板一次使用成本高、底模撕掉后板底需要抹灰等缺点,一些企业研发了底模板可拆卸并重复利用的装配式钢筋桁架楼承板产品。

与钢筋桁架楼承板相比,装配式钢筋桁架楼承板的优点比较明显。钢筋桁架、模板、连接件等零部件在工厂由设备自动化生产,塑料及木胶板等的连接件为螺栓等标准件。钢筋桁架可以叠放、模板和连接件等零部件可以独立包装运输,相比于普通钢筋桁架楼承板节省了运输空间,按体积计费变成了按重量计费,大幅度降低了产品的运输成本。

模板和钢筋桁架通过连接件现场组装成钢筋桁架楼承板,组装完成后铺设。混凝土成型后,连接件、螺栓和模板依次拆除,由于模板采用镀锌平钢板、塑料模板或木胶板等,浇筑混凝土前模板表面涂刷有脱模剂,拆模后的混凝土表面平整光洁,后期装修时无需二次抹灰找平,可直接涂刷腻子。

拆除下来的连接件、螺栓以及模板等固件,进行简单维护后,可多次重复利用,材料利用率较高。镀锌钢模板表面的水泥浆可较容易地清除,木模板或塑料模板也容易维护。

装配式钢筋桁架楼承板的设计,仍可以依据规范,因为改变的只是模板和钢筋桁架的连接形式,楼承板各阶段的受力形式并没有改变。

(1)钢模板可拆卸钢筋桁架楼承板。

底板为钢模板的装配式钢筋桁架楼承板,在工厂中将楼板中的钢筋焊接成桁架形式,并将钢筋桁架和模板通过连接件进行连接，形成可拆卸、重复利用的组合模板（图4.11）。钢筋桁架在施工阶段承受施工荷载，使用阶段作为楼板中的钢筋，钢模板在施工阶段作为混凝土的模板，混凝土达到一定强度后，拆除并重复利用；将模板和钢筋桁架固定，承受施工阶段的荷载，可重复利用。

底模板一般采用冷轧板或镀锌板等不同类别的薄钢板，屈服强度一般不低于$260N/mm^2$。连接件由扳手、销轴、弯钩、垫圈和密封垫组成，扳手、弯钩和垫圈采用镀锌钢板冲压而成，密封垫采用丁腈橡胶，销轴采用镀锌钢材标准件。

图4.11　装配式钢筋桁架楼承板

（2）塑料或木胶模板可拆卸钢筋桁架楼承板。

底模板采用塑料模板、木胶板或竹胶板的装配式钢筋桁架楼承板，钢筋桁架通过弹性压入连接件的方式与模板系统连接，连接件通过螺栓与底模板进行连接。在混凝土强度达到75%以上时，可将底模板拆卸，连接件留置在混凝土楼板内，拆卸后底模板可实现重复利用。底模板可以采用塑料模板、木胶板或竹胶板，由于模板较厚，局部刚度大，楼板最终成型的平整度要好于钢模板（图4.12）。

图4.12　胶模板可拆卸钢筋桁架楼承板

4. 支撑架模板系统

与压型钢板组合楼板及钢筋桁架楼承板不同，支撑架模板系统采用现浇混凝土的思路，需要现场搭设支撑系统、铺设模板、绑扎钢筋并浇筑混凝土。与传统现浇混凝土的支撑系统有区别，支撑架与钢结构中的H型钢梁配合，免去了脚手架的搭设，无需支撑在下层楼板，可以多层同时施工（图4.13）。

支撑架模板系统由楼板模板、可调桁架和可调搁置支座组成。可调桁架上铺设有格栅，楼板模板铺设在格栅上，可调搁置支座设置在H型钢梁的下翼缘上，可调桁架为可伸缩式组合桁架，可调桁架与可调搁置支座的上端连接。

可调搁置支座包括有顶板、底板和腹板，顶板和底板之间还设置有加劲板，可调桁架的端部与顶板连接，底板上安装有至少两根调节螺栓，搁置支座紧贴工字钢梁的腹板，调节螺栓支撑在工字钢梁的下翼缘上。楼板模板为铺设在格栅上的压型钢模板。桁架端部上方设置有托木，楼板模板端部位于托木顶部，楼板模板与所述托木之间设置有堵头。

图 4.13　支撑架模板系统

支撑架模板系统是一种装配化的楼板系统。各部品构件都是标准化部件，现场装配化施工安装，并且可以重复利用。支撑架的一个重要特点就是可调节性，桁架上螺栓孔间距约5cm，支持可调长度为2~5m，可以很方便地应用于不同梁间距的情况，可以涵盖大多数钢梁间距尺寸。

支撑架模板系统结合了传统模板系统与钢结构的优势，配合钢结构可以多层施工的特点，同时在原理和形式上与传统做法相同，工人操作相对熟练。

压型钢板的模板形式比较适用于公共建筑，在钢结构住宅中应用需要配以木胶板或竹胶板模板，需要对产品进行进一步改进。

支撑架模板系统与目前采用的普通桁架支模体系相比，通过高度可调的搁置支座和可伸缩的桁架具有跨度可调、高度可调、适用于不同梁高的优点，大大提高了桁架的适用性，支模成本大幅降低。与单独采用柱体式可调支撑件的支撑架模板相比，整个体系安装拆卸方便，适于各种层高，且上层施工荷载不会传递到下层，下层模板可提前拆除。采用可拆式压型钢模板，重复利用率高，在节约木材保护森林资源的同时，大幅降低模板费用。采用桁架式支模法与采用楼承板作为固定模板的钢结构楼面相比，梁间距可加大，从而减小了梁的用钢量。

5. 钢筋桁架叠合楼板

与现浇混凝土楼板相比，叠合板是将楼板的下部分厚度的混凝土放在工厂预制，与现场上部现浇混凝土层结合成为整体，从而共同工作的一种结构形式。钢筋桁架叠合楼板采用钢筋桁架制作，钢筋桁架的下弦钢筋即为叠合楼板底部受力钢筋，钢筋桁架上弦钢筋为现浇混凝土层钢筋，现场还会配置构造钢筋。叠合楼板整体性虽然不如全现浇混凝土楼板，但与全装配式的预制楼板相比，仍具有良好的整体工作性能。

叠合楼板分为预制板与现浇层两部分。预制板为预制厂生产，板中设钢筋桁架。考虑安装误差，一般两块预制板之间留有5~10mm的拼缝。现浇层中在垂直拼缝处要设置拼缝钢筋，板端与板侧设置搭接钢筋。

钢筋桁架叠合楼板在预制装配式混凝土结构中应用较多（图4.14）。装配式混凝土结构的施工方法为逐层施工，上部开阔的空间为叠合楼板的施工提供了很大的便利，方便楼板吊装时水平移动调整就位。在多层钢框架钢结构住宅中钢筋桁架叠合楼板的安装较为不便。

6. 混凝土叠合楼板

混凝土叠合楼板是预制和现浇混凝土相结合的一种较好的结构形式。预制预应力薄板（厚5~8cm）与上部现浇混凝土层结合成为一个整体，共同工作（图4.15）。薄板的预应力主筋即是叠合楼板的主筋，上部混凝土现浇层仅配置负弯矩钢筋和构造钢筋。预应力薄板用作现浇混凝土层的底模，不必为现浇层设置模板。

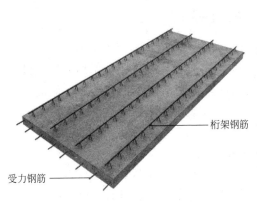

图 4.14　钢筋桁架叠合楼板　　　　　　图 4.15　预应力混凝土叠合楼板

薄板底面光滑平整，板缝经处理后，顶棚可以不再抹灰。这种叠合楼板具有现浇楼板的整体性、刚度大、抗裂性好、不增加钢筋消耗、节约模板等优点。由于现浇楼板不需支模，还有大块预制混凝土隔墙板可在结构施工阶段同时吊装，从而可提前插入装修工程，缩短整个工程的工期。混凝土叠合楼板有明显的优点，但存在自重较大、运输易折断、跨中需要设置支撑等缺点。为了进一步提高叠合板的性能，优化形成了PK预应力叠合楼板。

PK（"拼装、快速"中文拼音首字母）预应力叠合楼板是一种新型装配式预应力混凝土楼板。由重庆大学周绪红教授、湖南大学吴方伯教授以及山东万斯达集团有限公司历经七年研究完成，该技术获得了"2008年国家科学技术进步奖二等奖"，2010年3月首次在章丘实现大规模工业化生产。它具有节省钢筋、混凝土、模板和支架等许多特点，性能优异，是建筑产业化中具有极高性价比的预制混凝土叠合构件。

PK叠合板是一种新型装配整体式预应力混凝土楼板。它是以倒"T"形预应力混凝土预制带肋薄板为底板，肋上预留椭圆形孔，孔内穿置横向非预应力受力钢筋，然后再浇筑叠合层混凝土从而形成整体双向受力楼板，如图4.16所示。这种改进比起传统的叠合板，不仅满足了受力上的要求，而且大大简化了预制生产过程，也为预制板在运输、施工时带来了极大的便利，符合新型建筑工业化的要求。

带肋预制构件的截面突出部分使新老混凝土的粘结面积增大，长形孔及穿孔筋大幅增加了机械咬合力，从而有效地提高了叠合面的抗剪能力，采用自然粗糙面就能保证叠合结构的共同工作性能，从而克服了预制装配式楼盖整体性差、不利于抗震的缺点。

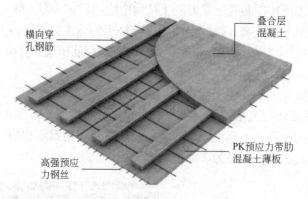

图 4.16　PK 预应力叠合楼板

以上对几种常见装配式钢结构楼承板体系进行了简单的介绍，其中压型钢板组合楼板的底部不平整、无法抹灰的缺点限制了其在住宅中的选择使用，住宅中全吊顶的方式目前还不多见。叠合楼板虽然具有诸多优势，但存在构件重、钢结构施工对塔式起重机占用多，板底拼缝开裂，需要支撑等问题，在装配式钢结构建筑中选用较少。

目前装配式钢结构建筑中最常用的还是钢筋桁架楼承板和可拆卸钢筋桁架楼承板，其中以装配式钢筋桁架楼承板的性能最优，具有安装方便、双向整体性好、底面平整、可多层同时施工以及模板可拆卸及重复利用等优点。通过提高模板的重复利用率，可进一步降低其应用造价。对于钢结构装配式建筑，需要依据项目自身的特点，综合考虑结构的安全性和建筑的整体性，选择合适的楼板体系，使整个建筑经济合理，施工便利。

4.1.3　机电设备系统

机电设备是住宅建筑中的重要组成部分，直接关系到装配式钢结构建筑的使用功能和居住舒适度。随着建筑工业化的推进，建筑品质不断提升，建筑中的机电设备的功能也日益完备，如水循环系统、新风（除霾）系统、智能安防系统等不断创新。

机电设备种类繁多，是为满足用户学习、生活、工作的需要而提供整套服务的各种设备和设施的总称，是多种工程技术门类的组合，按照专业可分为暖通空调系统、给水排水系统、强电系统和智能化系统。暖通空调系统，具体部品有家用中央空调设备、新风（除霾）设备和辐射供冷（热）设备等；给水排水系统包括室内给水和排水系统，具体部品有空气源热泵热水系统、燃气热水系统、太阳能热水系统、卫浴设备等；强电系统包括电气装置、布线系统、用电设备等，具体部品有灯具、配电箱、开关、线缆等；智能化系统包括安全防范系统、信息设施系统、设备监控系统、智能化集成系统、家庭智慧系统等，具体部品有光纤入户系统、有线电视系统、人脸识别系统、智能门锁系统等。

机电设备在适应装配式钢结构建筑的配套要求方面还处于探索阶段。机电部品工业化营造应采用标准化、工厂化、装配化和信息化的工业化生产方式，即以定型设计为基础，形成完整的产业链；以建造工法为核心，现场施工装配化；以设计为前提，配合装修一体化；以信息技术为手段，过程管理信息化。近年来也出现了模块式地暖系统、装配整体卫生间和集成给水系统等建筑机电一体化的设备和系统。根据钢结构工业化建筑体系的特点，其设备管线系统在设计时还应注意以下方面。

机电设备布置应做好预留预埋，与主体结构、内装系统等相互协调，避免预制构件安装完成后开孔、开洞；设备管线宜采用集成技术和标准化设计，以方便预制；除预埋管线外，其余设备管线宜设置在架空层或吊顶层内。应做好各设备管线综合设计工作，减少管线交叉；设备管线穿过梁柱预留孔时，宜与孔洞之间留有间隙，且采用柔性材料填充间隙；穿过防火墙或楼板时，应注意采取阻燃措施；可充分利用钢结构自身作为防雷接地装置，预留的防雷装置端头应可靠连接；钢结构基础的接地电阻不满足要求时，应设置人工接地体；接地端子应与建筑物本身的钢结构金属物相连。

4.2　工业化内装系统

4.2.1　工业化内装系统概述

我国建筑业与发达国家同行产业化水平相比程度较低，传统生产方式仍占主导地位，不仅人工作业多、工人作业条件差，还存在劳动生产效率低、工程质量及安全隐患多、能源及资源消耗大和环境污染严重等问题，特别是建筑寿命短和后期可持续使用问题突出。建筑装修的质量标准、建材品质、施工质量、空气质量和维修维护问题由来已久。近年来，房屋装修成为广大消费者投诉的热点和难点。必须要摆脱传统模式路径的束缚，推动建筑产业现代化与新兴内装产业发展。

《关于推进住宅产业现代化提高住宅质量的若干意见》指出"加强对住宅装修的管理，积极推广装修一次到位或菜单式装修模式，避免二次装修造成的结构破坏、浪费和扰民等现象"。2002年，建设部发布了《商品住宅装修一次到位实施细则》和《商品住宅装修一次到位材料、部品技术要点》。2008年，住房和城乡建设部发出《关于进一步加强住宅装饰装修管理的通知》，指出"近年来在住宅装饰装修过程中，一些用户违反国家法律法规，擅自改变房屋使用功能、损坏房屋结构等情况时有发生，给人民生命和财产安全带来很大隐患"，应进一步提倡推广全装修成品住宅。2008年，由住房和城乡建设部组织编写的《全装修住宅逐套验收导则》正式出版。由于全国占主导地位的"毛坯房"建设带来的资源浪费和环境污染严重，全装修成品住宅势必成为市场的主要供应方式之一。科宝博洛尼、海尔和大连嘉丽等公司积极响应政府倡导"住宅装修一次到位、逐步取消毛坯房"的方针，着力以"装修与建筑和部品、设计和施工相结合的一体化"的方法、研发整体性的家居解决方案。在减少手工作业的同时，提高工业化生产程度，从本质上提升住宅性能和品质。全装修成品住宅是走向住宅产业化的必经之路，将成为衡量我国住宅工业化技术发展水平的标志。

工业化内装，是将传统装修所涉及的硬件部件化，并对部件进行工业化生产，再由安装工人按照标准化程序对部件进行现场拼接安装。工业化内装标准化、规范化和体系化，还能达到高效节能的效果，在国家的大力引导下，未来前景广阔。

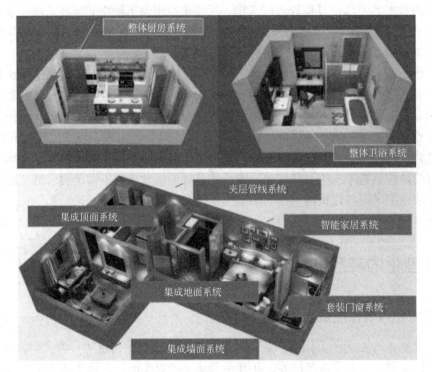

图 4.17　工业化内装集成解决方案

建筑工业化包含主体和内装两部分。住房和城乡建设部通过中国百年住宅示范工程攻关新型住宅工业化关键技术，初步建立了符合产业化通用建筑体系和内装部品部件的定义标准，在住宅工业化研究与设计、部品部件生产、施工建造和组织管理等各方面形成了闭合型产业技术链，构建并实现了通用化的主体与内装工业化新体系，基本奠定了工业化内装部品标准和集成技术体系的雏形（图4.17）。2018年《装配式建筑评价标准》GB/T 51129—2017实施，为装配式建筑提供了纲领性的指导原则和理论研究支撑体系规范性支持。

目前，我国成型的内装部品及其主要体系如下：

1. 隔墙体系

轻质隔墙是指由工厂生产的具有隔声或防潮等性能且满足空间和功能要求的装配式隔墙集成部品。采用轻质隔墙是建筑内装工业化的基本措施之一，隔墙集成程度（隔墙骨架与饰面层的集成）、施工便捷、提高效率是内装工业化水平的主要标志。轻质隔墙有专用部件可以快速调平墙面，同时墙板基材表面集成壁纸等肌理效果用于装饰，仿真性高。墙体可适用于不同环境，墙板可留缝、可拼接。轻质隔墙的品类有很多种，目前我国的隔墙制品大概可以分成三大类：轻质砌块墙体、轻质条板隔墙和有龙骨的隔墙。由于砌块类隔墙和条板类隔墙造价低且易于施工，不需要很高技术水平的工人，当前使用仍然较广。而龙骨类隔墙易于集成、维护、维修以及安装，安装精度比较高，但因造价比较高，所以目前还主要应用于工业化的住宅和公建中。龙骨类隔墙可根据房间性质不同，在龙骨两侧粘贴不同厚度、不同性能的石膏板（如需要隔声的居室，墙体内填充高密度岩棉），隔墙厚度可调，可以降低隔墙对室内面积的占有率。AAC（即蒸压轻质混凝土），是高性能蒸压加气混凝土的一种。AAC板容重轻，强度高，保温隔热性能好，具有很好的耐火性能和隔声性能，绿色环保，施工简单造价低，非常适合用来建造分户墙。在SI住宅中，非承重分户墙结构体需要具备良好的隔热性、隔声性、耐火性和耐久性能。

2. 吊顶

吊顶一般用在公建当中，传统住宅在客厅和卧室当中不设吊顶，只在厨房和卫生间才设置。但是要实现内装的装配化施工，在住宅的室内设置吊顶是非常重要的环节之一。通过在结构楼板下采用吊挂具有保温隔热性能的装饰吊顶板，并在其架空层内铺设电气管线，安装照明设备等，实现SI住宅内装管线和主体结构的分离理念。因为在工业化的住宅当中进行管线和主体的分离设计和施工时会有大量的水管和电路管需要在吊顶的空间内进行排布。架空吊顶是一种能够实现干式装配作业的住宅内装部品体系，它的优势在于能够把各类的管线综合排布，有利于后期维护改造，并且集成采光、照明、通风等功能。其装配程度较高，而且材料是可以回收利用的，但是由于造价的原因目前只在工业化住宅中有所应用。

3. 架空地面体系

架空地面体系（图4.18），在日本的集合住宅中应用很普遍。架空地面体系是通过在结构楼板上采用树脂或金属螺栓支撑脚，在支撑脚上再铺设衬板及地板面层，形成架空地面。该体系主要的特点有：①地面水平调整比较容易实现，由于架空地面体系是通过一些支撑点来实施的，不必为基层提前做找平的工作；②施工快捷，省时省力，架空地面体系是属于工厂化率比较高的产品，所有的螺栓、地板承压条、上层承压密度板都是标准规格的产品，现场能够实现完全的干法施工；③布线排管比较方便，由于板底是架空的，所有管线在板底能够比较随意地穿行；④即铺即用，比较方便；⑤可以和较为成熟的住宅卫生间同层排水技术配合，实现足够的架空高度，同时为实现住宅设备管线的集成排布以及后期的维护维修提供比较好的条件，避免为了维修来剔凿楼板和墙体的做法。但是，目前架空地面体系在国内的应用还比较少，而且没有专门的生产厂家；在施工安装方面缺乏专门的技术人员，需要开展技术培训，综合成本较高。

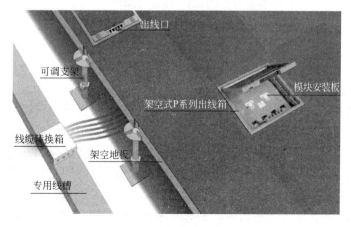

图 4.18　架空地面体系

4. 卫浴

卫生间是住宅中用水最多、管线最密集的区域，将卫生间内的设备管线作为一个模块进行统筹设计，能够有效改善传统卫生间容易出现的漏水、异味和卫生死角的问题。整体卫浴间（图4.19），是一个整体的工业化产品，以防水底盘、墙板、顶盖构成整体框架，结构独立，配上各种功能洁具形成的独立单元，具有洗浴、洗漱、如厕三项基本功能的任意组合。整体卫生间的平面布置类型根据功能分区的不同主要分为集中型和分区型两种。与传统卫生间的最大区别就在于工厂化的生产。原来的施工需要预埋各种管线和现场安装各种设施，这些都可以转变为在工厂里生产来实现卫生间功能的独立。另外，整体卫浴间科学的设计与精致的做工相辅相成，在结构设计上追求最有效地利用空间。

我国整体卫浴间基本上形成了比较成熟的技术体系和完善的规范标准，已广泛应用在酒店、公寓还有交通运输等行业，但是在住宅中的占有率还比较低。整体卫浴没有快速、大面积发展起来，存在几个方面的原因：①整体卫浴是住宅产业化的一种产物，而我国住宅产业化的发展仍然处于初级阶段，相关技术体系、标准等还有待完善；②整体卫浴引入到我国的时间比较短，在我国的卫浴市场没有形成很强的认知度；③我国住宅商品化的时间比较短，住宅的个性化装修需求比较强烈，而整体卫生间的产品种类比较少，与个性化装修之间还存在差距。

图 4.19　整体卫浴间

5. 接口类部品

内装部品里比较关键的是内装接口类部品。部品体系可以减少现场的作业量，最关键的因素就是各类内装接口类部品的开发和应用。比如住宅厨卫中的管线，当前设计中存在一些接口不到位、不配套的问题，从而使得住户在厨卫产品的选择和安装方面受到比较大的限制。内装接口类部品的使用和应用可以加快建造的速度，同时为维护和更替提供一定的条件，实现室内空间的灵活变化。

接口类部品在中国的应用量很少，主要原因是我国城镇住宅广泛采用的混凝土现浇工艺中存在较大的建造误差，这与在工厂精细化品质控制下生产的内装部品的安装误差难以协调。与此对应，一是需要现场误差可调整型的接口产品；二是需要通过新技术、新工艺提高主体结构的建造精度。综上所述，目前我国的住宅内装部品体系与国外还存在一定的差距。

4.2.2　厨房、卫生间的内装模块化

内装部品体系是住宅工业化成效最为明显的部分，其中的整体厨房与整体卫浴的发展在最近几年也很迅速。整体厨卫从工厂生产到现场组合装配，是全装修工业化的代表性部品，应大力推广应用符合标准设计、工厂加工和现场装配要求的部品体系。整体厨房、整体卫浴等作为内装部品的核心，提高了部品部件的应用率。随着全装修市场巨大的变化，整体厨卫行业有了较大发展，以符合模数协调为原则，综合考虑各类装备的配置，满足通用性、互换性、成套性的要求，各种管线和管道集中敷设，采用同层排水，是整体卫浴和整体厨房的发展趋势。整体厨房、整体卫浴是在工厂化制成的一体化部品，采用干法施工，避免施工中材料选择失误与装修不当所造成的麻烦，且产品是完全按照人体工学原理进行设计的，这比传统装修更合理，作为一种新型装修方式也越来越受到欢迎。在绿地百年宅（上海绿地威廉公馆，图 4.20）项目中，为提高住宅寿命和住宅装修品质，采用了将住宅建筑的结构支撑体和填充体（管网系统、内部墙体、内装部品等）完全分离的 SI 体系方法进行施工，整体卫浴成为项目的标准配置，将整体卫浴作为一个设备来看待，可以解决结构体系和内装体系寿命不匹配问题，进而延长住宅建筑的寿命。丁家庄二期保障性住房 A28 地块示范项目（图 4.21）采用整体厨房设计与标准化部品集成技术，标准化的橱柜系统，实现操调、储藏等不同功能的统一协调，使其达到功能的完备与空间的美观。

图 4.20　上海绿地威廉公馆整体卫浴实景

采用整体卫浴的技术特点如下：

（1）材料环保，安全可靠。目前，国内整体卫浴底盘、墙板、顶棚等主要材料为 SMC（Sheet Molding Compound，一种模压成型的高强度复合材料，在大型压力机施加高压力和高温条件下，使材料成型，模具可以从成型机中取出，各式各样的浴缸和底盘的成型可以通过更换模具进行生产）、FRP（Fiber Reinforced Polymer/Plastic，纤维增强复合材料，是由纤维材料与基体材料（树脂）按一定的比例混合后形成的高性能造型材料。质轻而硬，不导电，机械强度高，回收利用少，耐腐蚀）及 PU（Polyurethane）复合材料，具有安全绝缘、无辐射、无甲醛、无异味、强度高等特性，使用寿命可达 30 年，保证了整体卫浴产品安全环保，质量可靠（图 4.22）。

图 4.21　丁家庄二期保障性住房整体厨房实景

（2）模块组装，施工快捷。整体卫浴采用模块化设计、工业化生产、装配式安装的新型方式来完成卫浴间工程，浴室内的附件采用标准化的部品部件，装修的品质和精度要优于传统装修方式。与传统的卫浴间作业施工工艺不同，以工业化生产的标准化部品部件作支撑，使得整体卫浴装修施工实现装配化，减少了大量的现场手工作业，由产业工人进行标准化安装，从而提高装修效率和质量。

（3）防水可靠，抑菌防霉。防水方面，整体卫浴间采用一次模压成型的高强度高密度的SMC底盘，挡水壁板配合防水盘密闭锁水设计，可有效防止渗漏水。壁板之间水平连接，干式勾缝，密封性极强，在阻挡水分子进入的同时抑菌防霉。防水底盘设有排水坡和集水沟，杜绝渗漏；材料防滑性能好，保障使用安全。

类别	A标	A1	B标	B1	B2
壁板类型	瓷砖	石材	PET彩钢板	PET彩钢板	PET彩钢板
底盘类型	SMC+瓷砖	SMC+石材	SMC彩色覆膜	SMC+瓷砖	SMC+石材
产品定位	超高级住宅和高级别墅		高级住宅和独栋住宅		
产品图例			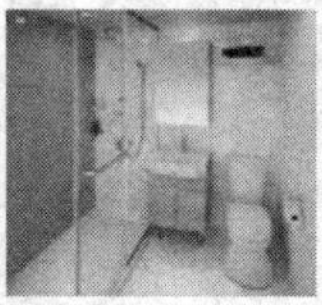		

图 4.22　整体卫浴 A、B 类产品

（4）管线分离，运维便捷。管线排布方面，电路系统、给水排水系统等均采用集中设计、管线标准一体化排布，如有其他特殊管线则提前做好设计协调，在有限的空间内得到最佳整体效果。即：以整体卫浴间的选型决定给水排水管道、排气管路的预留位置、电气线路的安装位置。不同于传统湿作业卫生间，多将管线埋置在墙体剔槽内，需要维修更换时必须破坏墙体；整体卫浴间将管线设计在棚顶空间、墙壁空腔内，有效地将所需管线与楼板、墙体分开，为日后设备管线的维护提供了极大便捷。

4.2.3　装配式SI体系和装修模块化接口

近年来，由于国家住宅产业化政策的引导和住宅市场多样化的需求，我国正面临建筑产业转型的关键时期，建筑产业现代化和工业化生产方式成为社会关注焦点。为了大力推动中国住宅产业转型升级，全面提高住宅建设综合价值，提出了中国百年住宅——SI住宅体系。与传统住宅技术相比，"SI"住宅技术最大的特点在于支撑体和填充体的分离（图4.23）。传统体系的住宅结构墙里多埋设管线、门窗、分接器等部品，在日后的装修和住户改造中必会破坏住宅结构，从而缩短主体结构的使用寿命。采用SI住宅技术可以将住宅中的支撑体和填充体有效分离，在不破坏"S"的情况下对"I"进行维修、保养、更新，提高S的耐久性和I的可变性。在装修方面，采用结构与内装修分离的SI体系，可解决当前一些装配式建筑装修存在的问题。

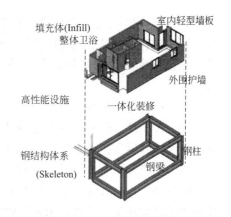

图 4.23　SI 体系的基本构成

SI体系住宅的建设理念是可持续发展，坚持用系统的方法来统筹住宅全寿命周期的规划设计、部品制造、施工建造、维护更新和再生改造，延长住宅的使用寿命和满足住户的多样化、个性化的居住需求。其核心是将住宅中不同寿命的主体结构和内装及管线等填充体进行分离（图4.24）。通过采用产业化的生产方式，将部品体系集中到预制工厂生产制作，提高建筑物使用年限，实现住宅空间自由变化和住户参与设计的目标。

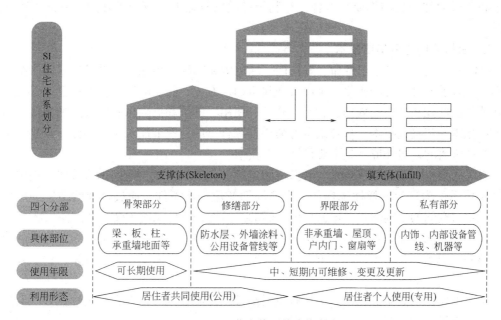

图 4.24　SI 住宅体系的分体表示

钢结构与SI契合度非常高，钢结构可以实现大空间，利于SI的实现；钢结构的施工安装精度高，利于部品安装；钢梁腹板可以开洞，利于管线的布置。

1. SI体系的建设意义

SI体系是可以长期使用、持续优化的高性能住宅体系，是可以留给子孙后代的优良绿色资产，它的推广建设具有重要现实意义。

（1）延长住宅使用寿命，实现低碳环保的绿色建筑理念。SI体系实现支撑体和填充体的基本分离，高耐久性的结构体可长期使用，设计使用寿命可达百年，可减少2/3的资源消耗和环境损害，为地球环境的保护做出贡献。更长的建筑寿命具有更低的居住负担，为住户提供更大的生活空间；且通过合理的维护来延长使用寿命，减少住宅大拆大建，减轻住宅建设和使用过程中资源消耗的压力，能够实现资源节约型社会和可持续发展。

（2）符合可持续城市社会需求，利于城市再开发。长寿化住宅建设，让建筑成为城市文化的一种积淀。SI住宅是能容纳社会发展的百年住宅，其外观风貌可以得到延续，适宜城区的可持续发展，利于城市的再开发建设，获得居住者的肯定。

（3）住户使用开放灵活的空间，有效提高产品的性能质量，提升住宅的品质。SI体系灵活的户型变化，能满足家庭全生命周期的居住需求。SI住宅的推广建设有利于实现住宅建造的工业化施工，有效提升住宅性能质量，改善住宅综合品质，增加住宅科技含量，满足居民对住宅的功能舒适度、套型多样性和装修个性化的需求。

（4）增加产品附加值，扩大企业品牌效益。开发企业建设具有优良价值的SI住宅，有利于企业品牌的树立和巩固，容易赢得更多的市场机会。SI体系利于形成产业化联盟，有利于开拓房地产行业的新领域。它的发展涵盖投资、建材、生产、制造、流通、管理、消费等诸多领域，串联房地产、建筑、建材、机械、装饰装修、冶金、轻工、电子、物流等多个相关行业和产品的集成与整合，有利于形成以SI住宅工业为主轴的产业链条和产业集群。

2. SI体系的主要集成技术

SI体系是追求建设"长寿命、好性能、绿色低碳"的百年住宅，以可持续居住作为建设理念，力求通过住宅产业化，全面实现建筑的长寿化、品质的优良化、绿色低碳化，通过保证住宅性能和品质的规划、设计、施工、使用、维护和拆除再利用等技术为核心的新型工业化体系与集成技术，从建筑全寿命周期综合考虑建筑节能和生态环保，以建设具有长久居住价值的人居环境。其主要包括以下技术。

（1）大型空间结构集成技术。套型内为连续的大空间，减少室内承重墙体，提供大空间结构体系，为户型多样性选择和全生命周期变化创造条件。通过合理的结构选型与设计，采用大空间的结构形式，提高户内空间的灵活性，适应家庭生命周期的使用需求。

（2）户内间集成技术。户内间由轻钢龙骨隔墙、轻钢龙骨吊顶、架空地面构成的建筑内间体系，有着占用空间小、自重轻（抗震性能好）、干法施工、质量可靠、利于管线敷设、便于后期改造等优点。

（3）外墙内保温集成技术。为了解决目前外墙保温技术长期存在防火性能差、保温易脱落、日后维修困难等问题，采用内保温体系。

（4）干式地暖集成技术。干式地板采暖具备地板辐射采暖的人体舒适度、节省室内空间等优势的同时，又有效地解决了湿式地暖不易维修、渗漏不好控制等问题，保证了全干式内装的实现。

（5）整体卫浴集成技术。用工业化的整体卫浴代替传统装修，比传统湿作业装修快24倍，排水盘和整体墙板的拼装工艺保证了永不漏水。由于采用了干式施工，不受季节影响，且无噪声，无建筑垃圾，节能环保。

（6）整体厨房集成技术。整体厨房是将厨房部品（设备、电器等）按人们所期望的功能以橱柜为载体，将燃气具、电器、用品、柜内配件依据相关标准，科学合理地集成一体，形成空间布局最优、劳动强度最小并逐步实现操作智能化和娱乐化的集成化厨房。

（7）全面换气集成技术。卫生间废气、厨房油烟直排系统，权属分明，防止户间公共风道串味，并利于户间防火和后期维护。负压式新风技术，利用卫生间和厨房的排风设备为室内制造负压环境，每个房间内的新风口自然为室内补充了新鲜空气。

（8）综合管线集成技术。利用内间系统内部空间敷设各系统管线，使S的结构体与I的各系统管线完全分离，完整地实现了SI的建造体系，同时便于日后维修更换。

3. SI住宅内装接口的特征

（1）稳定性与耐久性

SI住宅的建造是将建筑物支撑体和填充体分离，分别生产再组装的过程。在支撑体结构与内部填充体连接的过程中，需保证二者之间接口的稳定性与耐久性，从而延长建筑的使用寿命，满足建筑使用功能。

（2）设计的可建造性

可建造性指填充体构件满足施工要求，尽可能做到构造简单，施工方便，结构安装准确。

（3）通用性

接口通用性包括两方面：一方面是不同的填充体部品可以通过同一类接口安装连接至支撑体结构或其他填充体部品；另一方面是接口能满足在住宅长远使用期中部品更新换代的需要。

（4）相对独立性

接口的相对独立性指部品之间的接口是相对独立的，接口处的连接可以单独拆装，确保与该部品相连接的部品设备是并行的、分离的。

（5）材料性能

接口的材料性能除必须满足前述耐久性要求外，还需具有良好的环保性能以满足循环利用的要求，需要能适应接口使用环境的温度、湿度等条件。

（6）装拆便利性

装拆便利性要求在保证连接质量的前提下，接口连接方式应当简单，能简化接口的安装动作，可以提高填充体的安装效率，降低填充体更换、拆除的难度。

4. SI住宅各类接口系统的实现方法

（1）墙体部品接口系统

1）预制外墙接口。后安装法是待建筑的主体结构施工完成后，将预制完成墙板作为非承重结构，在其与主体结构接口部位预埋螺栓或预埋金属件，通过螺栓连接或焊接等方式将墙板固定在主体结构上。墙板被当成"荷载"依附在主体结构上而不会约束主体结构的变形，受力特征类似于幕墙，但墙板的安装通常会滞后于主体结构施工，其中主体结构可以是钢结构、现浇混凝土结构、预制混凝土结构。此做法在日本的发展最为成熟。

后安装法的特点：以干式作业为主；安装过程会产生误差积累，因此要求主体建筑应具有非常高的施工精度和构件制作精度，施工安装费用高；构件之间一般采用螺栓、金属预埋件等连接方式，构件之间会明显出现"缝隙"，为了不影响建筑的美观通常需要将接缝设计成明缝，并进行填缝处理或打胶密封，填缝的维护周期约5~20年，不细致的施工会产生防水，隔声等方面的问题；采用后安装法一般只能在墙板上走明线或明管，但与SI

住宅管线和主体结构相分离的理念相匹配。

2）分户墙接口。对于分户墙与主体结构间的接口，采用在分户墙位置做小结构体并预埋金属件的方式进行牢固地连接。分户墙有多种不同的材料与构造类型，对于不同类型的分户墙，其与主体结构的连接也会不同，下面以轻质条板分户隔墙为例分析接口。轻质条板分户隔墙在条板对接部位应加连接件与定位钢卡以进行加固，进行防裂处理；在抗震设防地区，条板隔墙与顶板、结构梁，主体墙和柱间应采用钢板卡件连接，控制好不同接缝部位钢板卡件的间距，最后使用膨胀螺栓或射钉固定；水电管线可做明线或暗线设计，但不可在隔墙两侧同一部位开槽、开洞，不可穿透隔墙安装管线。

3）轻质隔墙接口。轻质隔墙接口主要指采用轻钢龙骨体系的轻质隔墙与主体结构间的接口。轻钢龙骨隔墙的固定安装不需要通过特殊的结构，而是采用干法施工方式，轻钢龙骨隔墙一般有横龙骨（包括沿顶龙骨、沿地龙骨等）与竖龙骨，龙骨之间采用扣合连接方式，龙骨采用射钉或膨胀螺栓的方式与其他墙体连接，横龙骨采用射钉或膨胀螺栓等固定于地板或楼板上。竖龙骨的安装从墙的一端开始排列，竖龙骨开口处宜安装支撑卡以增加龙骨的刚性并有利于墙板安装，横（竖）龙骨与基层连接处需铺设密封材料。

管线在轻钢龙骨隔墙架空层中的摆设方式有平行与垂直两种，管线穿行需要固定于龙骨的连接件的帮助，电气管线采用与轻钢龙骨隔墙平行敷设的方式，给水管线、通风管道则采取垂直穿行于轻钢龙骨隔墙的敷设方式。隔墙墙板采用石膏板，石膏板的安装一般从墙体的一端或门窗的位置开始顺序安装，龙骨两侧的石膏板必须竖向错缝安装，石膏板宜采用自攻螺钉与龙骨固定。石膏板在安装时与墙、柱、顶板间要预留缝隙，以便进行防开裂密封处理。

（2）架空空间接口系统

1）架空地板接口。架空地板也称架空地面，其施工流程为：施工准备→墙边龙骨安置→螺栓支撑脚临时高度调整→表层装修材料施工→铺设地面→安装衬板。地板敷设方式有先立墙式和先铺地式两种。架空地板与主体结构的连接是通过胶粘与墙根四周的龙骨实现的，地板与楼地面间是通过螺栓支撑脚（或称支撑柱）实现连接的。地板采用点式支撑，由螺栓支撑脚和承压板组合而成，地板衬板与支撑脚间通过螺钉固定。螺栓支撑脚则由台板、支撑螺母、支撑螺栓以及橡胶脚组成，橡胶脚起到隔声、减振的作用，支撑螺栓与螺母结合可起到调整支撑高度的作用。在安置龙骨时粗略确认地板高度，地板铺设完成之后进行精准调平，由于每个支撑脚均独立可调，架空地板的施工可不受施工场所地面平整度的影响，水平调整方便。

架空地板下的架空空间可为管线的灵活敷设提供便利，管线可不受主体结构制约，便于内装部分的更新改造。同时，架空的空气层可防止基板受潮变形，无需保养。

2）架空吊顶接口。轻钢龙骨吊顶是以密度较小、硬度较大的轻钢作为龙骨的材料，吊顶通过吊杆与吊件与上层楼板相连接。架空吊顶施工流程为：弹线→吊顶安装→安装主龙骨→安装次龙骨→石膏板安装→细部处理→成品保护。吊顶边龙骨通过射钉或膨胀螺栓固定在周边墙体上；吊杆与吊件作为吊顶与楼板间的独立式连接部件应安装牢固，吊杆一端通过吊钩或膨胀螺栓固定在楼板内，另一端与吊件连接，吊件则通过卡扣与吊顶龙骨固定。主龙骨（即承载龙骨）依据实际采用卡扣式连接或螺栓连接与吊件相连安装；次龙骨应紧贴主龙骨垂直安装，采用专用挂件连接；最后采用自攻螺钉和专用工具安装石膏板或其他板材。

（3）内装模块接口系统

内装模块接口系统包括整体厨房和整体卫浴与主体结构间的连接以及与墙体部品、地面之间的连接。整体厨房和整体卫浴使用内拼式安装方法，与地面的连接是通过部件下部的螺栓支撑脚，完成与地面的连接之后再连接管线设备；整体厨房及整体卫浴与内隔墙及外墙的连接处多采用龙骨固定，中心部分使用螺栓连接的方式，可使模块化部品与结构之间存在架空空间以供管线穿行。

1）整体厨房接口。整体厨房的施工流程为：设置地面支撑螺栓→地砖面周边支撑龙骨安装→安装螺栓支撑脚→铺设面层→墙面放线→铺设龙骨或树脂螺栓→水电管线铺设→填充隔声棉→铺设面板→顶棚楼板→铺设保温层→弹线确定吊顶位置→安装吊杆→轻钢龙骨安装→铺设石膏板。

整体厨房内部多种能源类设备及各种管道线路都需要和橱柜结合，接口种类众多，有设备与能源管线的接口、设备与橱柜的接口、橱柜与管线的接口、橱柜与厨房的安装接口等，内部接口设计应符合标准及图集的要求。

在整体厨房中，橱柜采用支撑脚连接，支撑脚应不存在外观及材料方面的缺陷；吊柜根据工程实际情况可采用在墙内预埋木砖、预埋螺栓或用膨胀螺栓与墙体连接固定；燃气热水器、吸油烟机采用钢制膨胀螺栓与墙体连接固定；燃气热水器排气管道与墙体间的接口处采用阻燃材料填实缝隙后再填密封胶的做法；整体厨房有水平排气道换气口的，换气口与墙体间的接口处采用膨胀螺栓+密封胶接的方法。整体厨房内部部品采用的铰链、滑轨等连接件应连接牢固，并无明显摩擦声或出现卡滞现象。

对于整体厨房中管线的布设，需要先预留主要厨电设备位置，统一设置管线位置，管线与结构分离，将管线铺设在架空层内，以C形龙骨作为管线封装区，避免因水电改造对墙体和地面造成的破坏；同时，在施工图中应明确标注接口定位尺寸，其施工精度误差不应大于5mm，管线封装区与墙体间的连接按不同的墙体构造采用摩擦和机械锁定锚栓、膨胀螺栓等连接方式。

2）整体卫浴接口。整体卫浴系统包括整体卫生间与整体浴室。若住宅采用整体卫浴系统，在住宅设计阶段就需要建设方和设计方先选定整体卫浴的部品提供商，由整体卫浴提供商对内部空间进行优化，绘制精细化设计施工图。整体卫浴应采用干湿分区方式，一般配置有顶板、壁板、防水盘、门以及卫生洁具等构配件，整体卫洛内部接口设计应符合标准及图集的要求。

以整体卫生间为例，其施工流程为：施工准备→地漏安装→地面螺栓安装→调节水平→组装壁板→安装吊顶→内部配件安装。与传统卫生间的施工流程不同之处在于只需将预制工厂生产出的部品进行现场拼装，而无须进行铺装墙砖地砖等用时较长的湿作业施工。整体浴室则采用楼板降板并预留上、下水管道配合整体浴室的安装，户内排水采用同层排水。排水装置采用漏斗式结构，一个安装在浴缸底座上，一个安装在地板上，中间用软管连接，保证排水密封性。浴缸与底板一次模压成型而成为一体，无拼接缝隙，卫生间基层无须另做防水。管线处理则采用架空技术，通过地板与楼板之间，壁板墙体与内隔墙之间的空隙，为管线的铺设提供条件。

整体浴室拼装时，浴室地板与底座铁架、地板架、排水底座组件间多采用螺栓连接、螺钉锁附或胶粘剂连接，底部采用螺栓支撑脚或大螺栓支撑，其支撑尺寸不大于200mm。顶棚铁架通过螺钉锁附于墙，安装有排气扇的顶棚则通过螺钉锁附于顶棚铁架，各顶棚连接处还需打上玻璃胶。整体浴室内部各组件则通过螺钉、胶粘剂配合安装，壁板、顶板的平整度和垂直度公差应符合图样及技术文件的规定，壁板与壁板、壁板与顶板、壁板与防水盘的连接部位应密封良好，避免产生漏水或渗漏。

第5章 装配式钢结构建筑信息化关键技术进展

装配式建筑建造过程的核心是"协同"，而BIM技术突出的优势是信息之间的交互与集成，契合装配式建筑发展的整体需要，因此基于BIM技术的协同设计与管理方法对装配式建筑的建造过程具有重要的现实意义。整合建筑全产业链，实现全过程、全方位的信息化协同，将是装配式建筑发展的方向。

5.1 BIM技术概述

BIM（Building Informatica Model，建筑信息模型）是Autodesk公司于2002年提出的，指创建并利用数字模型对项目进行设计、建造及运营管理的过程。美国国家BIM标准（National Building Information Modeling Standard）对BIM技术的定义，可以理解为两层含义：①利用数字化技术建立建筑的虚拟三维模型，该模型形成的数据库可以供建筑全生命周期所用；②BIM可以通过相关各方共享的三维建筑模型平台，简化互相之间沟通的方式，提高建筑的全生命周期协作效率和效益。

BIM技术的核心是一个由计算机三维模型所形成的数据库，实现各专业的协同工作。BIM信息模型涵盖了各专业设计数据信息，实现了建筑模型和信息模型数据的标准化，例如统一建筑构件、材料选择、配件尺寸、构造连接等。BIM信息模型不仅包含了建筑师的设计信息，而且可容纳从设计到建成使用，甚至包含使用周期终结的全过程信息，并且各种信息始终是建立在一个建筑三维模型数据库中，可以持续、即时地提供项目设计范围、进度及成本数据，这些信息完整、可靠。传统方式实施与BIM项目实施的区别如图5.1所示。

对于工业化钢结构住宅的部品部件的模块化，需要建立更为专业的系统和建筑信息模型。目前，国际上使用较为广泛的BIM软件有：

（1）Autodesk公司的Revit建筑、结构和机电系列，主要应用在民用建筑领域；

（2）Bentley公司的Microstation系列，在工厂设计（石油、化工、电力、医药等）和基础设施（道路、桥梁、市政、水利等）领域广泛应用；

（3）Nemetschek的ArchiCAD，ArchiCAD为美国Graphisoft公司的旗舰产品，其历史要比Revit久远，早在1984年Graphisoft公司就开始了三维建筑建模的研究，当时这项新技术命名为"虚拟建筑"。2007年Graphisoft公司被Nemetschek收购。

建筑设计涉及许多不同的专业，如建筑、结构、材料等。由于BIM具有承载各种信息

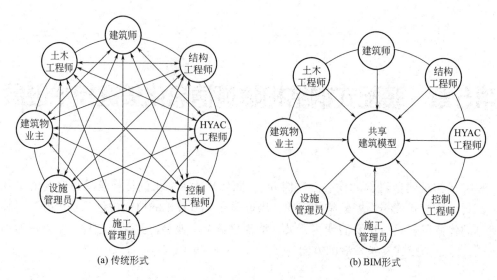

(a) 传统形式　　　　　　　　　(b) BIM形式

图 5.1　传统实施与 BIM 实施示意图

的能力，整个建筑相关的信息和一整套设计文档存储在集成数据库中，所有信息都已数字化，完全相互关联，因此可在 BIM 上构建各个专业协同工作的平台，这不但消除了以前各个专业设计软件互不兼容的问题，还实现了各专业的信息共享，如设计的修改或变更、施工计划安排以及施工进度的可视化模拟、各种文档协同管理、施工变更管理等都可在这个协同工作平台上实现。

　　BIM 技术的价值主要在于可以将建筑各相关专业有效地整合在一起。在装配式钢结构建筑整体设计过程中形成以 BIM 技术为核心的一体化设计流程，进而强化各专业、各流程之间的协同效率，并减少建筑设计过程中所出现的"错、漏、碰"所导致的设计重复工作问题。同时 BIM 协同设计能够有效增强团队间的协同管理能力，提升工作效率，实现精益、智能建造。装配式建筑在设计—制造—装配过程中的核心问题在于如何使得各个流程及各个专业之间形成有机的协同，而 BIM 技术则突出以"协同"为主的流程化设计与管理，具体应用价值如下：

　　（1）装配式建筑在实现设计、制造、装配、管理等各个流程及建筑、结构、机电等各个专业的协调配合过程中，以 BIM 技术为核心实现协同设计与管理，使各参与方及各流程所产生的数据高度集成。

　　（2）装配式建筑在设计中应满足标准化、模块化、重复性等特征，如若采用传统设计将产生大量的重复性与机械性的设计工作，而使用 BIM 协同设计的方法，在一定程度上通过标准族库的建立及云平台的协同，可以有效地避免重复性工作的产生，进而避免设计过程中的"错、漏、碰"等问题。

　　（3）BIM 协同设计所实现的最终目的与装配式建筑所倡导的绿色、高效、节能的建筑理念不谋而合，BIM 协同设计更加强调对整个建筑物全生命周期内全部数据及信息的统筹化管理，具体在装配式建筑中所利用的 BIM 协同技术管理如图 5.2 所示。

　　此外，BIM 技术的信息模型可应用在建筑全生命周期中，其数字化的属性可以将各个系统进行数字化建模，实现各专业各环节的信息共享。将 BIM 技术与装配式住宅进行结合，利用模块"族"库，构件数据库，进行建造生产过程的模拟，通过"模块化的数据库"来进行系统集成和表达。同时，基于BIM的虚拟建造和碰撞检查可以减少施工中容易出现的结构碰撞问题。

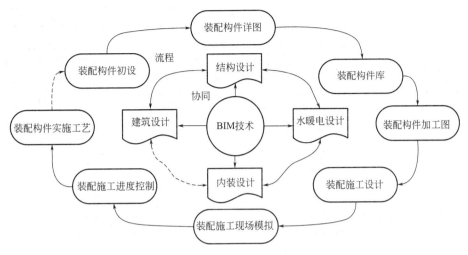

图 5.2　BIM 协同技术管理示意图

5.2　BIM 与工业化设计

　　传统建筑设计流程一般包括方案设计、初步设计、施工图设计，而工业化建筑设计流程一般包括前期策划、方案设计、初步设计、施工图设计、构件加工图深化设计。由于工业化建筑设计有其特殊性，设计是否合理对预制构件的生产、运输、施工等环节的造价和经济性将产生很大的影响，所以在设计阶段要综合各阶段的影响因素，各专业间互为条件、相互制约，必须建立一体化3D协同设计的理念，通过相互配合与协同达到最优化方案。工业化建筑设计不是单纯的传统施工图纸设计，而是在统筹设计功能要求、加工设备条件、现场施工环境等信息和资料的基础上组织设计工作，增加了前期策划和构件深化设计两个环节，也增加了设计环节的工作量和难度。在组织设计过程中要注重各种信息在BIM模型中的体现，借助BIM模型的3D可视化功能实时沟通涉及的各责任主体，及时补充和完善相应的信息，形成基于BIM技术的工业化建筑3D协同设计组织架构（图5.3），实现信息的有效共享。

　　BIM技术在工业化钢结构建筑的应用，意味着一种全新的设计模式。利用BIM技术对工业化钢结构建筑构件系统进行设计优化、碰撞检测以及力学性能分析等操作，可以使设计师在设计阶段实时了解项目的构件种类、构件数量以及各专业之间的设计冲突，从而大大降低设计的错误率，提高生产与建造的效率。从整体BIM设计流程可以看出（图5.4），BIM技术的应用涵盖了项目的整个设计过程，包括：方案设计阶段、初步设计阶段、深化设计阶段。

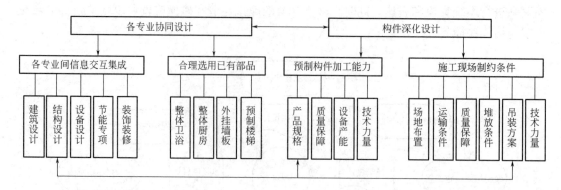

图 5.3　基于 BIM 技术的工业化建筑 3D 协同设计组织架构

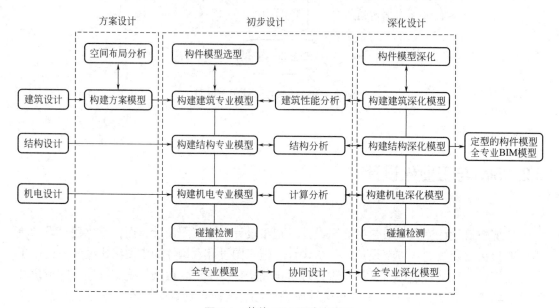

图 5.4　整体 BIM 设计流程图

5.2.1　方案设计阶段

工业化建筑设计的前期策划阶段主要是综合考虑涉及的各种影响因素。应充分考虑工厂加工能力、道路运输条件、现场安装水平、技术人员素质、专业集成程度等，充分协调建设方、设计方、制作方、施工方、设备材料供应方等各方之间的关系，使建筑、结构、设备、装修、节能等专业的集成程度逐步提升。针对具体工程做好前期策划，在方案设计阶段统筹考虑设计、生产、施工等环节涉及的多方面因素，使后续设计能顺利进行。

在钢结构工业化住宅中，基于 BIM 的装配式钢结构住宅建筑设计方法应将标准通用的钢构件统一，形成一个预制构件库，其创建一般可分为：构件分类，构件编码，构件制作、审核与入库和数据库管理四大步骤。入库的钢构件按照常用的装配式结构体系进行分类时，不同结构体系的构件一般不能通用，需要单独进行设计。整个构件分类的过程如图 5.5 所示。

图 5.5　构件的分类过程

5.2.2　初步设计阶段

　　预制构件的信息创建应该以三维模型为基础，然后添加几何信息和非几何信息。之后，审核人员需对构件的信息等逐一进行检查，还需对构件说明进行备注，确保每个预制构件的备注说明具有唯一性。审核通过后，将构件信息上传至预制构件库。

　　在方案设计阶段完成后，依据住户需求深化结构设计，对于钢结构住宅体系，需要进行预制构件的初步设计，设计内容包括构件的拆分、构件单元的深化设计及构配件节点优化设计。预制构件主要包括梁柱及外挂墙板、预制楼板、内隔墙以及阳台、设备栏板等。对于钢结构住宅来说，预制构件的种类和数量决定了预制生产的效率和施工质量。基于BIM模型的可视化优势，对预制构件进行三维观察，其自动生成的构件明细表也方便了方案的修改与构件的调整优化，提高了通用性和标准化特征。通过"族"单元对预制构配件进行拆分及修改管理，标准化族库类型如图5.6所示。

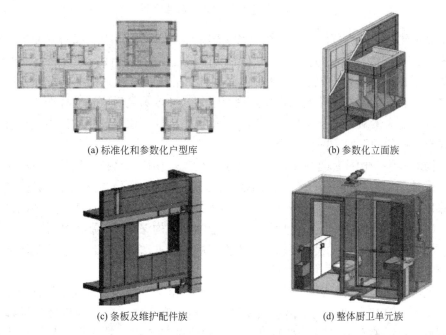

(a) 标准化和参数化户型库　　　　　　　　(b) 参数化立面族

(c) 条板及维护配件族　　　　　　　　(d) 整体厨卫单元族

图 5.6　标准化族库

5.2.3　深化设计阶段

　　采用BIM技术对二次结构进行深化设计，通过三维模型的展示，帮助工人更好地理解设计意图，有助于提高构件生产、安装的效率和准确性。构件拆分是构件加工图深化设计的第一步，通常是在建筑设计的基础上对预制构件进行延伸设计，是对建筑结构图纸的二次深化设计。拆分设计图纸时应按照工程结构特点、受力分析特点进行设计。常规的BIM技术应用过程中因所涉及的软件种类较多，全专业BIM模型数据量庞大，为了设计的便利常常将完整的BIM模型拆分为建筑专业BIM模型、结构专业BIM模型、机电专业BIM模型等，对全专业模型进行碰撞检测时将各专业的BIM模型整合到一起（图5.7）。通过对BIM软件系统的二次开发来优化数据储存模式，植入更强大的建模功能，可实现在结构计算、施工图纸绘制、深化设计、构件生产、施工交底等环节建立一个全流程的BIM模型，并在模型中录入专业信息，就能借助BIM技术的文件输出功能，让BIM软件系统自动生成所需的建筑施工图纸、构件装配图、物料清单、构件的数控加工文件等。

(a) 桥架与设备管路碰撞　　　　　　　　　　　　　　(b) 设备管路间碰撞

图 5.7　基于 BIM 技术的碰撞检测

　　在工业化建筑构件拆分阶段，要综合考虑建筑专业、结构专业、设备专业、装修专业等专业和工作之间的配合，综合分析构件的制作和施工的便利性，进行有目的的构件拆分，避免为了拆分而对构件强拆。"从整体到构件"的传统装配式钢结构设计方法导致构件种类多，不利于装配式建筑的工业化发展。引入BIM技术之后可建立标准化、通用化的预制构件库，能大量减少预制构件的类别，方便预制构件厂依据预制构件库进行自动化生产，有利于工业化的发展（图5.8）。

　　钢结构的零件和构件都是在工厂内进行加工生产，使用BIM技术软件进行详图深化设计，可让设计图纸表达得更清楚，材料采购更合理，确保工厂下料和制作构件的精确度。钢结构深化设计要根据工厂制造条件、现场施工条件，并考虑运输要求、吊装能力和安装因素等，确定合理的构件单元。最后再运用专业的钢结构深化设计制图软件，将构件的整体形式、构件中各零件的尺寸和要求以及零件间的连接方法等，详细地表现到图纸上，以便制造和安装人员查看。

　　在装配式钢结构建筑的深化设计过程中，使用BIM技术可以实现建筑设计信息的开放与共享。运用BIM技术建立一个信息共享平台，在这个平台上各专业设计工程师共同建模、共同修改、共享信息。这个信息共享平台最大的价值在于建筑项目的信息化和协同办理，为参加的各方提供了一个三维规划信息交互的平台，将不同专业的规划模型在同一平台上交互合并，让各方可以进行协同作业。任何一个专业出现设计误差或者设计修改，其他专业均可以及时获取信息，并进行处理（图5.9）。同时，不同专业设计师在同一平台上分工合作，按照一定的标准和原则进行设计，可以大大提高设计精度和效率。针对全部建筑规划周期中的多专业协同规划，各专业将建好的BIM模型导入软件合并，对施工流程进行模拟，展开查看施工问题，然后对问题点仔细剖析，处理因信息不互通形成的各专业矛盾，优化工程规划，在项目施工前预先处理问题，削减不必要的设计变更与返工（图5.10）。

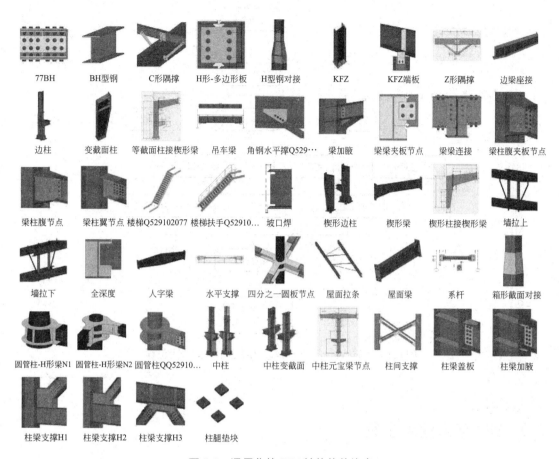

图 5.8　通用化的 BIM 结构构件族库

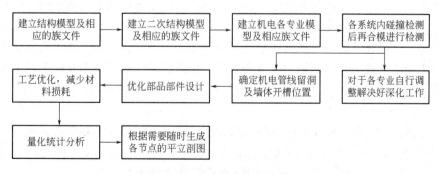

图 5.9　BIM 技术深化流程

　　此外，可以借助BIM技术将结构的设计和施工结合起来，在装配式建筑装配的过程中BIM模型所产生的数据共享与协同是其核心价值。装配式建筑在此过程中以进度管理为主线，以BIM模型为载体，以工厂预制构件为依托，以各相关专业形成的BIM协同详细设计成果为技术支持，将现场装配信息同设计信息和工厂生产信息共享与集成，将现场装配和虚拟装配有效结合，实现项目进度、成本、方案、质量、安全等方面的数字化、精细化和可视化管理，使装配式结构的设计与建造效率得到显著提高。

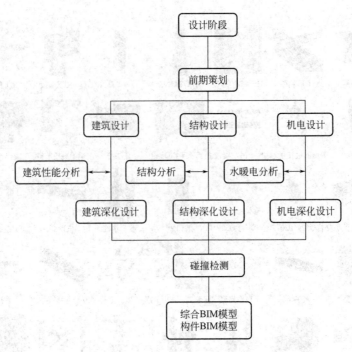

图 5.10   深化设计阶段 BIM 技术平台的常规应用流程

5.3   BIM 与工业化建造

新型建筑工业化在技术发展和生产方式方面的目标是采用数字化信息技术控制下进行智能建造，使大规模成批建造方式向大产量定制建造方式转变，并实行菜单式订购。目前多数构件生产企业在部品部件加工环节仍采用手工加工的形式，加工环节极耗费工时和劳动力。相比现浇方式，其生产效率没有得到质的提升。未来 BIM 技术在构配件生产中的应用点主要是研发基于 BIM 的部品部件，计算机辅助制造（Computer Added Manufacturing，CAM）和工厂加工执行系统（Manufacturing Execution System，MES）通过将构件的 BIM 三维结构数据转换为生产设备需要的 MES 系统数据，然后经过任务计划资源的执行，将 MES 系统数据传输给设备端，并通过 CAM 系统输出设备的一系列自动化；搭建构件信息管理平台，实时追踪物流信息，接入企业 ERP（企业管理系统）系统等。

新型建筑工业化下装配式体系将更多地采用智能建造方式，并对项目管理、安装精度提出更高的要求。目前，BIM 大多应用于堆场管理、施工场地优化布局、构件吊装方案模拟优化、三维可视化模型施工交底等，应用深度较低。未来的应用应该体现在：通过 BIM 技术与 RFID 技术（Radio Frequency Identification，射频识别技术）结合，实现构件的全流程质量管控，以及通过 3D 激光扫描技术与 BIM 结合，进行拼装校验、指导施工流程等，最终达到质量可控、精度提升及进度优化的目的。

5.3.1　BIM技术在构件生产阶段的应用

对于装配式建筑，除了在设计中要满足功能需求、审美要求以及结构安全，更应该充分考虑建筑构件在工厂生产的精准度以及现场安装时构件连接的准确性，以满足结构的刚度及稳定性的要求。利用BIM技术可以实现建筑模型与设计图纸的信息关联，将信息存储在三维模型中，输入参数自动核实，可视化的三维模型也能清晰地看见构件的洞口、槽口以及配筋等情况，确保工作效率和构件制作的精度。因此，装配式钢结构建筑体系不仅需要考虑设计信息，同时还要考虑生产、加工以及施工过程中的大量信息。通过BIM模型对建筑构件的信息化表达，构件可以实现加工级别的精度，同时帮助工人更好地理解设计意图，实现与工厂生产的紧密协同和对接，有助于提高工厂生产的精度和效率。BIM技术在构件生产阶段的应用流程如图5.11所示。

这种利用BIM技术的新型生产模式方便快捷，既能够实现装配式建筑构件的生产与安装过程的信息共享，又可以避免传统仅由图纸传递信息的工作方式存在的问题。该模式以项目进度为主线，以BIM模型信息为载体，提前模拟施工现场装配，做到进一步强化各专业协同、交互优化。建筑师采用BIM进行数字化设计并建立建筑模型，结构工程师配合其模型进行结构设计，同时将结构模型拆分成构件，工厂根据模型中构件的信息进行生产，最后构件送往现场拼接安装。相比于传统的生产模式，这种通过数字化的设计，将设计成果集成到数字化的建筑信息模型中，通过BIM向采购、生产、施工阶段传递数字化信息的方式，使整个建造过程精细化、低碳化和智能化。

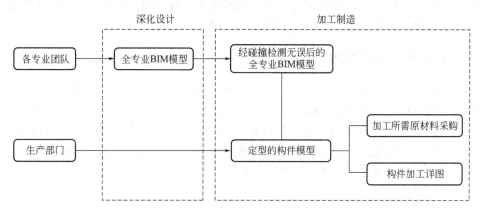

图 5.11　BIM 技术在构件生产阶段的应用流程

5.3.2　BIM在施工阶段的应用

装配式钢结构建筑体系采用装配式施工方式，由于构件系统复杂且数量庞大，容易造成构件的运输与安装工作效率低，施工团队在装配过程中错误率高等问题。在施工阶段，运用BIM技术进行施工图深化、管线综合，同时利用BIM技术平台对全专业建筑信息模型进行施工过程模拟，提前找出施工中可能存在的难点，方便制定切实可行的施工方案，避免因施工安装出现错误而造成的返工。具体应用流程如图5.12所示。

此外，相比于传统建筑，装配式建筑增加了施工工序和技术难度，同时带来了一些新

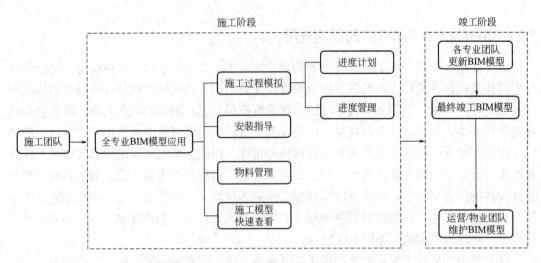

图 5.12　BIM 技术在施工阶段的应用流程

的技术问题，如构件或设备的位置碰撞冲突，工序的冲突等。在数字化建造的大背景下，各专业的协同设计成为行业的发展趋势，各个专业之间，如结构与水暖电等专业之间的碰撞是传统二维设计无法准确预测的，通常都是在具体施工的时候才会发现各种问题，像管线碰撞、施工空间不足等，这时就需要将已经做好的工作返工，不但浪费时间，还会增加成本。采用 BIM 技术可以将整个施工过程直观地呈现出来。

在 BIM 可视化技术的影响下，能够对每一个流水段的情况有十分详尽的了解，包括具体的设计图纸、进度时间、劳动量等，结合 BIM 技术了解到相关内容，将各项工作安排得更加详尽，确保在实际工作展开中更加规范、合理。

5.3.3　节点优化与碰撞检测

采用 BIM 技术的网络协同平台，可实现多专业施工方案在同一模型中模拟（图 5.13），这个模拟过程是以三维模式进行的，并可对节点进行优化，以防止连接节点出现一些不可预见的碰撞问题。以三维 BIM 信息模型代替二维的图纸，解决传统的二维审图中难想象、易遗漏及效率低的问题，将设计图纸之中存在的不足、问题等进行第一时间处理，避免施工中的返工，从而节约成本、缩短工期、保证建筑质量，同时减少建筑材料、水、电等资源的消耗及带来的环境问题。

5.3.4　技术重点难点的预分析

BIM 技术将整个施工过程直观地呈现出来，一些重要施工环节也会得到展现，可比较不同施工计划、工艺方案的可操作性，根据直观效果来决定最终选择的方案。查找问题、模拟建造，并通过 BIM 施工深化模型对项目中的技术重点、难点进行分析研究，从而科学策划，极大程度减少后期在施工过程中的工期延误。采用 BIM 技术的虚拟建造整个过程，可以让项目管理人员在开工前预测项目建造过程中每个关键节点的施工现场布置、大型机械及措施布置方案，还可以预测特定周期内所需的资金、材料、劳动力情况，提前发现问题并进行优化。基于 BIM 的施工模拟和进度跟踪，贯穿于项目整个建造阶段，发挥前期指导施工、过程把控施工、结果校核施工的作用，实现装配式建筑施工精细化管理。

图 5.13　结构与机电设备一体化高效协同

5.3.5　施工工序优化

通过 BIM 技术进行装配阶段的模拟建造，根据模拟和对比，统筹考虑施工流水段的施工工艺，测算不同流水段与施工工艺组合的施工效率及资源投入均衡性，选取最优组合，优化工序，确定最优施工方案。模型在流水段划分的方式下，被划分为能够管理的工作面，在此基础上对具体进度计划、分包合同、图纸等相关信息进行整合，结合装配式施工组织、场地布置、提升设备吊次占用的特点，优化装配工序穿插，合理消化技术间歇，并进行关键部位、关键节点的施工模拟，科学指导、编制施工进度计划，并将此进度总控计划分解到分部分项工程及关键节点，计算各阶段物资消耗情况及大型机械设备需用情况，进一步优化各项资源消耗及场地布置，确保在实际工作展开中更加规范、合理。施工进度模拟管理包括三个方面内容：

（1）项目整体的4D施工进度模拟和展示。根据项目总体施工计划，基于设计模型和施工方案，将场地模型和施工进度计划链接，在可视化BIM平台下进行整体进度模拟。

（2）施工进度监控。根据进度计划控制周期（月度—季度—年度），采用施工模型，根据项目施工计划和实际完成进度，并且通过BIM平台分析建筑模型与施工进度之间复杂的依存关系，进行计划进度和实际进度对比，并给出进度差异报告，可有力地保障工程进度（图5.14）。

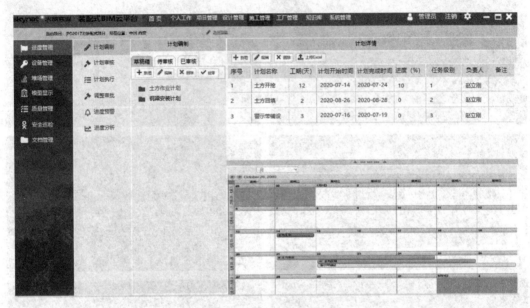

图5.14　BIM施工进度监控

（3）施工成本管理。不同构件的工程量计算规则不同，并且计算过程比较繁琐，传统的方法采用手工计算，然而在来回翻阅图纸和规范的过程中，难免会导致计算结果的错误。将BIM技术应用于施工现场的管理，将模型和进度计划紧密联系在一起，在具体施工的时候，可以结合具体的进度情况、楼层、构件类型等信息来进行多方面考虑，及时了解具体所需工程量，为优化施工技术方案、生产备料等多个环节及时提供准确的工程量，以便于对工程建设过程中的各项信息随时进行查询，并对其进行计算分析，促使管理者可以更好地了解整个工程的进展情况，同时对工程中的成本费用等有更好的掌控。根据实际立体模型进行算量，得出来的工程量数据更加客观、准确。

5.3.6　BIM+RFID技术

装配式建筑与现浇建筑相比，多出了构件的生产制造阶段，预制构件的质量直接影响到整体结构的安全性和可靠性，该需求可通过BIM和RFID（Radio Frequency Identification，射频识别技术）技术的结合应用得到较好的实现。其中RFID技术主要实现信息的快速采集和传递，基于BIM的协同平台则进行信息的汇集和分类，二者紧密结合，可显著提升构件的管控水平，带来可观的经济和社会效益，有着较好的推广前景。同时，通过采集构件设计、生产、检验、运输、装配及运营管理等贯穿全生命周期的信息，可实现预制构件从原材料购置、生产、运输到安装的全过程质量跟踪追溯，打通行业链的信息孤岛，对于行业的健康发展也有着较大的促进作用。

RFID 构成主要包括四个部分：电子标签、阅读器、中间件、软件系统。由于其电子标签和阅读器并不会直接接触，而是以磁场或电磁场耦合来进行相关信息交换，因此其属于一种非接触类技术。在装配式建筑领域，将 RFID 标签植入到预制构件中，通过 BIM 平台进行管理，可以较大提升构件管控水平。

由于装配式建筑构件不需要在现场制作，可将其施工管理分为：制作、运输、入场、存储及吊装五个过程，分别根据施工各个环节的特点与内容，将 BIM 与 RFID 技术相结合，运用在装配式建筑施工管理过程中。将施工过程中的信息录入到基于 BIM-RFID 技术的施工管理系统中进行储存及处理，以便随时提取所需信息。

1. 构件制作

在构件生产制造阶段，将 RFID 标签置入构件中，该阶段预制厂工作人员借助 PDA（Personal Digital Assistant，手持终端设备），将装配式构件的相关信息导入芯片，并进行编码，将其放入体系内，采用 RFID 技术将构件包含的信息传递给构件生产商，使其明确制作方案以及标准。

RFID 标签的编码，具有唯一性和可扩展性，可保证组件单元有唯一的代码标识符对应，在确保施工管理过程中信息准确的情况下，还必须考虑可能会出现的其他属性信息，并保留一定的扩展区域。

2. 构件运输

RFID 技术的使用可以帮助实现零库存，按照施工现场的实时进程，把信息快速反馈给组件制造厂，优化组件的生产计划，减少窝工现象。

在生产和运输规划中，应考虑三个主要问题：首先，根据部件的尺寸规划运输时间，做好运输大部件的准备；其次，根据存储区域的位置规划组件的运输路线；最后，根据施工顺序规划部件的运输顺序。通过 BIM 模拟构件安放位置，模拟分配运输车次和运输路线，并且根据施工进度计划模拟构件的运输顺序，寻找最佳运输路线，而将 RFID 技术应用于建筑构件的运输中，又可以了解车辆的实时运输情况及路况，两者结合使运输高效且及时。

3. 构件入场及储存

RFID 技术广泛运用于射频门禁中，同样可以运用在装配式建筑中。运输构件的车辆进入现场后，门禁系统中的 PDA 接收到运输车辆入场信息，即刻通知相关人员进行入场检验及现场验收，进场车辆通过验收合格之后方可进场，并按照规定运输到指定位置堆放，PDA 把构件相关信息录入到 BIM 中，可以做到施工区域与模型对点放置，有效地避免二次搬运。在构件储存方面，运用 BIM-RFID 技术对暂时堆放的构件进行日常养护、监控和定位管理，构件信息储存在系统中，并与项目进度进行关联，保证在需要进行安装时能够准确、快速获得目标构件位置及相关信息，对设备使用情况进行动态管理，为后期施工检查与使用提供便利。

4. 构件吊装

将 BIM 与 RFID 技术结合，可以准确获得施工及零部件的相关信息，并且可以加快传递速度，减少手动输入信息可能导致的错误，例如检查构件时，不需要人工干预，直接设置固定的RFID阅读器，只要运输车辆的速度符合要求，就可以收集数据。如果仅使用BIM模型，只是通过手动输入信息，不仅容易出错，还不利于及时传递信息；如果仅使用RFID技术，则只能从数据库里查看构件信息，利用二维绘图的方式执行抽象想象，再由个体主观判断。BIM的可视化与RFID的信息储存相结合，既有利于信息的及时传递，又可以以三维的效果看到施工状况，提高施工准确度，缩短施工工期。

通过可视化BIM平台+RFID+物联网等信息技术的结合，我们可实现对预制构件从出厂到安装的全过程管控（图5.15）。

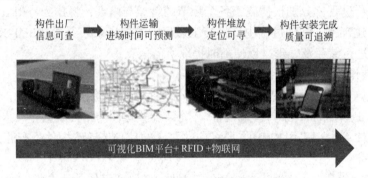

图5.15   BIM协同平台构件信息管控

5.3.7   BIM-MES系统集成创新技术

装配式建筑生产基地在进行构件生产时，可以通过BIM模型信息建立构件的生产信息，并结合MES系统对生产计划排产管理、生产过程工序与进度控制、生产数据采集集成分析与管理、模具工具工装管理、设备运维管理、物料管理、采购管理、质量管理、成本管理、成品库存管理、物流管理、条形码管理、人力资源管理等模块进行协同管理（图5.16）。

基于BIM信息的工厂生产管理系统在构件生产过程中可实现下述多种模块信息管理：

（1）生产计划排产管理：通过BIM信息的工厂生产管理系统，明确构件信息（项目信息、构件型号、数量等），项目现场吊装计划（吊装时间、吊装顺序），产量排产负荷，进一步确定不同构件的模具套数，人力及产业工人配置，生产日期等信息。

（2）生产调度管理：依据ALLPLAN提供的模型数据信息及排产计划，细化每天所需的不同构件生产量，混凝土浇筑量，钢板加工量，物料供应量，工人班组，同一模台不同构件的优化布置，依据构件吊装顺序排布构件生产计划，任一时期不同构件产量均需大于现场装配量。

（3）构件堆场管理：通过构件编码信息，关联不同类型构件的产能及现场需求，自动化排布构件产品存储计划，三维可视化界面展示堆场空间、产品类型及数量，通过构件编码及扫描快速确定所需构件的具体位置。

（4）物流运输管理：信息关联现场构件装配计划及需求，排布详细运输计划（具体车辆，运输产品及数量，运输时间，运输人，到达时间等信息）；关联构件装配顺序，确定构件装车次序，整体配送。

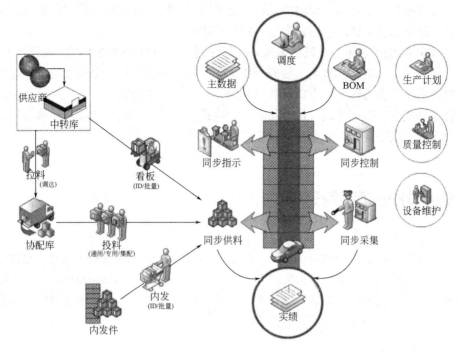

图 5.16　BIM-MES 集成系统

（5）材料库存及采购管理：实时记录构件生产过程中物料消耗，关联构件排产信息，库存量数据化实时显示，通过分析物料所需量，对比物料库存及需求量，确定采购量，自动化生成采购报表，适时提醒；依据供应商数据库，确定优质供应商。

（6）供应商/分包商的集成化管理：供应商/分包商（委托加工方、物料方、配套机具工装供应方等）依据深化设计模型的技术性协同，物料工具的集成化配套供应；依据构件三维深化设计模型，建立与构件编号相对应的物料及清单（匹配相应供应商/分包商）、物料配套集成供应时间（依据生产工艺工序，配套物料工种及数量）。

（7）设备运维管理：工艺设备运行的负荷效能状况（满荷/正常/低荷），设备耗能实时监控，设备运行状态的自动排查，维修信息记录，设备运行三维可视化、远程监控。

（8）产品质量管理：原材料性能参数信息实时录入，构件加工的工序信息实时采集录入（尺寸精度、预埋件位置等），构件成品质检信息存储，实现产品质量信息可追溯管理。

（9）财务管理：动态成本管理、管理人员成本及产业工人成本、相关材料费用成本、模具成本、加工器具成本、构件运输成本、设备运维（包括耗电、耗能等）成本、税金等其他费用与构件生产信息实时关联。

（10）人力资源管理：人事管理、考勤管理、薪酬管理、绩效管理、培训认证及晋级管理；依据排产计划和构件生产标准工效，自动预估人力资源配置信息（班组种类、工种及工人数量、工人技能状况、工时）。

（11）生产全过程信息实时采集：实时监控生产过程，并采集各个生产工序加工信息（工序时间、作业顺序、过程质量等）、构件库存信息、运输信息。信息汇总分析以供再优化及管理决策。

（12）生产报告：各个阶段产能评价，不同项目的构件在设计、深化设计、生产条件、在生产、已有库存、已运输、运输至现场、已吊装等不同的状态用不同颜色显示，原材料消耗清单、商务成本价格，达到整个工厂最佳产能状态。

研发以BIM-MES系统为基础的装配式建筑全过程信息化管理技术可实现设计、加工、装配一体化，建筑、结构、机电、装修一体化。同时，全过程技术集成及协同，可实现全产业链的技术集成和协同、各方信息共享共用、上下游高度协同一致。从而，在全产业链上节省资源和成本、缩短工期、提升品质，并推进精益建造。推行装配式建筑与信息化的高度融合是国家战略要求，亦是建筑行业的发展趋势。

5.4　BIM与EPC工程管理模式

装配式建筑全产业链的建造活动是一项复杂的系统工程，需要系统化的工程管理模式与之相匹配。EPC工程总承包（EPC, Engineering-Procurement- Construction）是国际上通行的一种建设项目组织实施方式，在装配式建筑项目上，大力推行工程总承包，既是政策措施的明确要求，也是行业发展的必然方向。

5.4.1　EPC的定义

EPC即设计、采购和建造全过程承包，是工程管理的一种模式——工程建设总承包模式，又被称为交钥匙工程。EPC工程总承包商一般由一家单位或者一个联合体组成，根据与建设方（业主）签订的合同进行勘测、设计、采购、施工、调试安装直到交付的全过程或者其中几个阶段的承包，基本内容见表5.1。

EPC 项目的基本内容　　　　　　　　　　　　　　表 5.1

设计（E）	采购（P）	施工（C）
总体方案		工程施工
实施组织	材料	调试安装
协调设计	设备	HSE
图纸设计		试运行

从上表可以看出，设计工作主要包含了项目的总体方案、实施组织、协调设计与图纸设计等；采购工作主要包含建设过程中材料、设备机械的采购以及建设完成后试运行的相关材料、设备机械等；施工工作主要包含工程施工、安装调试、现场管理和试运行等。

5.4.2　EPC模式与传统模式的比较

传统的项目建设模式主要以设计–招标–施工（DB）模式为主（表5.2）。在这样的模式下，建设单位是整个项目的核心，建设单位将项目任务发包给参建单位，每个参建单位与建设单位签订合同，参建单位只向建设单位负责。当建设单位将主体工程、装饰工程、安装工程等全部委托给一家单位时，这样的模式称为施工总承包模式，如果建设单位将上述几项工程分别发包给几家单位时，称为施工平行发包模式。在传统模式下实际的项目建设流程是建设单位委托勘探单位进行地勘，然后将地勘报告交给建设单位，建设单位对设计单位进行招标，中标的设计单位根据建设方要求和地勘报告、城市规划情况等进行设计，最后将设计图纸交回建设方，建设单位根据设计图纸进行采购工作，同时对施工单位进行招标，最终由中标的施工单位进行施工。

DB 模式和 EPC 模式对比　　　　　　　　　　　　　　　　　　　　表 5.2

对比要素	DB 模式	EPC 模式
主要特点	设计、采购、施工交由不同的承包商承担，按顺序进行	EPC 总承包商承担设计、采购和施工任务，有序交叉进行
适用情况	①适用于住宅等比较常见的工程；②适用于通用型的工业工程项目；③适用于标准建筑	①适用于规模比较大的工业投资项目；②适用于采购工作量大、周期长的项目；③适用于专业技术要求高、管理难度大的项目
合同情况	勘测、设计、采购、施工与建设方分别签订合同	建设方只与 EPC 总承包商签订合同
招标形式	主要采用公开招标	采用邀请招标或议标、公开招标
设计的主导作用	难以充分发挥	能充分发挥
设计、采购、施工之间的协调	由业主协调，属于外部协调	由总承包商协调，属于内部协调
工程总成本	比 EPC 模式高	比传统模式低
设备采购和安装费/总成本	所占比例较低	所占比例较高
设计和施工进度控制	协调和控制难度大	能实现深度交叉
投资效益	比 EPC 模式差	比传统模式好
风险承担方式	业主和承包商共同承担风险	主要由承包商承担风险
业主方参与项目管理深度	参与较深	参与较浅
承包商的利润空间	相对于 EPC 模式较小	相对于传统模式较大

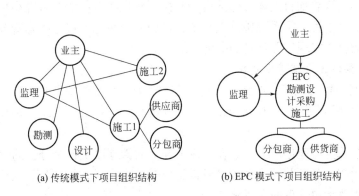

(a) 传统模式下项目组织结构　　　(b) EPC 模式下项目组织结构

图 5.17　传统项目与 EPC 项目组织结构的对比

　　与传统的项目管理模式相比，EPC 总承包模式能够清晰划分机构职责、简化各单位间的关系、优化配置人力资源。图 5.17（a）为传统管理模式下项目直接参与方之间的关系图，从图中可以看出，业主与多个参与者之间都有联系，而其他参与者之间并没有直接的合同关系，只是协作关系，这就使得业主的协调工作量巨大，同时其他各方之间的纠纷在所难免，对工程的进度及费用控制等造成极大的不良影响。而在EPC总承包管理模式中，业主将工程总体发包给一个EPC总包商，再聘请监理单位对工程建设进行监控如图5.17（b）所示。该模式中各方权责清晰、风险明确，组织机构完善，能够更加有效应对工程中的问题。

尤其在装配式建筑中，对设计、构件制作和施工间的数字化数据传输要求较高。因此，各专业、各流程之间的沟通、衔接是否通畅将影响整个工程的顺利实施。EPC模式下，各阶段、各参建方的协调工作将成为总承包单位内部的协调，这将有利于信息的共享及工作的协调、连接。

5.4.3　装配式建筑项目采用EPC模式的优势

装配式建筑项目具有"设计标准化、生产工厂化、施工装配化、主体机电装修一体化、全过程管理信息化"的特征，唯有推行EPC模式，才能将工程建设的全过程联结为完整的一体化产业链，全面发挥装配式建筑的建造优势。具体体现在：

1. 有利于实现工程建造组织化

EPC模式是推进装配式建筑一体化、全过程、系统性管理的重要途径和手段。有别于以往的传统管理模式，EPC模式可以整合产业链上下游的分工，将工程建设的全过程联结为一体化的完整产业链，实现生产关系与生产力相适应、技术体系与管理模式相适应、全产业链上资源优化配置、整体成本最低化，进而解决工程建设切块分割、碎片化管理的问题。

装配式建筑项目推行EPC模式，投资建设方只需集中精力完成项目的预期目标、功能策划和交付标准，设计、制造、装配、采购等工程实施工作则全部交由EPC工程总承包方完成。总承包方对工程质量、安全、进度、造价负总责，责任明确、目标清晰。总承包方围绕工程建造的整体目标，以设计为主导，全面统筹制造和装配环节，系统配置资源（人力、物力、资金等）；工程项目参与方均在工程总承包方的统筹协调下处于各自管理系统的主体地位，均围绕着项目整体目标的管理和协调实现各自系统的管理小目标，局部服从全局、阶段服从全过程、子系统服从大系统，进而实现在总承包方统筹管理下的工程建设参与方的高度融合，实现工程建设的高度组织化。

2. 有利于实现工程建造系统化

装配式建筑一般由建筑、结构、机电、装修4个子系统组成，这4个子系统各自既是一个完整独立存在的系统，又共同构成一个更大的系统。每个子系统是装配式，整个大系统也是装配式。

EPC工程总承包管理是一个大系统，各个环节的管理以及各个分包的管理都属于这个大系统下的子系统，各环节的子系统又可再细分若干个小子系统。各子系统的管理子目标构成了整个工程总承包管理的大目标。

EPC中的"Engineering"不仅是具体的设计，还包括对总体技术和管理策划、工程组织策划、资源需求策划等整个项目建设工程内容的系统性分析，通过对建筑、结构、机电、装修在设计、制造、装配中多个环节的系统性考虑，制定一体化的设计、制造和装配方案。

EPC模式的优势在于系统性的管理。在产品的设计阶段，就统筹分析建筑、结构、机电、装修各子系统的制造和装配环节，各阶段、各专业技术和管理信息前置化，进行全过程系统性策划，设计出模数化协调、标准化接口、精细化预留的系统性装配式建筑产品，满足一体化、系统化的设计、制造、装配要求，实现规模化制造和高效精益化装配，发挥装配式建筑的综合优势。

EPC 模式突破了以往设计方制定设计方案→生产制造方依据设计方案制定制造方案→工程装配方依据设计方案制定装配方案，导致设计、加工、装配难以协同的瓶颈，通过全过程多专业的技术策划与优化，结合装配式建筑的工业化生产方式特点，以标准化设计为准则，实现产品标准化、制造工艺标准化、装配工艺标准化、配套工装系统标准化、管理流程标准化，系统化集成设计、加工和装配技术，一体化制定设计、加工和装配方案，实现设计-加工-装配一体化。设计的产品便于工厂规模化制造和现场高效精细化装配，便于发挥装配式建筑的优势。

3. 有利于实现工程建造精益化

EPC 模式下，工程总承包方对工程质量、安全、进度、效益负总责，在管理机制上保障了质量、安全管理体系的全覆盖和各方主体质量、安全责任的严格落实。

EPC 工程总承包管理的组织化、系统化特征，保证了建筑、结构、机电、装修的一体化和设计、制造、装配的一体化，一体化的质量和安全控制体系，保证了制定体系的严谨性和质量安全责任的可追溯性。一体化的技术体系和管理体系也避免了工程建设过程中的"错漏碰缺"，有助于实现精益化、精细化作业。

EPC 模式下的装配式建造，设计阶段就系统考虑制造、装配的流程和质量控制点。制造、装配过程中支撑、吊装等细节，从设计伊始即作为规避质量和安全的风险点；通过工厂化的制造和现场机械化的作业，来大幅替代人工手工作业，大大提高了制造、装配品质，减少并规避了由于人工技能的差异所带来的作业质量差异，以及由此产生的离散性过大，导致质量下降和出现安全隐患的问题，从而全面提升工程质量、确保安全生产。

4. 有利于降低工程建造成本

工程材料成本在项目的成本构成中占有很大的比例，因此，在项目采购环节，如何降低成本具有十分重要的意义。EPC 模式下，设计、制造、装配、采购几个环节合理交叉、深度融合。EPC 模式中的"Procurement"不仅是为项目投入建造所需的系列材料、部品采购、分包商采购等等，还包括社会化大生产下的社会资源整合，系统性地分析工程项目建造资源需求。在设计阶段就可以确定工程项目建造全过程中物料、部品部件和分包供应商。随着深化设计的不断推进和技术策划的深入，可以更加精准地确定不同阶段的采购内容和采购数量等。由分批、分次、临时性、无序性的采购转变为精准化、规模化的集中采购，从而实现分包商或材料商的合理化、规模化的有序生产，减少应急性集中生产成本、物料库存成本以及相关的间接成本，从而降低工程项目整体物料资源的采购成本。

EPC 模式可以充分发挥设计主导和技术总体策划优势，在设计方案中充分考虑材料部品的性价比，优先使用当地材料；工程实施过程中控制造价成本，通过设计优化，在满足建筑产品的良好性能要求的同时，最大限度地节约资源；通过精益设计，达到设计少变更甚至零变更，减少甚至避免由于返工造成的资源浪费，从而最大限度地节约成本。

总承包方在 EPC 模式下，可统一协调把控，将各参建方的目标统一到项目整体目标中，以整体成本最低为目标，优化配置各方资源，实现设计、制造、装配资源的有效整合和节省，从而降低成本。避免了以往传统管理模式下，设计方、制造方、装配方各自利益诉求不同，都以各自利益最大化为目标，没有站在工程整体效益角度去履行合同，导致工程整体成本增加、效益降低的弊端。

EPC模式下，工业化建造将实现精细化、专业化分工和规模化、社会化的大生产，各种材料、部品的成本将趋于合理、透明，并限定在合理的市场化范围内。龙头企业与相关部品部件生产企业、分包企业间的长期战略性合作，将会进一步减少采购成本。这些都将有利于市场化发展，从而进一步降低材料、部品部件的成本。

装配式的建造将实现人工的显著节约，无论是管理团队的有效整合还是产业工人的减少，都将进一步降低建造过程中的人工成本和间接成本。

5. 有利于提高工程建造效率

EPC模式下，设计、制造、装配、采购的不同环节形成合理穿插、深度融合，实现由原来设计方案确定后才开始启动采购方案，开始制定制造方案、制定装配方案的线性工作顺序转变为叠加型、融合型作业，经过总体策划，在设计阶段就开始制定采购方案、生产方案、装配方案等，使得后续工作前置交融，进而大幅节约工期。

EPC模式下，原来传统的现场施工分成工厂制造和现场装配两个板块，可以实现由原来同一现场空间的交叉性流水作业，转变成工厂和现场两个空间的部分同步作业和流水式装配作业，缩短了整体建造时间。同时，通过精细化的策划，工厂机械化、自动化的作业，以及现场的高效化装配，可以大大提高生产和装配的效率，进而大大节省整体工期。

EPC模式下，各方工作均在统一的管控体系内开展，信息集中共享，规避了沟通不流畅的问题，减少了沟通协调工作的时间，从而节约工期。

6. 有利于实现技术集成应用和创新

装配式建筑是一个有机的整体，其技术体系需要设计、制造、装配的技术集成、协同和融合，唯有技术体系的落地应用才能形成生产力，发挥出装配式建筑的整体优势。

EPC模式有利于建筑、结构、机电、装修一体化，设计、制造、装配一体化，从而实现装配式建筑的技术集成，可以以整体项目的效益为目标需求，明确集成技术研发方向。避免只从局部某一环节研究单一技术（如设计只研究设计技术、生产只研究加工技术、现场只研究装配技术），难以落地、难以发挥优势的问题。要创新全体系化的技术集成，更加便于技术体系落地，形成生产力。发挥技术体系优势，并在EPC工程总承包管理实践过程中不断优化提升技术体系的先进性、系统性和科学性，实现技术与管理创新相辅相成的协同发展，从而提高建造效益。

7. 有利于全过程信息化应用

BIM技术的优势在于对装配式建筑全过程的海量信息进行系统集成，便于"各参与方"的应用，对装配式建筑建设全过程进行指导和服务。其应用的前提条件，就是要在统一的信息管理平台上，集成各专业软件，标准化接口，保证信息共享，实现协同工作。EPC模式可以很好地发挥BIM技术的全过程应用信息共享优势，提升品质和效益。在EPC模式下，各参与方形成一个统一的有机整体，设计各专业之间，制造、装配各专业之间，设计与制造、装配之间数据信息共享，协同进行设计和管理。EPC模式利于建立企业级装配式建筑设计、制造、装配一体化的信息化管理平台，形成对装配式建筑一体化发展的支撑。实现建筑业信息化与工业化的深度融合，深入推进信息化技术在装配式建筑中的应用。

5.4.4　BIM技术在EPC模式中的应用

EPC强调设计、采购、施工、试运营等一体化管理，强调设计在整个工程建设的主导作用，解决了传统项目发包模式中各个环节的脱节和利益矛盾。BIM作为项目全生命周期管理的信息技术手段必将成为EPC发展的强有力的技术保证，在EPC工程总承包管理模式下，借助BIM等信息化技术将各环节、各专业、各参与方的信息屏障打通，进而推进EPC项目管理更好地运行。因此我们需要建立装配式建筑BIM-ECP相结合的信息化管理平台，实现设计、制造、装配、运输、装配系统协同的全过程的5D-BIM信息化装配管理。

采用EPC模式推进装配式建筑的发展，对工程总承包企业提出了挑战，要求其必须在强化技术创新的基础上，注重管理创新，充分发挥总承包企业的集成管理优势。由于装配式建筑参与方较多，采用BIM协同管理平台系统，可有效地提高各方配合效率。做到四个协同：设计协同、深化协同、加工协同、施工协同。实现项目全生命周期管理，同时通过BIM4D、BIM5D、进度填报及成本预算等实现对工程建设成本过程的管控（图5.18）。

图5.18　BIM协同化管理平台

1. 设计协同管理

基于BIM技术全过程协同设计，EPC工程总承包管理模式下，BIM的三维可视化、专业协同设计将更有效地发挥其技术优势，利于通过BIM模型虚拟建筑、结构、机电、装修各专业的系统集成，利于通过BIM模型虚拟构件制造和装配环节，设计出利于工厂制造、现场装配的设计产品，实现全过程一体化设计（图5.19）。

此外，在EPC模式下，基于"装配式结构体系"的标准化构件族库（图5.20），将由原来的构件部品族库，进一步向制造、装配环节创新扩展，族库包括与各个构件模型相对应的生产模具族库，与构件模型相对应的吊钩吊具、支撑架体等工装系统族库，从而保证标准构件集成相应的生产、装配信息，实现BIM设计应用已有标准化族库快速组装模型，且易于构件工厂生产和现场装配，实现基于BIM模型的设计信息、加工信息、装配信息一体化。

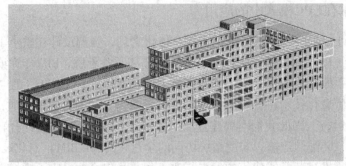

(a) 建筑专业BIM模型

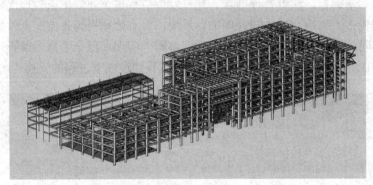

(b) 结构专业BIM模型

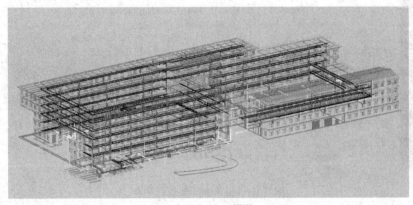

(c) 机电专业BIM模型

图 5.19　各专业 BIM 深化模型

2. 生产建设管理

EPC模式下，在总承包方的统一协调把控下，将各参建方的目标统一到项目整体目标中，以整体成本最低为目标，避免了以往传统管理模式下，设计方、制造方、装配方各自利益诉求不同，都以各自利益最大化为目标，没有站在工程整体效益角度去履行合同，导致工程整体成本增加、效益降低。在EPC模式下，设计、制造、运输、装配系统协同，可实现通过BIM模型，融合无线射频、物联网等信息技术，实现构件产品在装配过程中充分共享装配式建筑产品的设计信息、生产信息和运输信息等，实时动态调整，制定科学完善、技术先进、快速经济的装配优化方案。例如：

板钢筋工具	板梁刚接	半径轴线	布置点	布置线	船用梯子	对穿钢棒	多种筋尺寸的钢筋混凝土构件	管-鞍座+孔
管-长孔	管-横向鞍座	管-斜向鞍座+孔	管折角	夹心墙窗口	夹心墙垂直接合	夹心墙和双墙	夹心墙水平接合	接合涂抹器
封口板+垂直节点板	开孔	开孔框架	梁柱刚接	楼板工具	内隔板	墙扶手	倾斜板排水孔	预应力索模式
中空吊环	中空开孔工具							

图 5.20　BIM 标准化族库的建立

（1）不同施工阶段的劳务班组组长可以扫描材料上的二维码查看材料信息和使用部位，指导施工工人将材料运输至准确地点，防止相似材料使用错误。管理人员使用手机、平板电脑等设备现场对劳务班组组长进行复杂部位的施工要点讲解，避免在施工阶段发生错、缺、漏等问题（图5.21、图5.22）。

图 5.21　BIM 协同平台在施工管理中的应用（一）

（2）各个项目的参建方在现场发现问题，可以使用手机或平板电脑上传至BIM协同平台，对应的单位可同时对发现的问题提出整改措施和意见，使工程施工过程中的情况公开、透明，保证各参建方信息的对称性和信息传递的及时性。

（3）管理人员通过BIM协同平台使用相关插件将涉及的机械设备编号录入，设置定时维护维修提醒，并记录机械设备与施工现场运行状况，防止因设备问题造成的安全事故，保证机械设备按时保养，同时也成为对各个分包商考核的依据（图5.23）。

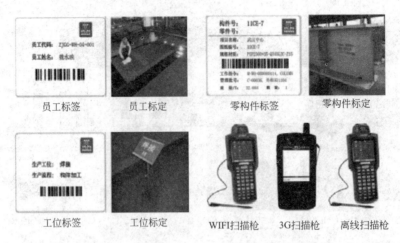

员工标签　　　　员工标定　　　　零构件标签　　　零构件标定

工位标签　　　　工位标定　　　WIFI扫描枪　　3G扫描枪　　离线扫描枪

图 5.22　BIM 协同平台在施工管理中的应用（二）

图 5.23　BIM 协同平台在施工管理中的应用（三）

在施工图、加工图确认、下料加工、运输及现场堆放、吊装、现浇区域施工等阶段，装配式建筑与普通建筑相比，参建单位更多，流程也更为复杂。在特定时间内需要管理好各单位各阶段的工作，采用BIM协同平台管理系统与传统的Project、Excel等相比，该时间进度是动态的，随着每个单位相关技术文件的提交、修改、确认后，即会实时更新并可在页面中直接浏览。

此外，EPC总承包项目的部分工作是不断重复进行的，项目管理团队可以将这些重复性的工作运用BIM协同平台交给计算机处理，确保准确性。比如迅速提取各阶段所用材料用量，确保现场施工制定准确的材料计划，应用不同软件计算施工材料用量，进行多算对比，达到更为精准的工程成本预控等。

5.5 装配式建筑的 BIM 信息化协同管理平台

　　在传统的建筑协同模式中，各专业图纸单独绘制 CAD 平面图，通过邮件及电话对图纸问题进行沟通和提资，并由现场施工单位分别查阅各专业图纸，进行现场处理。由于装配式建筑的构件是工厂预制生产的，当遇到"撞车"或"遗漏"等问题时，很难补救，会造成大量人力、物力、财力的浪费，也使得施工进度计划无法准确控制。因此，把部件设计、生产加工、施工模拟等都安排在前期，通过计算机技术和协同管理平台进行信息的汇总，部件生产也都安排在工厂车间中一体化完成，这样才能体现装配式建筑优势。然而，传统的 BIM 技术在设计、深化、生产、施工模型的深度上会有不同，采取逐级深化的作业方式。此外，BIM 应用管理系统均采用商业软件的方式，将相关功能需求整合在软件中。但装配式建筑需要多单位协同，建模工作量巨大。针对该问题，开发装配式建筑的 BIM 信息化协同管理平台，真正做到标准化设计、生产，协同化安装，降低成本和提高质量。

　　BIM 信息化协同管理平台是一个基于建筑全生命周期的协同工作平台。该协同管理平台可以把项目周期中各个参与方集成在一个统一的工作平台上实现信息的集中存储与访问，从而缩短项目周期，增强信息的准确性和及时性，提高各参与方协同工作的效率。通过该协同平台，可实现多专业设计协同、深化设计协同、加工协同、施工协同，实现工业化和智能化、信息化建造及项目全生命周期管理。此外，还可以通过 BIM 信息化协同管理平台与企业资源管理系统相结合，建立一个工程项目的数据中心，集合 BIM 设计、生产、装配信息的运算服务支持，并设置若干前端进行工厂和项目现场的数据采集。实现大后台、小前端和云平台模式，实现协同办公（图 5.24）。

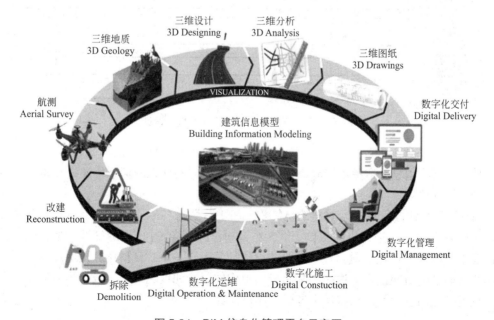

图 5.24 BIM 信息化管理平台示意图

1. 管理平台主要作用

（1）制定信息交互标准。

全过程数据化管理涉及设计、生产、装配各个阶段和建筑、结构、机电、装修等各个专业。各阶段和各专业都有不同的专业软件，为了保证信息的有效无损传递，必须制定统一的信息交互标准。

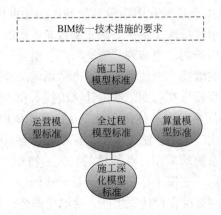

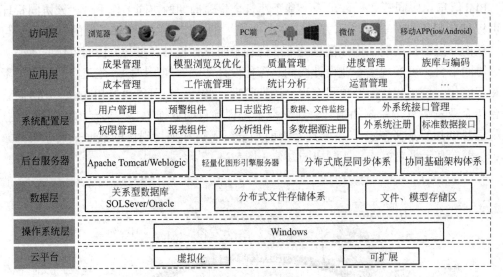

图 5.25　BIM 信息化管理平台的接口设计

同一信息平台下，按照统一信息交互标准，实现信息化平台接口联通不同专业软件，有效传递和共享信息，避免不同软件由于交互标准不同而导致的信息传递失真（图 5.25）。

（2）设计协同。

BIM 信息化协同管理平台对建筑、结构、机电、装修各专业的信息系统进行集成，各专业可以基于该平台进行协同工作（图 5.26）。所有信息通过统一的三维模型传递，问题通过三维数据模型直观呈现，各个专业的设计师基于同一个 BIM 模型数据库完成一系列的操作，从而达到协同设计。通过 BIM 模型虚拟构件制造和装配环节，设计出有利于工厂制造、现场装配的设计产品，实现全过程一体化设计。

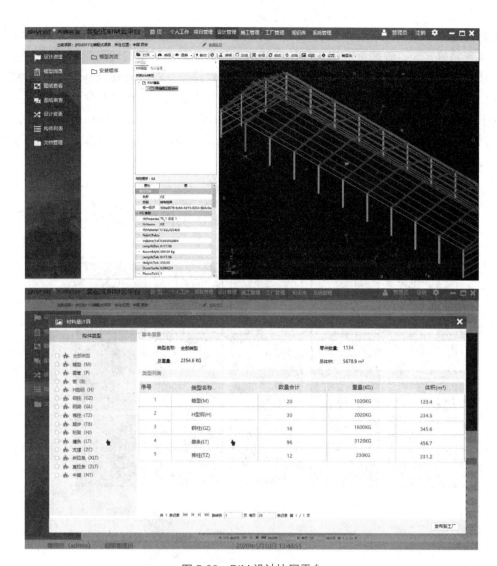

图 5.26　BIM 设计协同平台

（3）深化协同。

由于钢结构装配式建筑涉及多种部品资源，各部品商在虚拟营造的过程中，基于BIM
模型的在线协同变得非常重要。在设计阶段，利用基于建筑、结构和机电系统的协同解决
系统矛盾；在部品深化阶段，各部品生产商如能在同一模型上在线实时进行部品深化、协
调工艺和构造方式，可以大大降低工厂制造和现场装配错误的风险；在虚拟建造阶段，需
要建立各种施工工具、场地布置、安全模型等，也能模拟施工建造过程。预制构件的深
化设计由施工单位各专业配合后出图，并在BIM信息化协同管理平台系统中进行深化图审
定，然后提供给厂家进行生产、加工、装配等环节对接，且在系统内交付设计单位及业主
单位进行审核确认。项目各方可以使用信息化协同管理平台进行统一的信息交流与分享，
实现多方同台工作的模式，从而保证了图纸与信息之间的协调性与一致性。

（4）加工协同。

部品生产与建造的不协同，会给建筑的装配阶段带来较多问题。建造阶段的冲突必然带来设计返工，既降低了设计效率，又拉长了建设周期；建筑信息的缺失会导致部品部件无法实现精确定位，在装配时出现部品部件遗失和部品部件装错的情况，不利于装配式建筑的协同建造。因此，通过BIM信息化协同管理平台使预制装配式建筑部件计算机辅助加工（CAM）技术同构件生产信息化管理系统（MES）相结合，实现BIM信息直接导入工厂中央控制室，与加工设备对接，实现设备的自动化生产，设计信息与加工信息共享，实现设计与制造的协同，无需二次信息录入，通过信息化技术实现设计–加工一体化的协同（图5.27）。

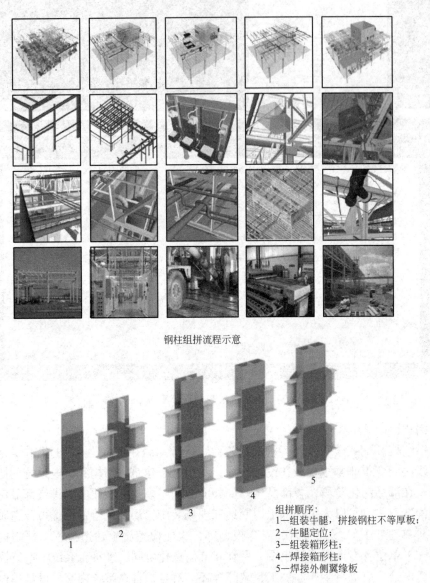

图 5.27　BIM 设计–加工一体化协同平台

（5）施工协同。

通过BIM信息化协同管理平台，融合无线射频、物联网等信息技术，实现构件产品在装配过程中充分共享装配式建筑产品的设计信息、生产信息和运输信息等，实时动态调整，制定科学完善、技术先进、快速经济的装配优化方案（图5.28）。

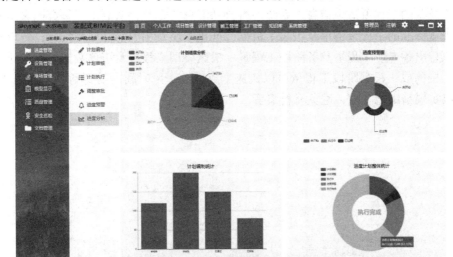

图 5.28　BIM 施工协同平台

2. 管理平台主要架构

（1）装配式建筑设计和深化的协同管理模块。主要包括装配式建筑相关标准的制定和贯入，如CAD、BIM制图建模标准、建筑设计标准、结构设计标准、钢结构、围护系统深化设计标准等协同设计管理标准。具体功能模块包括文档、模型管理、BIM和CAD协同设计；标准化管理、族库管理；办公和合同管理；模型轻量化浏览及二维、三维联动；工作流程和变更管理。

（2）装配式多工厂协同管理模块。主要包括材料管理：材料的预测、订货、入库，采购进度管理、库存及损耗预测等；加工管理：构件的加工进度管理、构件编码管理、质检管理、生产工艺管理；运输管理：构件扫码出厂管理、路线信息与定位管理、运输车辆信息与维护管理；分包商的相关管理。

（3）装配式建筑施工进度管理模块。主要包括：基于BIM模型的全过程施工安装构件管理及动态预警；堆场管理系统；部品构件的收货管理、与安装预测到货构件的动态匹配度管理；现场质量与安全管理；施工现场管理。

（4）装配式建筑的成本管理模块。主要包括：系统对标准化模型进行轻量化，自动提取标准化模型的工程量清单信息，系统进行自动汇总与归并，从而生成符合国家工程量清单计价规范标准的工程量清单及报表；根据标准化模块及相关构件属性信息，可以快速地统计与汇总出各专业工程量及各阶段工程量；根据模型工程量及清单数据可以快速分析出人、材、机构成，根据阶段工程量可以快速生成后续一段时间内的材料计划、预支计划，从而可以实现精细化管控，避免材料浪费。

参考文献

［1］司纪伟，张东健，刘金鑫，等．钢结构住宅中常用楼板体系及优缺点分析［J］．建筑技术，2018，49（S1）：249-252.

［2］李文斌，杨强跃，钱磊．钢筋桁架楼承板在钢结构建筑中的应用［J］．施工技术，2006（12）：105-107.

［3］浦华勇，孔祥忠，樊则森，等．国内钢结构装配式被动房设计实践［J］．建设科技，2018（13）：42-47.

［4］樊骅．信息化技术在预制装配式建筑中的应用［J］．住宅产业，2015（8）：61-66.

［5］孙李涛，张海宾，焦伟，等．装配式钢结构建筑楼板体系的演变及应用［J］．建筑技术，2018，49（S1）：16-18.

［6］张爱林，赵越，刘学春．装配式钢结构新型轻质叠合楼板设计研究［J］．工业建筑，2014，44（8）：46-49.

［7］叶浩文，周冲．装配式建筑的设计 – 加工 – 装配一体化技术［J］．施工技术，2017，46（9）：17-19.

［8］颜於滕．装配式交错桁架钢结构体系的设计与应用［J］．上海建设科技，2019（4）：16-18.

［9］秦嗣晏．分析装配式建筑外围护结构节能设计［J］．智能城市，2018，4（18）：105-106.

［10］郭奇，孙翠鹏．钢结构节能住宅的设计与实践［J］．建筑学报，2006（4）：79-80.

［11］赵阳，王明贵．钢结构住宅围护体系简介［J］．工程建设标准化，2017（10）：84-87.

［12］李建．钢结构装配式住宅关键建造技术研究［D］．唐山：华北理工大学，2018.

［13］祝琴．绿色环保钢结构建筑的发展前景探讨［J］．中国高新技术企业，2016（21）：81-82.

［14］方继，曹晗，李亚飞．一种新型装配式钢结构住宅体系的研究与实践［J］．安徽建筑，2016，23（5）：63-66.

［15］苗青，等．基于 SAR 理论的内装工业化体系研究［J］．建筑实践，2019（2）：1-2.

［16］刘艳军，蒋欣苑，宋岩，等．精工 GBS 绿筑集成技术在梅山江项目上的应用［J］．施工技术，2016，45（14）：73-75.

［17］浙江东南网架股份有限公司．一种多腔体钢板剪力墙及其操作方法：中国 105952032A［P］．2016-09-21.

［18］魏宏毫，王崇杰，管振忠，等．预制装配被动式超低能耗绿色建筑建造方法研究［J］．建筑节能，2017，45（10）：115-119.

［19］杨超，李昂，张纪刚．装配式被动房的发展综述及发展前景探究［J］．青岛理工大学学报，2018，39（4）：7-11.

［20］魏宏毫，王崇杰，管振忠，等．装配式被动房建造关键技术［J］．施工技术，2017，46（16）：35-39.

［21］渠天亮，郭毅敏，赵新平．绿色装配式钢结构建筑体系研究与应用［J］．中国建筑金属结构，2021（9）：94-95.

［22］李笺．装配式建筑节能设计探讨［J］．住宅与房地产，2019（6）：25.

［23］闫英俊，刘东卫，薛磊．SI 住宅的技术集成及其内装工业化工法研发与应用［J］．建筑学报，2012（4）：55-59.

［24］刘艺.基于 BIM 技术的 SI 住宅住户参与设计研究［D］.北京：北京交通大学，2012.

［25］郝飞，范悦，秦培亮，等.日本 SI 住宅的绿色建筑理念［J］.住宅产业，2008（Z1）：87–90.

［26］秦国栋.SI 住宅体系的技术与应用研究［D］.济南：山东大学，2012.

［27］刘长春，张宏，淳庆.基于 SI 体系的工业化住宅模数协调应用研究［J］.建筑科学，2011，27（7）：59–61，52.

［28］Kendall S. Open building：an approach to sustainable architecture［J］. Journal of Urban Technology，1999，6（3）：1–16.

［29］Mash N. The effect of the quality–oriented production approach on the delivery of prefabricated homes in Japan［J］. Journal of Housing and the Built Environment. 2003，18（4）：353–364

［30］Noguchi M. The effect of the quality–oriented production approach on the delivery of prefabricated homes in Japan［J］. Journal of Housing and the Built Environment，2003，18（4）：353–364.

［31］Shozo K K U. The Consistency of Idea and Inconsistency of Form［J］. Architecture & Culture，2007（11）：41.

［32］Seiichi F. The history of developments toward open building in Japan［J］. New Architecture，2011，6：14–17.

［33］Hori H，Hayasi M，Nagai T，et al. A basic study on the circulation system of the housing components and structure［J］. Intelligence and Information，2011，23：457–468.

［34］程勇.探索开放住宅理论在我国住宅设计的应用发展［D］.大连：大连理工大学，2008.

［35］卫军锋，刘东卫.日本 SI 住宅的节能措施［J］中国住宅设施，2012：55–57.

［36］杨鸣.SI 住宅体系在传统四合院改造中的应用研究［D］.北京：北京建筑大学，2013.

［37］孙丽梅.CSI 体系保障性住房的产业化建设理论研究［D］.大连：大连理工大学，2014.

［38］秦姗，蒋洪彪，王姝姗.基于日本 S1 住宅可持续建筑理念的公共住宅实践［J］.建设科技，2014：1671–3915.

［39］索健，吴冬，田丹.中国城市住宅可持续更新研究［M］.北京：中国建筑工业出版社，2015.

［40］周静敏，工业化住宅概念研究与方案设计［M］.北京：中国建筑工业出版社，2019.

［41］李南日.基于 SI 理念的高层住宅可持续设计方法研究［D］.大连：大连理工大学，2010.

［42］标成荣.我国产业化住宅墙体的生态技术框架研究［D］.上海：上海交通大学，2011.

［43］魏素巍，曹彬，潘锋.适合中国国情的 SI 住宅干式内装技术的探索［J］.建筑学报，2014，（7）：47–49.

［44］鲍月明.基于 SI 理论的高层住宅木结构体系应用设计研究［D］.哈尔滨：哈尔滨工业大学，2015.

［45］张宁.SI 体系内装工业化研究［D］.大连：大连理工大学，2016.

［46］何雨薇.SI 体系住宅支撑体结构的实现方式及质量保证［D］.大连：大连理工大学，2016.

［47］韩叙.SI 体系住宅接口方法与接口管理研究［D］.大连：大连理工大学，2017.

［48］张爱林，张艳霞.工业化装配式高层钢结构新体系关键问题研究和展望［J］.北京建筑大学学报，2016，32（3）：21–28.

［49］Patrick M. A new partial shear connection strength model for composite slabs［J］. Journal of theAustralian Institute of Steel Construction，1990，24（3）：2–16.

［50］Patrick M，Bridge R Q. Partial shear connection design of composite slabs［J］. EngineeringStructures，1994，16（5）：348–362.

［51］张爱林，胡婷婷，刘学春.装配式钢结构住宅配套外墙分类及对比分析［J］.工业建筑，2014，44

　　（8）：7–10.

［52］Famiyesin O O R，Hossain K M A，Chia Y H，et al. Numerical and analytical predictions of the limit load of rectangular two way slabs［J］. Computers & Structures，2001，79（1）：43–52.

［53］陈东，沈小璞. 带桁架钢筋的混凝土双向自支承叠合板受力机理研究［J］. 建筑结构，2015，45（15）：93–96.

［54］魏宏毫，王崇杰，管振忠，等. 钢结构装配式被动房的围护结构施工关键技术［J］. 建筑节能，2017，45（11）：128–135.

［55］张鹏丽. 四边简支 PK 预应力混凝土叠合楼板受力性能分析及应用［D］. 长沙：湖南大学，2013.

［56］徐天爽，徐有邻. 双向叠合板拼缝传力性能的试验研究［J］. 建筑科学，2003，（6）：11–14.

［57］闫赵红. 装配式钢结构建筑外墙板应用现状比较探究［J］. 四川水泥，2019（3）：205.

［58］娄霓. 住宅内装部品体系与结构体系的发展［J］. 建筑技艺，2013（1）：127–133，126.

［59］翟国兵. 装配式建筑中整体卫浴施工技术［J］. 天津建设科技，2018，28（3）：15–18.

［60］周卿. 装配式建筑下装配式装修设计的合理化思考［J］. 中国标准化，2019（10）：61–62.

［61］刘晓东，周映池. 装配式装修在成品住宅中的应用［J］. 绿色环保建材，2019（4）：209，211.

［62］Cerovsek T. A review and outlook for a 'Building Tnformation Model'（BIM）：A multi–standpoint framework for technological development［J］. Advanced Engineering Informatics，2011，25：224–244.

［63］Hozor B D，Kelly D J. Building information modeling and integrated project delivery in the commercial construction industry：a conceptual study［J］. Journal of Engineering. Project，and Production.

［64］Jung H，Baek R，Ju H，et al. Collaborative Process to Facilitate BIM–based Clash DetectionTasks for Enhancing Constructability［J］. Journal of The Korean Institute of Building Construction，2012，12（3）：27–39.

［65］Jung Y. Joo M. Building information modelling（BIM）framework for practical implementation［J］. Automation in Construction，2011，20（2）：126–133.

［66］Kassem M，Igbal N，Kelly G，et al. Building Information Modelling：Protocols for Collaborative Design Processes［J］. Journal of Information Technology in Construction，2014，19：126–149.

［67］Pikas E，Sacks R，Hazzan O. Building Information Modeling Education for Construction Engineering and ManagementIl：Procedures and Implementation Case Study［J］. Jourmal of Construction Engineering and Management，2013，139（11）：5013002.

［68］Sacks R，Koskela L. Interaction of Lean and Building Information Modeling in Construction［J］. Construction Engineering And Management，2010（9）：968–980.

［69］宋永涛. BIM 技术与装配式建筑综合管理系统化应用探索［J］. 智能建筑与智慧城市，2018（8）：60–61.

［70］钟乙册，陈国清，鲁万卿，等. BIM 技术在二次结构深化设计中的应用［J］. 施工技术，2018，47（S4）：961–963.

［71］白庶，张艳坤，韩凤，等. BIM 技术在装配式建筑中的应用价值分析［J］. 建筑经济，2015，36（11）：106–109.

［72］戴文莹. 基于 BIM 技术的装配式建筑研究［D］. 武汉：武汉大学，2017.

［73］李天华. 装配式建筑寿命周期管理中 BIM 与 RFID 应用研究［D］. 大连：大连理工大学，2011.

［74］张健，陶丰烨，苏涛永. 基于 BIM 技术的装配式建筑集成体系研究［J］. 建筑科学，2018，34

　　　　（1）：97-102，129.

［75］兰兆红.装配式建筑的工程项目管理及发展问题研究［D］.昆明：昆明理工大学，2017.

［76］张德海，陈娜，韩进宇.基于BIM的模块化设计方法在装配式建筑中的应用［J］.土木建筑工程信息技术，2014，6（6）：81-85.

［77］金晨晨.基于装配式建筑项目的EPC总承包管理模式研究［D］.济南：山东建筑大学，2017.

［78］靳鸣，方长建，李春蝶.BIM技术在装配式建筑深化设计中的应用研究［J］.施工技术，2017，46（16）：53-57.

［79］刘丹丹，赵永生，岳莹莹，等.BIM技术在装配式建筑设计与建造中的应用［J］.建筑结构，2017，47（15）：36-39，101.

［80］王巧雯.基于BIM技术的装配式建筑协同化设计研究［J］.建筑学报，2017（S1）：18-21.

［81］肖阳，刘为.BIM技术在装配式建筑施工质量管理中的应用研究［J］.价值工程，2018，37（6）：104-107.

［82］冯晓科.BIM技术在装配式建筑施工管理中的应用研究［J］.建筑结构，2018，48（S1）：663-668.

［83］朱维香.BIM技术在装配式建筑中的应用研究［J］.山西建筑，2016，42（14）：227-228.

［84］董苏然，许晓文，付素娟.BIM技术在装配式建筑设计中的应用实践［J］.建设科技，2017（3）：37-39.

［85］吴大江.BIM技术在装配式建筑中的一体化集成应用［J］.建筑结构，2019，49（24）：98-101，97.

［86］杜康.BIM技术在装配式建筑虚拟施工中的应用研究［D］.聊城：聊城大学，2017.

［87］马跃强，施宝贵，武玉琼.BIM技术在预制装配式建筑施工中的应用研究［J］.上海建设科技，2016（4）：45-47.

［88］梅玥.基于数字技术的装配式建筑建造研究［D］.北京：清华大学，2015.

［89］张迎春，潘捷.BIM技术在装配式建筑全寿命周期中的应用研究［J］.中国住宅设施，2017（3）：47-49.

［90］舒欣，张奕.基于BIM技术的装配式建筑设计与建造研究［J］.建筑结构，2018，48（23）：123-126，91.

［91］秦鸿波.基于BIM技术的装配式建筑成本控制研究［D］.郑州：郑州大学，2018.

［92］岳莹莹.基于BIM的装配式建筑信息共享途径和方法研究［D］.聊城：聊城大学，2017.

［93］赵鹏，陈浩，章明友.EPC模式下BIM技术在装配式建筑中的设计应用和实践［J］.建筑结构，2019，49（S1）：895-898.

［94］魏辰，王春光，徐阳，等.BIM技术在装配式建筑设计中的研究与实践［J］.中国勘察设计，2016（11）：28-32.

［95］刘晨晨.工程总承包方视角下装配式建筑施工进度风险管理研究［D］.徐州：中国矿业大学，2019.

［96］叶浩文，周冲，韩超.基于BIM的装配式建筑信息化应用［J］.建设科技，2017（15）：21-23.

［97］马祥.BIM技术背景下绿色建筑与装配式建筑融合发展的趋势研究［D］.青岛：青岛理工大学，2018.

［98］潘敏华，张守峰，王旭松.BIM技术在装配式建筑设计中的应用［J］.建筑结构，2018，48（S1）：658-662.

［99］孟宪海，次仁顿珠，赵启.EPC总承包模式与传统模式之比较［J］.国际经济合作，2004（11）：49-50.

［100］赵艳华，窦艳杰.DB模式与EPC模式的比较研究［J］.建筑经济，2007（S1）：149-152.

［101］郝际平，薛强，樊春雷．装配式钢结构建筑体系及低能耗技术探索研究与应用［J］．中国建筑金属结构，2018（11）：19-25.

［102］郝际平，孙晓岭，薛强，等．绿色装配式钢结构建筑体系研究与应用［J］．工程力学，2017，34（1）：1-13.

［103］郝际平，薛强，郭亮，等．装配式多、高层钢结构住宅建筑体系研究与进展［J］．中国建筑金属结构，2020（3）：27-34.

［104］郝际平．装配式建筑为门窗行业带来无限发展空间——在第八届门博会装配式建筑与门窗发展论坛上的致辞［J］．中国建筑金属结构，2017（7）：20-21.

［105］郝际平，田炜烽．陕西钢结构抗震校舍简介［C］// 钢结构住宅和钢结构公共建筑新技术与应用论文集．2013：122-127.

［106］郝际平．张开双臂拥抱钢结构的春天——绿色装配式钢结构的应用与发展［J］．中国建筑金属结构，2017（2）：30-37.

［107］郝际平，袁昌鲁，房晨．薄钢板剪力墙结构边框架柱的设计方法研究［J］．工程力学，2014，31（9）：211-238.

［108］郝际平，刘斌，邵大余，等．交叉钢带支撑冷弯薄壁型钢骨架 – 喷涂轻质砂浆组合墙体受剪性能试验研究［J］．建筑结构学报，2014，35（12）：20-28.

［109］郝际平，曹春华，王迎春，等．开洞薄钢板剪力墙低周反复荷载试验研究［J］．地震工程与工程振动，2009，29（2）：79-85.

［110］郝际平，郭宏超，解崎，等．半刚性连接钢框架 – 钢板剪力墙结构抗震性试验研究［J］．建筑结构学报，2011，32（2）：33-40.

［111］孙晓岭．壁式钢管混凝土柱抗震试验与力学性能研究［D］．西安：西安建筑科技大学，2018.

［112］何梦楠．大高宽比多腔钢管混凝土柱抗震性能研究［D］．西安：西安建筑科技大学，2017.

［113］尹伟康．双腔室钢管混凝土柱抗震性能研究［D］．西安：西安建筑科技大学，2017.

［114］张益帆．带约束拉杆的壁式钢管混凝土柱抗震性能研究［D］．西安：西安建筑科技大学，2019.

［115］张峻铭．壁式钢管混凝土柱 – 钢梁双侧板螺栓连接节点抗震性能研究［D］．西安：西安建筑科技大学，2018.

西安建筑科技大学在建筑
工业化领域的探索与实践

第6章　装配式建筑系统工程论

装配式建筑不同于传统建筑产品，也不同于一般的工业产品，照搬已有的经验难以形成科学的装配式建筑发展模式，有碍于发挥装配式建筑的优越性，影响建筑行业的转型升级。装配式建筑不仅仅是一种建筑形式，更是一个复杂的系统工程。装配式建筑产业和工业系统更是大型复杂的系统工程，单用现有的研究方法已经无法满足装配式建筑多层次、多领域、多学科融合的特性，必须运用系统工程的方法研究装配式建筑产业大系统。同时在整个装配建筑产业链环节中，涉及设计、生产、管理等诸多子系统，而要将庞杂的子系统高效集成，最终完成装配式建筑产品，就需要采用总体设计的方法，即系统方法进行整合。

参考已有系统工程理论的研究方法，装配式建筑可视为一个由诸多相关要素构成的有机整体。各要素之间通过一定的规则，分层有序地结合为一体，最终形成具有特定功能的装配式建筑。装配式建筑各要素的划分和要素之间的联系，需要多行业多领域的交叉协作，存在工业化程度高、协调难度大、管理范围广等特点。因此，为了促进装配式建筑研究和应用的科学化，提升装配式建筑的研究起点，迫切需要建立装配式建筑系统工程的理论框架，在装配式建筑系统的不同层次，全面运用系统思维和系统工程研究方法，重塑装配式建筑理念。

6.1 装配式建筑工程系统思维

6.1.1 理论研究背景

自18世纪60年代第一次工业革命以来，世界各国取得了无数的科技成果，但也随之产生了人口爆炸、资源匮乏、环境污染等全球性问题。据统计，建筑业占2020年全球终端能源消费量的36%，占与能源相关二氧化碳排放量的37%，且与建筑相关的水资源浪费、建筑垃圾排放严重等现象日益显著，严重影响了建筑行业和整个社会的可持续发展潜力。随着全球工业化程度的不断提高，自21世纪以来，我国已进入了工业化、城镇化的快速发展阶段，对资源和能源的需求亦非常迫切。然而我国传统建筑业存在建造方式粗放、能源消耗大、技术含量低、劳动力依赖性强等诸多缺陷，导致建筑质量无法保证，且对资源和能源造成极大的浪费。为了摆脱当前传统建筑业的困局，我国建筑业必须顺应时代要求转型升级，走向可持续发展、绿色发展和工业化发展的新道路。关注建筑全寿命周期的绿色化理念，推广绿色建筑，推进建筑产业化、现代化、工业化的发展，是我国建筑业实现转型升级的必由之路。在此背景下，装配式建筑最贴合工业化内涵，发展装配式建筑是建筑行业转型升级的最佳选择。

装配式建筑不同于传统建筑，也有别于一般的工业化产品，如照搬现有经验发展装配式建筑，无法形成科学化的装配式建筑发展模式，有碍于发挥装配式建筑的优越性，从而影响到建筑行业由传统建筑向装配式建筑的转型升级。首先，对装配式建筑的研究不能仅限于一种建筑形式，而应该采用系统思维的理念，将其作为一个复杂系统进行总体研究。正如我国著名科学家钱学森所说："任何一种社会活动都会形成一个系统，这个系统的组织建立、有效运转就成为一项系统工程"。这其中应包含两层含义：第一层含义是从工程或实践角度来看，这是系统的工程或实践；另一层含义是从科学技术角度来看，既然是系统的工程或实践，那就应该用系统工程技术去处理它的组织管理，因为系统工程就是直接用来组织管理系统的一门技术。人们在工程或实践中遇到复杂问题时往往注意到了第一层含义，却忽视用系统工程技术去解决问题，从而造成了什么都是系统工程，但又没有用真正的系统工程技术去解决问题的局面。装配式建筑单用现有的研究方法已经无法满足其多层次、多领域、多学科融合的特性，本书另辟蹊径，从系统论的角度出发，运用系统工程的理念，将装配式建筑作为一个系统加以研究。

6.1.2　一般系统论

系统一词起源于古希腊语，原意是指事物中共性部分和每一事物应占据的位置，即部分构成整体的意思。一般系统论的创始人冯·贝塔朗菲（Ludwig Von Bertalanffy）把系统定义为"相互作用的诸要素的综合体"，并强调必须把有机体当作一个整体或系统来研究，才能发现不同层次上的组织原理。美国著名学者阿柯夫（Ackoff）认为：系统是由两个或两个以上相互联系的任何种类的要素所构成的几何体。我国著名科学家钱学森认为：系统是相互作用和相互依赖的若干组成部分结合的具有特定功能的有机整体。

系统科学发端于20世纪20年代，奥地利生物学家L.von贝塔朗菲倡导的机体论就是一般系统论的萌芽，与此同时，英国军事部门的科学家研究和解决雷达系统的应用问题，提出了运筹学，这就是系统工程的萌芽。

20世纪40年代，美国贝尔电话公司在发展通信技术时，使用了系统工程的方法。美国研制原子弹的曼哈顿计划，是系统工程的成功实践。美国国防部设立的系统分析部，在军事决策方面运用了系统方法。

20世纪50年代，系统科学的理论研究和教学工作全面展开。贝塔朗菲等人创办了《一般系统论年鉴》，H.H.古德和R.E.麦克霍尔完成了专著《系统工程》。美国的麻省理工学院等院校开设了系统工程的课程。

20世纪60年代，系统科学在西方、在苏联得到了广泛的传播。系统的理论研究取得了重要的成果，贝塔朗菲发表了《一般系统论——基础、发展、应用》的著作，使系统工程的应用取得了明显的效果。美国阿波罗登月计划的实现，就是一个突出的范例。

20世纪70～80年代，系统科学广泛应用于经济、政治、军事、外交、文化教育、生态环境、医疗保健、行政管理等部门，并取得了令人满意的结果。

20世纪80年代以后，非线性科学和复杂性研究的兴起对系统科学的发展起了很大的积极推动作用。进入21世纪后，系统科学作为新兴的交叉性学科，由于关注对于复杂系统和复杂性的研究，已经成为国际上科学研究的前沿和热点。欧美各国纷纷建立相关研究机构，制定研究路线图，努力推动相关研究的发展。复杂系统的概念涵盖了物理、生物、社会经济与工程等许多具体领域，系统科学着眼于对它们性质和演化行为具有共性的基本规律的探索，成为21世纪科学发展的一个重要方向。

在中国，系统科学的研究是在20世纪50年代以推广应用运筹学开始的。20世纪70年代末，钱学森等专家学者提出了利用系统思想把运筹学和管理科学统一起来的见解，将"系统论"和"系统工程"引进了中国，把极其复杂的研制对象称为"系统"，即由相互作用和相互依赖的若干组成部分结合成的具有特定功能的有机整体，而这些组成部分称为分系统或子系统，推动了系统工程的研究和应用。之后系统科学体系结构的提出，进一步推动了系统科学在社会、经济、科学技术各个方面的广泛应用，以及系统理论方面基础研究的长足发展，形成了我国发展系统科学的广泛基础和力量。1990年，在钱学森等专家学者的推动下，国务院学位委员会增列系统科学为理学一级学科，从学科体系上为系统科学的发展提供了保障。在此后的学科发展进程中，我国系统科学的研究和应用都取得了重要的成就，为进一步的发展打下了坚实宽厚的基础。驰名中外的四川都江堰水利工程、世界奇迹之一的万里长城、《孙子兵法》等，无不是系统论思想的智慧结晶的体现，历史经验表明，以系统论的思想来指导实践是非常有效的。

周恩来总理曾提出，要把航天部设置总体部的经验推广到国民经济系统中。当前，系统论思想的应用已经渗透到工业、农业、国防、科学技术等各个部门，从一个国家的国民经济规划到一个工厂的管理，从长期的科技战略的制订到短期的科研课题的实施，都无不用上系统科学方法。毫无疑问，系统论思想是研究和探索复杂系统问题一般规律的有效途径，是各行各业都可以且需要运用的指导思想，其不是一项具体技术，而是解决问题的基本程序和逻辑步骤，是一种指导分析复杂系统问题的总体规划、分步实施的方法与策略，即要从整体上、全局上、相互联系上来研究设计对象及有关问题，从而达到设计总体目标的最优，以及实现这个目标的过程和方式的最优。

系统论思想具有整体性、综合性、多样性、相关性和层次性的特性，同时运用演化发展的观点去思考、研究、解决系统问题，即把系统内部所有要素看成一个整体，综合考虑系统的方方面面，协调系统内各要素之间的关系，处理复杂问题时抓住问题的主要矛盾，且抓住主要矛盾的主要方面。系统论思想中的动态原理是普遍联系和永恒发展的唯物辩证法的具体化。系统思维的第一要义，是从整体上认识和解决问题。整体性是系统论思想的基本出发点，就是从系统的整体出发，着眼于系统总体的最高效益，使总体布局的整体目标统摄各个组成部分，最优化是系统论思想和方法的最终目标。系统论思想的整体性观点源于唯物辩证法，并在科技知识的基础上扩展、丰富和发展。

俄罗斯没有高端芯片却仍能频频推出世界一流的新武器装备，是国外运用系统论思想取得突出成就的典型案例。其主要是依靠"自主创新"的思想，具体来说，一是靠科技人员"扬长避短"的设计思想：充分利用其基础技术优势，依靠其科技人员聪明才智，弥补数字技术的不足；二是靠科技人员"系统第一"的设计思想：抓住主要指标，解决主要矛盾，使主要指标世界领先。该设计思想其实早在战国时期，吕不韦著《吕氏春秋·用民》中已有提及："壹引其纲，万目皆张"，强调做事一定要抓住主要的环节，以带动次要环节。即体现了系统论思想，系统即整体，研究系统即研究整体，也就是研究全局，关注点应是系统而非组成系统的单元或元素，追求系统的最优而非单元或元素的最优，也就是追求全局而非局部，抓住全局的关键，解决主要问题与主要矛盾，从整体上认识和解决问题。

在我国，以国防尖端技术为例，对系统论思想的运用作简单说明。研制一种战略核导弹，就是研制由弹体、弹头、发动机、制导、遥测、外弹道测量和发射等分系统组成的一个复杂系统。而每一个分系统又可以进一步划分为若干装置，如弹头分系统是由引信装置、保险装置和热核装置等组成的。其中，每一个装置还可更细致地分为若干电子和机械构件。在组织研制任务时，就需要总体设计部把系统作为若干分系统有机结合成的整体来进行设计，所谓总体设计部，通常由熟悉系统各方面专业知识的技术人员组成，并由知识面比较宽广的专家负责领导。总体设计部设计的是系统的"总体方案"，是实现整个系统的"技术途径"，是整个系统研制工作中必不可少的技术抓总单位。对研制任务的设计和部署，要一直细分到由每一个技术人员承担的具体工作为止。导弹武器系统是现代最复杂的工程系统之一，要靠成千上万人的大力协同工作才能研制成功。借鉴这一成功的经验，并把它推广到国民经济系统中，具有十分重要的意义。

1937年贝塔朗菲在芝加哥大学的一次哲学讨论会上第一次提出一般系统论的概念。但由于当时生物学界的压力，没有正式发表。1945年他发表《关于一般系统论》的文章，但不久毁于战火，没有引起人们的注意。1947—1948年贝塔朗菲在美国讲学和参加专题讨论会时进一步阐明了一般系统论的思想，指出不论系统的具体种类、组成部分的性质和它们之间的关系如何，存在着适用于综合系统或子系统的一般模式、原则和规律，并于1954年发起成立一般系统论学会（后改名为一般系统论研究会），促进一般系统论的发展，出版《行为科学》杂志和《一般系统年鉴》。虽然一般系统论几乎是与控制论、信息论同时出现的，但直到20世纪60～70年代才受到人们的重视。1968年贝塔朗菲的专著《一般系统论——基础、发展和应用》，总结了一般系统论的概念、方法和应用。 1972年他发表《一般系统论的历史和现状》，试图重新定义一般系统论。贝塔朗菲认为，把一般系统论局限于技术方面当作一种数学理论来看是不适宜的，因为有许多系统问题不能用现代数学概念表达。一般系统论这一术语有更广泛的内容，包括极广泛的研究领域，其中有三个主要的方面。①关于系统的科学：又称数学系统论。这是用精确的数学语言来描述系统，研究适用于一切系统的根本学说。②系统技术：又称系统工程。这是用系统思想和系统方法来研究工程系统、生命系统、经济系统和社会系统等复杂系统。③系统哲学：它研究一般系统论的科学方法论的性质，并把它上升到哲学方法论的地位。贝塔朗菲试图把一般系统论扩展到系统科学的范畴，几乎把系统科学的三个层次都包括进去了。但是现代一般系统论的主要研究内容尚局限于系统思想、系统同构、开放系统和系统哲学等方面。而系统工程专门研究复杂系统的组织管理的技术，属于一门独立的学科，并不包括在一般系统论的研究范围内。

系统思想是一般系统论的认识基础，是对系统的本质属性（包括整体性、关联性、层次性、统一性）的根本认识。系统思想的核心问题是如何根据系统的本质属性使系统最优化。大型复杂系统天然地具有复杂性（图6.1），特别是各种应用型人工系统，由于具有酝酿、设计、研制周期长，涉及相关学科专业多，性能指标体系庞杂，组织管理任务繁重，受运作机制、社会意识、经济和政治因素影响等特征，因此无论在人力、物力、财力还是时间成本上都需要很大的投入。而对于此类复杂系统，客观上迫切要求应用系统思维对其进行综合分析、系统设计管理及系统评价，把握系统客观规律，以提高系统设计和运行水平，这是系统论存在的客观要求。

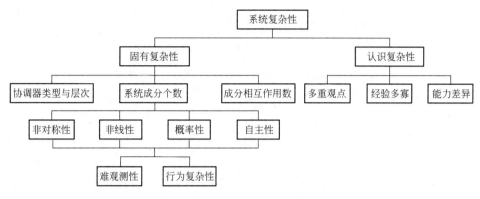

图 6.1　系统复杂性的分类结构

系统论给人们提供一种科学的思维方法，即系统思维方法。系统思维，就是把研究对象作为一个系统整体进行思考、研究，强调从系统的整体出发，注重对事物的全面思考，使人们的思维方式从时空分离走向时空统一，从局部走向整体，从离散方法走向系统方法。

6.1.3　工程系统论

在一般系统论的基础之上，工程系统论以一般工程系统为对象研究其生成、演化、发展和消亡的规律。具体地说，工程系统论是研究工程系统目标完整性及正确性的保证方法和途径，研究工程系统与其环境的相互作用关系，研究其组成和组成部分之间的相互作用关系，研究造成工程系统复杂性、不完整性和无序性的原因。同时是研究简化工程系统复杂性、保持其完整性和有序性的方法和途径，并力图通过这些研究找出存在于所有工程系统即一般工程系统中的规律性，借以构筑一般工程系统范式。

由对一般工程系统所做的上述研究得到的概念、原理、方法和一般工程系统范式构成了工程系统论的基本和主要内容。显然，这些基本内容适用于所有工程系统，并且应该成为所有工程组织的基本理论基础，特别是应该成为那些在工程组织体系中居于支配地位的工程管理组织、工程技术总体组织及其组成人员的基本理论基础。本书在一般系统论的基础上建立了工程系统论架构，主要组成要素如图 6.2 所示。

（1）工程对象系统：它是用户所期望的一种产品。这种产品可能是纯粹物理系统，也可能是纯粹抽象系统，还可能是物理成分与抽象成分相结合的系统。任何工程事实上是对工程对象系统存在形态的转换过程，因此分别将工程开始和工程结束时工程对象系统的存在形态叫作概念的工程对象系统和实现的工程对象系统（工程产品）。

（2）工程过程系统：它是工程所经历的所有阶段或步骤及其所有活动的有序集合，因而又叫作（工程对象）系统开发生命周期，还叫作项目生命周期。

（3）工程技术系统：工程技术活动及其所使用的全部原理和方法的有机集合。

（4）工程管理系统：工程管理活动及其所使用的全部原理和方法的有机集合。

（5）工程组织系统：它是为获取工程对象系统产品所涉及的所有组织、个人及其技能、知识结构、组织准则、道德水准和行为规范的有机集合。

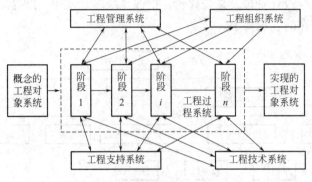

图 6.2   工程系统论

（6）工程支持系统：它是为有效进行工程技术活动和工程管理活动提供保障的全部实体的有机集合。

6.1.4   装配式建筑系统工程论

在一般系统论和工程系统论的基础上，本书将工程系统论与装配式建筑技术相结合，系统性构建了装配式建筑工程系统理论，遵循理论联系实际工程、进行工程修正和理论完善。国内有不少学者认识到装配式建筑系统的复杂性，主张要以系统思想来集成装配式建筑，以解决建筑业实际工程需求和问题为导向，结合管理、制造、设计多个学科成果，形成系统性、完整性的理论和实际技术应用成果。

樊则森等认为装配式建筑的发展在国内外与其他先进行业相比存在很大差距。"二战"以后建筑工业化的发展之所以远远落后于其他制造业，主要有几个方面的问题：第一，受传统行业划分的影响，建筑设计、加工制造、装配式施工各自分隔，需要统合；第二，受传统专业分工的影响，建筑、结构、机电设备、装饰装修各自发展，缺乏协同；第三，受传统建设方式的影响，建筑手工粗放、成本至上、寿命短、标准低。装配式建筑系统在物理方面可划分为：主体结构系统、建筑设备及管线系统、建筑围护系统和装饰装修系统，四个系统下又有子系统。基于这样一种设计方法，就可以把装配式建筑的结构主体、内装系统、机电设备、围护结构集成为一个有机的整体（图6.3）。在系统工程理论指导下，装

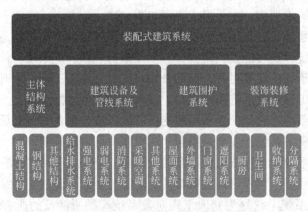

图 6.3   装配式建筑系统

配式建筑发展需要形成系统的思维和工作模式：装配式建筑是一个复杂的系统，装配式建筑设计需要系统的设计方法；建筑需要整合，建筑是若干子系统的集成；装配式建筑要始终坚持系统的设计方法和系统集成的发展方向。

同时提出要研究七大关键技术：混凝土结构关键技术，钢结构关键技术，预应力关键技术，竹木结构关键技术，钢和混凝土结构关键技术，高性能结构体系关键技术，高性能装配式围护体系。应用系统集成的思路和方法，通过建筑结构、建筑围护、内装和设备管线四大子系统，把七大关键技术归纳到主体结构系统中；围护体系关键技术的研究，纳入建筑外围护系统中。研究模数和空间尺寸的关系，力求实现标准化设计，多样化呈现。通过系统集成的方法研究模数和模块，把所有的部品、构件形成装配式建筑，真正实现"像造汽车一样造房子"。

叶浩文等提出发展装配式建筑，就是要向制造业学习，建立起工业化的系统工程理论基础和方法，将装配式建筑作为一个完整的建筑产品来进行研究和实践，形成以达到总体效果最优为目标的理论与方法，才能实现装配式建筑的高质量、可持续发展。发展装配式建筑应将一体化建造方法作为一个系统工程来研究和实践，并遵循以下原则：

（1）一体化建造的系统工程研究应采用先决定整体，后进入部分的步骤。即先进行建筑系统的总体设计，然后再进行各子系统和具体问题的研究。

（2）一体化建造的系统工程方法应该以整体最佳为目标，通过综合、系统的分析，利用信息化手段来构建系统模型，优化系统结构，使之整体最优。

（3）一体化建造应做到近期利益与长远利益相结合，社会效益、生态效益与经济效益相结合。

（4）一体化建造应该以"三个一体化"的系统思想为指导，综合集成各学科、各领域的理论和方法，实现专业间不同阶段的融合、跨界、集成创新。

（5）一体化建造研究强调多学科协同，应按照"系统工程"的要求组成一个专业配套度高，知识结构合理的共同体并采取科学合理的协同方式。

（6）一体化建造的各类系统问题均可以采用系统工程的方法，本方法具有广泛的适用性。

（7）一体化建造应该用数学模型和逻辑模型来描述系统，通过模拟反映系统的运行、求得系统的最优组合方案和最优的运行方案。

刘东卫等在借鉴日本装配式建筑发展经验基础上，提出了装配式建筑系统集成与设计建造方法。主要包括：建筑集成化设计方法；建筑流程化设计方法；建筑模数化设计方法；建筑标准化设计方法；建筑系统化设计方法；建筑部品化设计；建筑基于性能的设计方法。

国内的研究学者和工程设计人员已经普遍意识到装配式建筑是个复杂的系统，发展装配式建筑的过程中需要借鉴系统工程理论的方法，但是大多都在讨论装配式建筑系统本身的集成和设计、建造管理，在产业系统层面缺乏整体性的研究和梳理。将建筑系统与技术系统、管理系统、支持系统未明确地进行划分，与航天、航空、大型科学项目的系统理论基础仍有很大的差距。

6.2　装配式建筑产业系统

6.2.1　装配式建筑产业系统模型架构

对于不同的研究对象，应建立相应的系统模型，并研究系统相关因素。建筑工业作为我国支柱工业的类型之一，与国家整体发展方向和相关政策，与自然环境资源分布条件，与经济文化发展，交通运输条件关系紧密。目前国内学者或企业，注重研究装配式建筑对象本身，即装配式建筑的本体产品系统，对产品系统相关的大系统研究不足，在制定宏观政策、技术标准等考虑因素不足。

本书参照戴瑞克·希金斯（Derek K.Hitchins）在系统工程中建立的模型，系统性地建立了装配式建筑产业系统模型，该模型可以为顶层设计提供理论基础。装配式建筑产业系统的五层系统工程模型是具有多层"嵌套"的模型，即每一层都位于上一层"内部"但不一定是上一层系统的全部。装配式建筑产业系统不仅仅是由工业系统构成，而且包含其他政府管理部门等；装配式建筑工业系统由装配式建筑企业构成，也由与之相关的企业共同构成，依此类推。装配式建筑工业系统工程构成有很多维度，从组成主体上是企业，从不同角度可以是对象（产品）系统、技术系统、管理系统、支持系统。其具体架构如表6.1和图6.4所示。

层系统模型　　　　　　　　　　　　　　　　　　　　　　　　　　　　　　表 6.1

层级	分类	范围
5	装配式建筑产业系统	受政府调控，有关装配式建筑整体社会经济产业环境，包括政府、企业实体、业主、金融、高校等
4	装配式建筑工业系统	装配式建筑的建造、生产、设计、原材料、设备、研发、软件编制的全产业链的全工业系统
3	装配式建筑企业系统	设计、生产、施工装配式建筑的相关企业或产业园
2	装配式建筑项目系统	由产品系统构成具体装配式建筑项目
1	产品或子系统工程	建筑产品系统或结构、围护、设备、内装等子系统产品

6.2.2　装配式建筑产业系统各层模型分析

系统工程5层模型的第1层与人工产品系统工程有关，一般来说，人工产品是形成某个更大整体的子系统，或是形成子系统的一部分。产品系统是最实在的系统，也是各个系统考虑在产品上体现具体技术特征的载体。产品系统除了是上一个系统的子系统，同时和各个系统有着紧密的关系。

（1）项目系统是最为主要的形式，项目系统根据具体项目的不同，选择合理的产品系统进行集成为完整的项目系统。

（2）整个装配式建筑产品或者某个子系统，依托企业系统生产。产品的技术水平和类

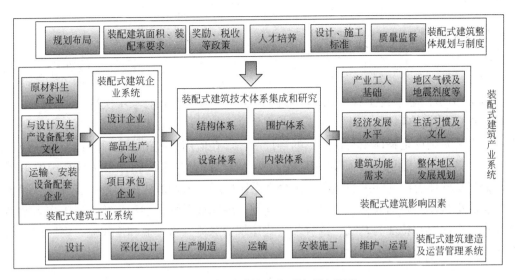

图 6.4　装配式建筑产业系统理论模型

型与企业系统的设备、技术积累、人员水平关系紧密。

（3）工业系统是装配式建筑实际操作层面最高级别的系统，其实也是整体产业链系统，包含了核心的设计、制造、建造等众多企业，也包含各类业主需求的项目等，具体装配式建筑产品系统或子系统成本、技术发展水平、质量水平与整个国家该行业工业系统的水平紧密相关，工业系统也是地区级别的。

（4）如前所述，装配式建筑产业系统受政府调控，产品体系采用什么样的技术体系受政府监管，同时通过产品的技术指标来调控装配式建筑产业系统，比如通过装配率、装配建筑应用面积比率、具体补贴政策来调控，也就是装配式建筑实体产品系统是政府调控行业重要的抓手。

不同层级系统模型的应用层次也不相同，5 层模型对应的应用层级如图 6.5 所示。

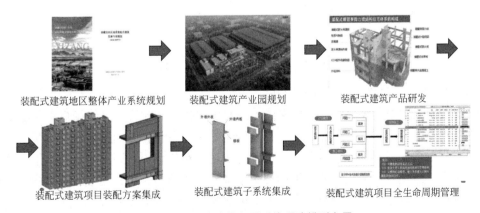

图 6.5　装配式建筑各层系统理论模型应用

6.3 装配式建筑工业系统

第6.2节从产业系统工程方面，对装配式建筑产业从不同对象层次进行了解析；本节将装配式建筑作为现代化工业，从工业系统角度也就是从工业系统构成要素进行解析。钱学森指出：系统论是整体论与还原论的辩证统一。在应用系统论方法时，也要从系统整体出发将系统分解，在分解后研究的基础上，再提炼综合到系统整体，实现系统的整体涌现，最终从整体上研究和解决问题。为处理系统问题，人们所应做的第一步工作（起步工作）是要把具体问题抽象为一个具体系统问题，即完成系统识别和系统描述工作。本书以装配式建筑内容和特征为基础，结合装配式建筑信息流、管理流和工作流，将装配式建筑系统分解为六个子系统（图6.6）。

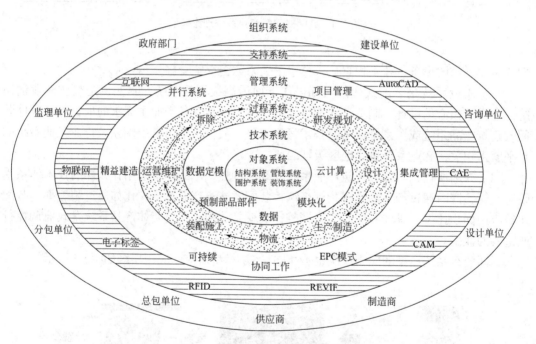

图6.6 装配式建筑工业系统结构图

由图6.6可见，这六个子系统分别是：

（1）装配式建筑对象系统。对象系统是用户（包括中间顾客和最终用户）所期望的产品，这类产品包含两种存在形态，第一种是概念的对象系统，即接触客观现象时，在其头脑中显示出的各式各样的概念对象。第二种是实现的对象系统，即真实呈现给用户的客观对象。装配式建筑对象系统包含以下四类子系统：主体结构系统、设备管线系统、建筑围护系统和装饰装修系统。这四类子系统下又包含各自的子子系统（图6.7）。

（2）装配式建筑技术系统。技术系统是装配式建筑中运用的技术活动及其全部方法和原理的有机集合体。在系统层次上，不同活动技术领域内使用的系统方法和原理之间

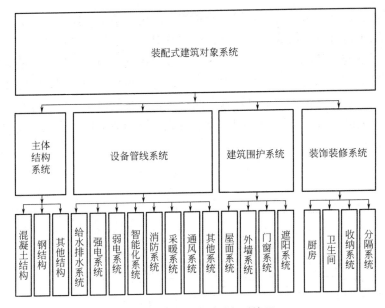

图 6.7 装配式建筑对象系统图

存在着空间联系，它们之间存在一定程度的逻辑依赖性。基于此原理，绘制装配式建筑技术系统空间剖面图（图6.8），图中的双向箭头表示技术系统不同指标之间的逻辑相依关系。

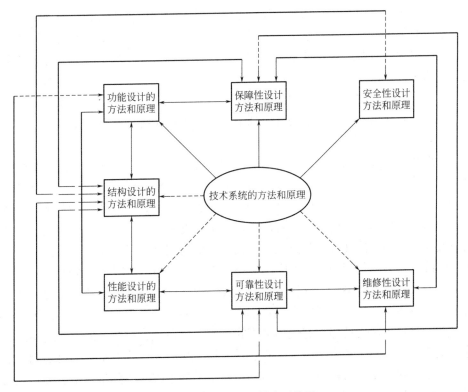

图 6.8 装配式建筑技术系统图

（3）装配式建筑过程系统。概念的对象系统经由过程系统转换为实现的对象系统。装配式建筑过程系统包含三大组成部分：装配式建筑对象系统活动过程系统、装配式建筑支持系统活动过程系统和装配式建筑管理系统活动过程系统。由于工程系统的主要目标之一是获取用户需要的对象系统，因此在过程系统中，对象系统活动过程系统在整个过程系统中占据支配地位，它在一定程度上决定其他两个过程系统的体系结果，是整个过程系统的中心。本文所研究的过程系统即为装配式建筑对象系统的活动过程系统，装配式建筑过程系统体系如图6.9所示。

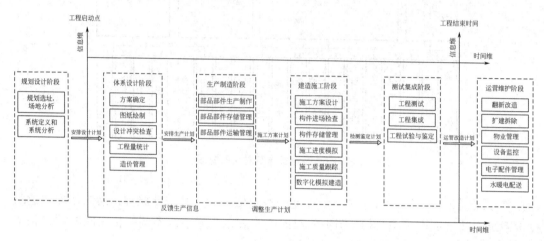

图 6.9　装配式建筑过程系统图

（4）装配式建筑管理系统。装配式建筑系统具有不同于传统建筑和一般加工制造业的复杂性，相应的装配式建筑管理系统也体现出复杂性。作为生产力支配性要素的管理，在当代社会生产力发展阶段通常是社会生产力系统诸要素中最重要的要素。管理系统是整个装配式系统的协调器，与技术系统相比，管理系统更重要。对于许多大型复杂系统工程案例分析，造成工程失败的主要原因大部分不是技术上的失误，而是管理决策上的失误。管理系统涉及装配式建筑过程系统中的各个环节，所以管理系统的复杂性是多种复杂性的综合体。

鉴于管理系统的复杂性，难以通过某一两种方法加以解决，有必要根据装配式建筑系统各要素间的特性和联系的本质属性，采用集成化管理装配式建筑。通过集成化管理实现科学化管理。集成化管理以建设项目全生命周期为对象，以运营期目标为导向，采用组织、经济、信息和技术等手段，综合考虑项目管理各要素间的协调统一，实现项目各阶段的有效衔接，注重各阶段和各参与方的知识运用，从而实现项目效益的最大化。集成化管理包含三个维度，分别是管理要素维度、管理过程维度和知识维度（图6.10）。

（5）装配式建筑支持系统。支持系统是工程组织进行工程技术活动和工程管理活动所要求的全部支持活动和工程手段的有机集合体。支持系统是除工程人员之外的另一生产力关键要素。当且仅当使用适当而有效的装配式建筑支持系统去解决装配式建筑系统的问题时，才可能获得最高的工程效率。装配式建筑支持系统的支持能力水平不仅是判断最后实现的装配式建筑对象系统可能达到的能力和性能水平的基础，而且是鉴定装配式建筑系统与时俱进的重要标志。装配式建筑支持系统日新月异的更新速度要求参与组织人员及工程人员摆脱传统建筑业习惯的束缚，以不断更新的支持系统迎接日益复杂的装配式建筑对象系统所提出的新挑战。本研究采用工程系统分解结构（Engineering Breakdown Structure，EBS）方法，按功能和专业将装配式建筑支持系统分解为一定细度的工程子系统而形成的树状结构（图6.11）。

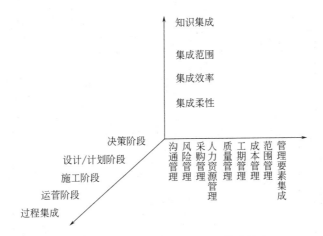

图 6.10　装配式建筑管理系统的集成维度

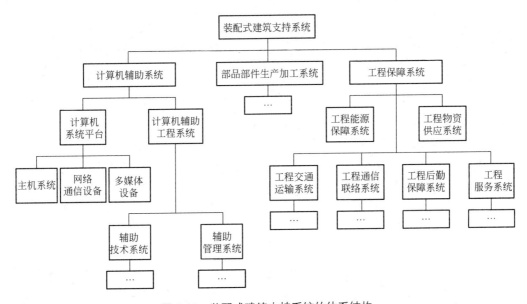

图 6.11　装配式建筑支持系统的体系结构

（6）装配式建筑组织系统。组织系统是直接从事工程技术活动、管理活动和支持活动的组织。装配式建筑项目有多个参与方，他们拥有各自领域的能力和知识。各个参与方都在实施自己的项目管理，他们之间应该形成有机的协同匹配，参与方的人员目标需与装配式建筑对象系统的大目标相适应，尽量减弱直至消除争执或冲突，从而实现对象系统的优势聚变，求得"最优"的系统问题解（图6.12、图6.13）。

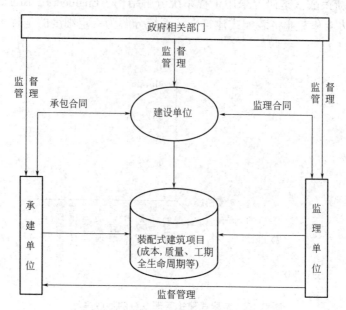

图 6.12　装配式建筑组织系统格局一

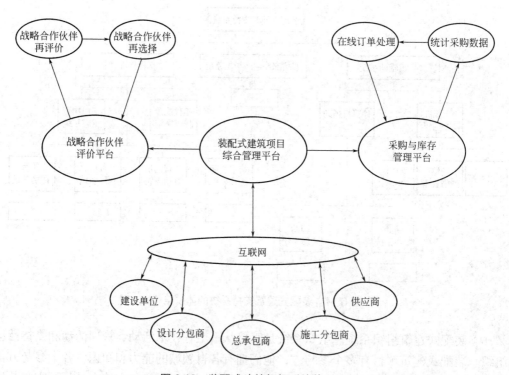

图 6.13　装配式建筑组织系统格局二

6.4 装配式建筑系统工程论应用

在理论研究基础上，本书以模型为指导，按照模型给出的要素，分别对不同层级应用进行具体问题具体分析和应用。

6.4.1 装配式建筑产业系统发展规划

1. 装配式建筑地区级整体产业系统规划

地区级别产业系统规划，包含地区的产业布局、产业政策、相关制度和标准以及质量监督等，同时包含装配式建筑体系的选择和推荐，按照模型系统架构要素进行全面分析，制定装配建筑地区整体产业系统的规划。本书以《西藏自治区高原装配式建筑发展专项规划》为例，按照模型系统架构进行全面分析，考虑西藏自身特点，并按照系统规划的原则进行了编制。

（1）西藏自治区地处高原，人文气候条件，建筑业情况特殊，自治区发展装配式建筑，在面临共性发展问题的同时，还需考虑以下自身特点。气候地理条件特殊，西藏地震活动构造带的活动十分强烈，拉萨市当雄县和林芝市墨脱县地震烈度为9度，自治区大部分市、县设防烈度均在7度（0.15g）以上。这就要求西藏自治区的高原装配式建筑要在抗震技术上取得突破，结构安全技术要经得起强烈地震的考验。此外，西藏全年大多数时间气候主要特点是寒冷、干燥、降水稀少、多大风。西藏平均海拔4000m以上，气温低。自治区独特的气候地理条件给发展高原装配式建筑带来前所未有的挑战，其技术体系还需结合实际情况，有针对性地选择适宜的建筑体系。

（2）建筑业基础薄弱。西藏自治区由于历史发展、地形地势及人口密度等原因，建筑业发展水平相对较低。作为西南边疆地区，自治区建筑市场规模较小，本地建筑设计、施工以及建材生产等企业发展困难，建筑产业链配套不全，同时，缺少相关研究机构，人才匮乏，技术积累不足，难以在短期内为装配式建筑提供有效产业支持和技术支持。

（3）装配式建筑起步较慢。目前西藏自治区装配式部品部件生产企业较少，构件部品产能缺口巨大。此外，自治区内还没有采用高装配率方式建造的项目，自治区内企业实施装配式建筑的经验不足，自治区装配式建筑产业发展任重道远（图6.14）。

（4）交通运输和劳动力成本高。西藏地广人稀，交通运输成本较高，对自治区内建筑业的发展形成了极大的制约。此外，由于西藏天然的自然气候，会给从业人员的身体带来一定程度的伤害，加大建筑从业人员的工资待遇，是留住从业人员的主要方式。因此，劳动力成本高也在一定程度上阻碍了建筑业的发展。

2. 装配式建筑产业园规划

对区域级别装配式建筑产业园和企业级别装配式建筑产业园的规划，首先确定位于前端的是地区级别的相关产业资源整合和产业链梳理，根据产业资源整合地区产业发展，布局产业园的发展，确定要发展的技术体系，根据技术体系布局工厂，最后完成生产系统的设计（图6.15）。

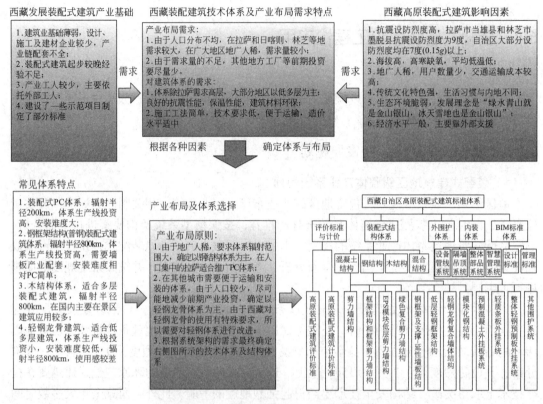

图 6.14　高原装配式建筑产业发展规划

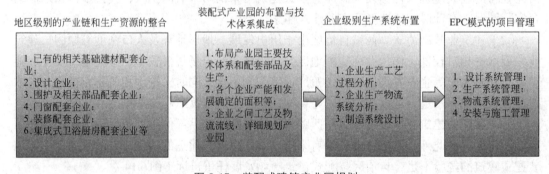

图 6.15　装配式建筑产业园规划

6.4.2　装配式建筑产品研发与系统集成

1. 装配式建筑产品研发技术路径

建筑不同于其他工业产品的最大特征是多样化与个性化的统一，装配式建筑需要将部品尽可能地标准化、工业化。装配式建筑要实现标准化和工业化，需要采用系统思维，以标准化设计、柔性化生产、信息化管理、通用建筑体系技术集成等四方面为出发点，最终实现多样化和个性化建筑的统一，具体技术路径如图6.16所示。

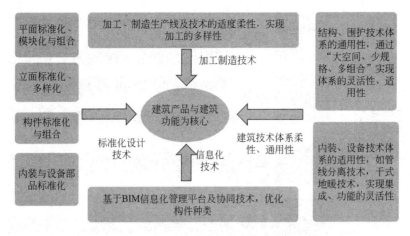

图 6.16　装配式建筑研发技术路径

参考日本精益化联合研发和供销模式，装配式建筑系统可以从产品系统研发开始，联合产品研发、设备供应、软件编制，形成技术风险与成本共担的模式，从而最终实现技术合理和成本可控的目标（图 6.17）。

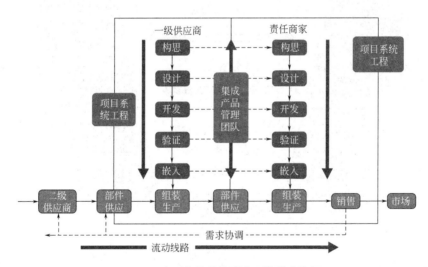

图 6.17　多厂家精益化联合研发技术路径

2. 装配式建筑产品系统集成

在设计装配式建筑产品体系时，应注重以下三个方面：第一是区域性差异，即气候、地理、居住习性、文化、地材供应；第二是体系通用性，即开放性、通用替换性、易加工性、已有成熟技术利用和集成；第三是体系适用性，即根据具体建设项目，合理制定装配率，逐步提升装配式建筑体系的配置和要求（图 6.18）。

除系统自身合理性外，装配式建筑系统集成研发应至少从表 6.1 中的第 3 层出发去集成，从全产业角度关注系统的合理性，从建筑功能、本身成本、装配性、生产线投资成本、可扩展性综合考虑。装配式建筑系统集成基本步骤如下：将功能需求量化→确定系统的功能及各个部品功能→确定系统、子系统模型→测试仿真系统功能→系统测试（图 6.19）。

以装配式通用钢结构体系为例，应遵循以下研发流程进行研发（图 6.20）：

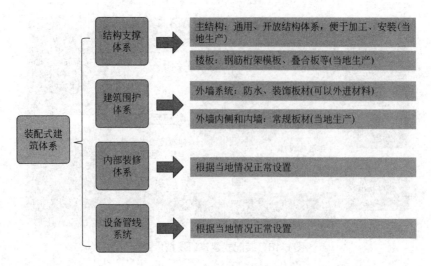

图 6.18　多层次系统集成

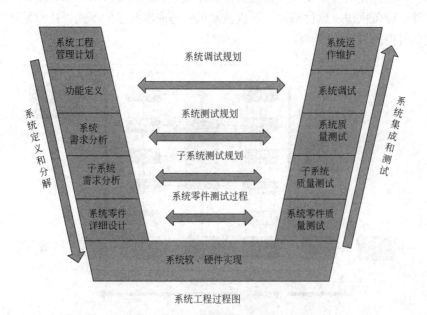

图 6.19　装配式建筑系统集成基本步骤

6.4.3　装配式建筑项目系统管理

1. 装配式建筑设计系统化管理

装配式建筑设计流程采用一体化、系统化的集成设计。设计模式从方案开始，建筑、结构和设备等专业以及深化设计、加工等全流程统筹参与。同步优化建筑体系中部品与部件工业化程度和标准化程度（图6.21）。

2. 装配式建筑信息化管理

实现装配式建筑建造管理的基础是以系统和工业化产品方式进行管理。管理的最有效的手段是信息化，模型的精度越高管理的效率和精细化程度越高。采用设计一体化的LOD400加工精度BIM模型，实现工业产品级设计。以该模型为基础进行项目管理，方便从技术上整合整个产业链条。由于装配式建筑参与方较多，以高精度模型为基础，以设计、安装、加工流程管理为主线链条，采用BIM协同管理平台系统，可有效提高各方配合

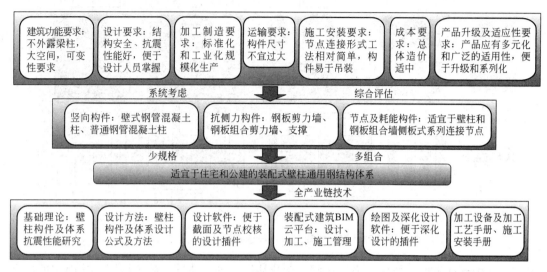

图6.20 装配式通用钢结构体系研发流程

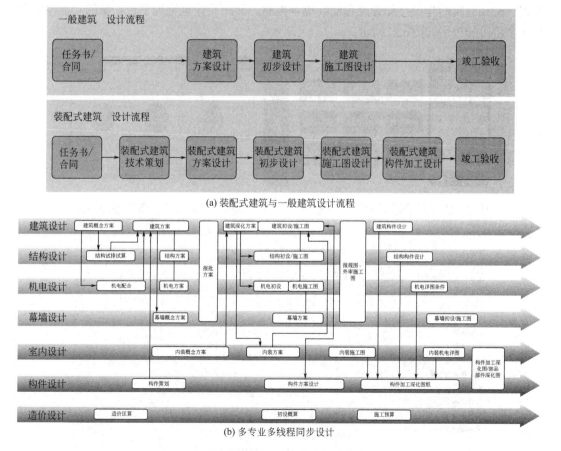

(a) 装配式建筑与一般建筑设计流程

(b) 多专业多线程同步设计

图6.21 装配式建筑与一般建筑设计流程（一）

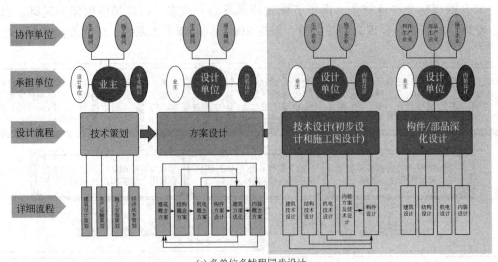

(c) 多单位多线程同步设计

图 6.21　装配式建筑与一般建筑设计流程（二）

效率，并做到如下四个协同：设计协同、深化协同、加工协同、施工协同，从而实现建设项目的全生命周期管理。同时，通过 BIM4D、BIM5D、进度填报及成本预算等手段，还可实现装配式建筑的建设过程管控和最终成本控制。装配式建筑管理平台系统的功能模块和在各个阶段的应用如图 6.22 所示。

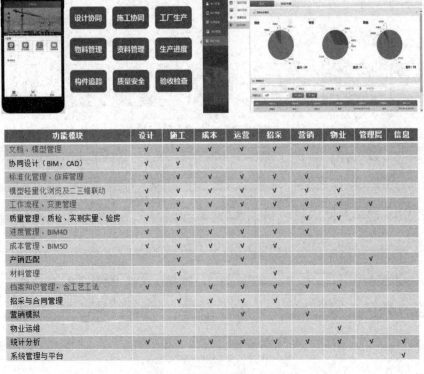

功能模块	设计	施工	成本	运营	招采	营销	物业	管理层	信息
文档、模型管理	√	√	√	√	√	√	√	√	
协同设计（BIM，CAD）	√	√							
标准化管理、族库管理	√	√	√	√	√	√			
模型轻量化浏览及二三维联动	√	√	√	√	√	√	√		
工作流程、变更管理	√	√	√	√	√	√		√	
质量管理、质检、实测实量、验房	√	√						√	
进度管理、BIM4D	√	√	√	√	√	√		√	
成本管理、BIM5D	√	√	√	√	√			√	
产销匹配		√			√			√	
材料管理		√			√				
档案知识管理，含工艺工法	√	√	√	√	√		√		
招采与合同管理		√	√	√					
营销模拟				√		√			
物业运维							√		
统计分析	√	√	√	√	√	√	√	√	√
系统管理与平台									√

图 6.22　装配式建筑管理平台系统

第7章　装配式钢结构壁柱建筑体系

7.1　装配式钢结构壁柱建筑体系总体构成

矩形钢管混凝土柱（Concrete Filled Steel Tube Column，CFT Column）兼有钢结构及混凝土结构的优点，具有截面开展、抗弯刚度大、节点构造简单等特点，能够降低工程造价、缩短工期、节约材料、减少能耗，应用前景良好，我国已越来越多地在工程中采用。国内规程《矩形钢管混凝土结构技术规程》CECS 159—2004中矩形钢管混凝土的高宽比最大限值为2.0，国外典型组合结构设计规范中未规定矩形钢管混凝土的高宽比限值。实际工程中，特别在住宅建筑中采用矩形钢管混凝土构件时，框架柱会凸出墙体，影响建筑功能。沿墙体方向适当加大截面长宽比可减少甚至避免框架柱凸出墙体，显著提升钢结构住宅品质。同时，矩形钢管混凝土绕强轴的抗弯承载力和刚度随着截面高宽比的增加而增大，可有效提高截面的受力效率，减少用钢量，降低造价。

目前，现有的研究和规范均未给出大截面长宽比钢管混凝土的抗震性能和相应的设计方法。因此，在总结以往钢管混凝土柱研究的基础上，西安建筑科技大学钢结构研究团队提出了一种适用于钢结构住宅的新型壁式钢管混凝土柱（Wall-Type Concre Filled Steel Tube Column，简称壁柱），其典型的柱截面如图7.1所示。为减小截面长边钢板宽厚比，并对混凝土形成有效约束，在焊接矩形钢管腔内增加纵向分隔钢板，或在热轧矩形钢管间焊接钢板，形成两腔或多腔壁式钢管混凝土柱。

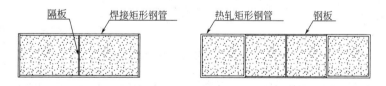

图 7.1　壁式钢管混凝土柱截面

梁柱节点是框架结构、框架-支撑结构和框架-钢板墙结构连接与传力的枢纽，能有效协调梁柱变形，对结构整体受力性能和抗震性能具有至关重要的作用。长期以来，各类钢结构建筑广泛采用环板式、内隔板式和贯通隔板式等常规梁柱刚性连接节点，并且认为这种连接的抗震性能良好。然而，在1994年美国北岭地震（Northridge Earthquake）和1995年日本阪神地震（Kobe Earthquake）中，传统的梁柱刚性连接节点发生了大量意料之外的破坏。由北岭震害调查可以看出，尽管钢框架结构在地震中没有发生倒塌破坏，但是在梁柱连接节点位置柱翼缘处发现了大量的脆性断裂。日本阪神大地震中，梁柱连接节点处同样发生了大量脆性裂缝，梁端没有形成塑性铰，其中最常见的是在梁下翼缘与柱翼缘焊接处或附近部位发生脆断，有些结构破坏严重，甚至发生倒塌。同时，传统梁柱连接节点工厂制作难度大、现场安装效率低等，间接提高了工程造价。

壁式钢管混凝土柱是一种新型的构件截面，相对常规钢管混凝土柱增加了内部隔板，且截面宽度较小，常规梁柱连接节点已无法满足此截面形式的安全性需求。针对壁柱的截面形式和受力特点，本团队提出了平面内双侧板（Double Side Plate，DSP）梁柱刚性连接节点和平面外对穿拉杆式梁柱刚性连接节点。平面内双侧板节点使用双侧板连接梁端与钢柱，梁端与钢柱完全分离。双侧板迫使塑性铰由节点区域外移，并增加了节点核心区的刚度，消除了传统梁柱节点转动能力对柱节点区的依赖。梁柱之间的物理隔离，消除了梁翼缘与柱翼缘处焊缝脆性破坏的可能性。平面外对穿拉杆式梁柱连接节点较好地适应壁柱截面宽度小的特点，具有加工制作简单、现场安装方便和装配化程度高的特点。

装配式壁柱建筑体系以上述壁式钢管混凝土柱为核心，由壁式框架结构体系、高层抗侧力体系、装配楼承板体系、装配式轻质内墙体系、装配式一体化外墙体系、集成化设备管线体系和模块化内装体系构成（图7.2）。

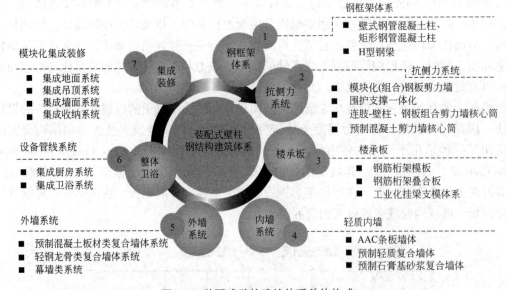

图 7.2　装配式壁柱建筑体系总体构成

壁式框架结构由壁式钢管混凝土柱结合矩形钢管混凝土柱和 H 型钢梁组成，壁式钢管混凝土柱解决了传统框架结构室内框架柱凸出墙体，影响建筑使用功能的难题；高层抗侧力体系包括模块化钢板剪力墙、模块化组合钢板剪力墙和围护支撑一体化支撑体系，抗侧效率高，用钢量经济，与建筑围护体系具有较好的相容性。其中，模块化组合钢板墙可结合钢连梁形成高效的抗侧力核心筒，适用于公共办公建筑和公寓等，核心筒还可采用预制混凝土剪力墙核心筒；楼板是协调各抗侧力构件传力的关键构件，必须具有足够的整体性并具有工业化施工的特点，可采用钢筋桁架模板和钢筋桁架叠合板，也可采用标准化、工业化的挂梁支模体系。

围护墙体系决定了建筑的使用品质，如何做到既具有良好的承载力和变形性能，以及保温隔热、隔声、防水和耐久性，又能工业化生产和装配化施工，同时具有良好的经济性，涉及科研、设计、生产和施工各个环节。设备管线分离技术、集成厨房系统、集成卫浴系统以及模块化装修体系保证了装配式建筑的全生命周期设计，使设备与装修达到与主结构相同的设计寿命，彻底改变了传统建筑后期维护改造费用高昂的缺点。

7.2　装配式壁柱通用结构体系研发

建筑布局方面要求主结构体系框架梁和框架柱隐藏于墙体内。框架梁跨度大以实现大空间，便于全生命周期内改变建筑布局。工业化制造方面要求构件和节点标准化，便于工业化生产制造。采用通用制造设备即可生产，不需专用设备，实现较高的经济性。现场安装方面要求连接节点标准化且简单方便，便于运输和装配，提高安装效率，缩短工期。结构受力方面要求构件和连接节点受力效率高，抗震性能好，实现较好的安全性和经济性。

7.2.1　装配式建筑通用竖向构件

单一竖向构件类型难以同时满足装配式建筑对结构构件的全部需求，同一结构体系也对竖向构件具有不同需求。因此，需预先确定几种不同的竖向构件类型，以适用于不同的需求（图7.3）。

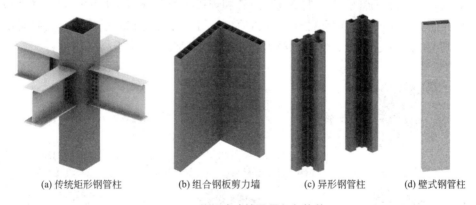

(a) 传统矩形钢管柱　　　　(b) 组合钢板剪力墙　　　　(c) 异形钢管柱　　　　(d) 壁式钢管柱

图 7.3　装配式建筑通用竖向构件

7.2.2　装配式建筑通用竖向构件综合性能评估

各竖向构件应用于装配式建筑均具有不同的优点与不足，可以从以下4个方面评估其综合性能：①对建筑功能的适应性；②工厂标准化和工业化生产的可实现性；③运输与装配效率；④抗震性能与经济性。表7.1给出了4种类型通用竖向构件的综合性能评估。可见，各类构件在不同方面均有其优点，并伴随着其他方面的缺点，需综合评估其性能。

装配式建筑通用竖向构件综合性能评估　　　　　表 7.1

实现方式	不外露框架柱	标准化和工业化生产	现场连接及装配、运输效率	抗震性能及成本
矩形钢管柱	指数：良，通过建筑功能排布，做到不外凸或偏移，但在个别情况下无法实现，易于实现大空间	指数：优，加工工艺成熟，便于工业化	指数：优，便于连接，便于运输	指数：优，成熟可靠，成本可控，企业固定投资低，含钢量适中
组合钢板剪力墙	指数：优，完全可以做到不外露，不易实现大空间	指数：良，需要专门设备加工	指数：差，现场焊缝过多，构件尺寸大，运输不便	指数：差，延性相比矩形柱稍差，企业固定投资大，含钢量较大
异形钢管柱	指数：优，完全可以做到不外露，易于实现大空间	指数：差，手工作业较多	指数：良，连接总体难度一般，便于运输	指数：差，延性相比矩形柱稍差，含钢量较高
壁式钢管柱	指数：优，完全可以做到不外露，易于实现大空间	指数：优，加工工艺成熟，便于工业化	指数：优，便于连接，便于运输	指数：良，面内延性好，面外延性稍差，含钢量适中

7.2.3　装配式建筑通用竖向构件扩展

对现有通用竖向构件重新优化、组合，采用模块化，通过连接技术的突破和创新，实现了从多层、高层、超高层，住宅和公建的全面应用。优化和组合后的联肢组合钢板墙如图7.4（a）所示，其刚度大、布置灵活，适合用于超高层住宅或办公楼。优化和组合后的联肢壁柱，适合住宅建筑角部布置或个别中柱布置，如图7.4（b）所示。

为适应不同方式的规模化生产，同时产品便于形成系列化，对不同的成柱方式进行了系统性研究。除矩形钢管柱外，主要分为热轧和焊接两类，截面在1：2～1：4之间（图7.5）。小截面宽高比的矩形钢管柱加工制造简单，可用于低层和多层建筑。大截面宽高比的壁式钢管柱构造更加复杂，但其承载力高，抗侧刚度大，可用于高层建筑。

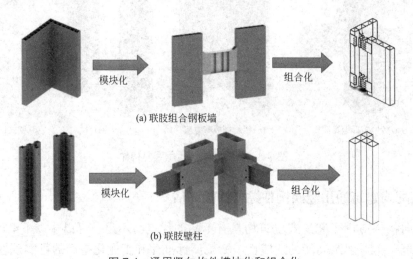

(a) 联肢组合钢板墙

(b) 联肢壁柱

图 7.4　通用竖向构件模块化和组合化

7.2.4　装配式建筑通用梁柱连接节点

对不同的成柱方式的连接节点进行了系统性的扩展和研究，目的是方便加工与施工。

(a) 热轧矩形钢管柱

(b) 热轧壁式钢管柱

(c) 焊接壁式钢管柱

图 7.5　通用矩形钢管柱和壁式钢管柱

矩形钢管柱可采用传统的内隔板梁柱连接节点，同时也研发了高效装配的全螺栓梁柱连接节点（图7.6）。针对壁式钢管混凝土柱，为实现高效装配且便于混凝土浇筑，本团队研发了局部内隔板梁柱连接节点、双侧板梁柱连接节点和对穿螺栓–端板梁柱连接节点（图7.7）。

(a) 内隔板梁柱连接节点

(b) 高效全螺栓梁柱连接节点

图 7.6　矩形钢管柱梁柱连接节点

(a) 局部内隔板梁柱连接节点

(b) 双侧板梁柱连接节点

(c) 对穿螺栓–端板梁柱连接节点

图 7.7　壁式钢管柱梁柱连接节点

7.2.5　装配式建筑通用结构体系

选定通用竖向及抗侧力构件后，将其与消能减震构件、隔震构件、钢支撑、防屈曲钢板剪力墙、钢板组合剪力墙和预制混凝土剪力墙等抗侧力构件组合，得到组合壁柱、联肢钢板组合剪力墙等组合构件，配合侧板式与对穿螺栓梁柱连接节点、局部隔板梁柱连接节点和高效高强度螺栓梁柱连接节点形成完整的结构体系。最终形成了壁柱框架体系、壁柱框架–支撑（剪力墙）结构体系和壁柱框架–核心筒结构体系等（图7.8）。

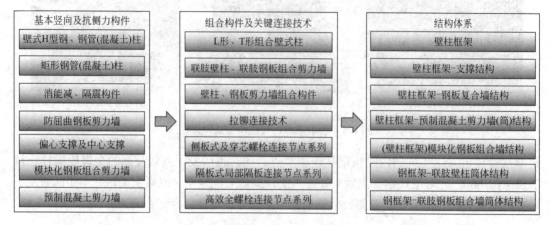

图 7.8   装配式建筑通用结构体系框架图

7.2.6   装配式建筑通用楼板体系

钢结构建筑工业化楼板是提高劳动效率、提升建筑质量的重要方式，克服了传统楼板体系施工速度慢，施工质量差等问题，适用于绿色装配式建筑结构体系。常用的工业化楼板体系包括可拆卸钢筋桁架楼承板、钢筋桁架混凝土叠合板、压型钢板楼承板、PK叠合板和工业化模板等（图7.9）。结合钢结构建筑的特点，免脚手架工业化混凝土楼板是一种高效和经济的楼板体系（图7.10）。免脚手架工业化混凝土楼板荷载直接通过龙骨传递至钢结构主体，无需搭设脚手架；底模与混凝土楼板浇筑为一体，免拆模；龙骨和底模为标准化产品，便于生产与安装；与现浇混凝土楼板具有相同的使用品质和受力性能；造价低廉，性价比高。

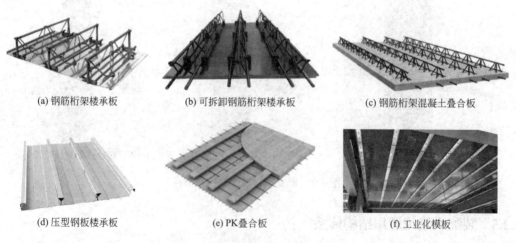

(a) 钢筋桁架楼承板   (b) 可拆卸钢筋桁架楼承板   (c) 钢筋桁架混凝土叠合板

(d) 压型钢板楼承板   (e) PK叠合板   (f) 工业化模板

图 7.9   装配式建筑通用楼板体系

7.2.7   装配式建筑通用结构布置

根据装配式建筑的平面布置、结构高度和建筑品质要求，结合加工制造厂和施工单位

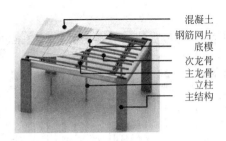

图 7.10　免脚手架工业化混凝土楼板

制造和安装能力，可灵活采用传统矩形钢管柱框架体系、矩形钢管柱+壁柱框架体系、组合钢板剪力墙体系和异形钢管柱框架体系等通用结构体系，以满足不同的需求（图 7.11）。

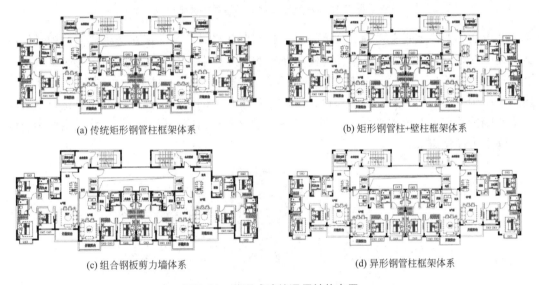

(a) 传统矩形钢管柱框架体系　　　　　　　　　　(b) 矩形钢管柱+壁柱框架体系

(c) 组合钢板剪力墙体系　　　　　　　　　　　　(d) 异形钢管柱框架体系

图 7.11　装配式建筑通用结构布置

7.3　壁式钢管混凝土柱建筑体系相关技术研究

7.3.1　建筑设计研究

1. 全生命周期节能减排住宅

全生命周期住宅概念源于日本，其本质在于通过空间的变化、功能的转化，使住宅可以随着家庭在不同阶段的需求变更而"进化"，契合不同生命阶段的不同需求。我们建设全生命周期住宅的目的是提高住宅户型适应性，空间灵活性，提高建筑实际使用年限，节能减排，其方式是取消或减少室内承重墙，采用轻质隔墙，实现大跨度空间，为将来户型的可变预留可能性和自由度，实现在不同家庭人口模式下，使用者可以根据居住人数来选择居住房间的数量和大小，满足不同人生阶段家庭生活需要（图 7.12）。

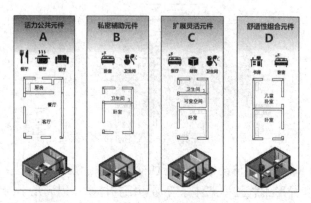

图 7.12　户型模数化、部品规格规范

全生命周期住宅意义重大，户型设计开创定制化设计，是一次对传统住宅的划时代革新，在"互联网+时代"满足年轻一代对住宅的实际需求，在全生命周期中为业主提供一个舒适的生活空间。本团队在标准化户型和部品模块上做了一些研究（图7.13），开发了适用于结构体系的建筑及立面户型库，同时制定了相应的设计标准，通过模数化设计解决结构和围护系统工业化水平低的问题，套内灵活分割，适应阶段性变化，且让用户参与设计，满足个性化需求。

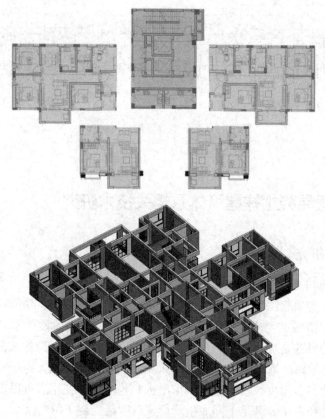

图 7.13　不同模块和户型组合

2. 装配式SI体系

在装修方面，采用结构与内装修分离的SI体系，同时解决了当前一些装配式建筑装修敲击有空鼓声的问题。SI是支撑体（Skeleton）和填充体（Infill）的缩写，其核心是将住宅中不同寿命的主体结构和内装及管线等填充体进行分离。SI设计将结构与管线分离，提高建筑物使用年限，打造百年住宅，实现节能减排。

钢结构与SI契合度非常高，钢结构可以实现大空间，利于SI的实现；钢结构的施工安装精度高，利于部品安装；钢梁腹板可以开洞，利于管线的布置（图7.14）。

SI完全符合全生命周期住宅要求，可以根据家庭构成和居住者的生活方式的变化，改变房间的布局和内部的装修；居住格局每10 ~ 30年就可以更新一次，自由地分隔空间，可变性强；主体结构可维持50 ~ 100年；经久耐用。

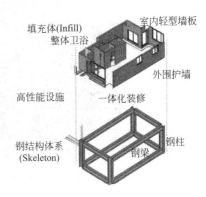

图 7.14　建筑 SI 体系示意图

7.3.2　围护体系研究

"三板"问题一直是装配式钢结构建筑推广过程中最大的问题之一，引起该问题的原因除了墙板本身构造外，其中最为关键的是装配式墙板与钢梁相接处构造处理不当。针对此问题，结合国内外研究成果，本团队研发了一种新型特种砂浆来处理墙板与梁柱间接缝，砂浆采用喷涂作业，操作简单，施工速度快，同时兼具防火和保温功能；另外，研发轻钢龙骨–石膏基砂浆复合墙体、AAC墙板、装配式板材BIM软件信息化管理核心技术、安装工法和设备等全套技术。

本团队研发了一种主要由灰浆混合料、聚苯乙烯颗粒、石膏和矿物基础胶粘剂组成的防护砂浆（图7.15），该材料通过喷涂方式，快速初凝，经过一定时间养护，形成具有一定强度，兼有良好保温、隔声以及耐火等性能的轻质材料。材料采用脱硫石膏、再生EPS颗粒，是一种绿色、可循环、低成本、高性能材料。

(a) 特种石膏基防护砂浆　　　　　(b) 喷涂砂浆设备

图 7.15　特种石膏基防护砂浆及喷涂设备

基于防护砂浆材料，本团队研发了与结构配套的轻钢龙骨–石膏基砂浆复合墙体，墙体分为现场喷涂式和干挂预制式（图7.16）。墙体具有良好的耐火性能和保温、隔声性能，编制了陕西工程建设标准《冷弯薄壁型钢–石膏基砂浆复合墙体技术规程》DBJ61/T 99—2015和图集《冷弯薄壁型钢–石膏基砂浆复合墙体构造图集》（陕2015TG004）。

(a) 喷涂式轻钢龙骨复合墙体　　　　　　(b) 干挂墙板轻钢龙骨复合墙体

图7.16　轻钢龙骨–石膏基砂浆复合墙体

基于防护砂浆特点，本团队开发了钢结构梁柱包裹防护系统。对不同厚度的砂浆包裹的梁柱进行耐火试验，可以达到相关防火要求（图7.17）。

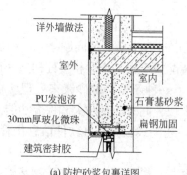 

(a) 防护砂浆包裹详图　　　　　　(b) 钢梁包裹试件

图7.17　钢结构梁柱包裹防护系统

本团队开发了与结构配套的装配式AAC保温装饰一体化双墙体系（图7.18）。外墙为AAC艺术大板，采用NDR高抗震内置摇摆节点和产业化大板幕墙装配式工法，内墙采用了轻质保温板，不仅解决了结构的冷热桥问题，同时外装饰也实现了产业化装配。双墙间根据保温需要设置岩棉或空气层，提高了墙体的节能保温性能。

本团队研发了AAC装配式板材BIM软件信息化管理核心技术（图7.19）。集成了Revit、CAD、SketchUp、ERP、3Dmax、广联达等软件，建立装配式建筑从设计、生产、物流、施工全过程信息化管理平台。通过BIM系统建模，在完成立面设计后可以通过Revit系统与SketchUp或3Dmax系统的数据对接，生成建筑立面的整体效果图，同时自动形成生产材料表，并与ERP生产制造系统对接后进行批量生产，按施工顺序进行包装及调度物流。同时实现工艺模拟和防碰撞检查，借助BIM信息平台，结合物联网技术实时掌控构件在设计、生产、运输、施工过程中的信息，通过移动终端关联BIM信息平台指导构件现场安装，达到现场施工进度管理、施工方案、平面布置三维模拟及可视化，实现全过程信息共享，协同工作。

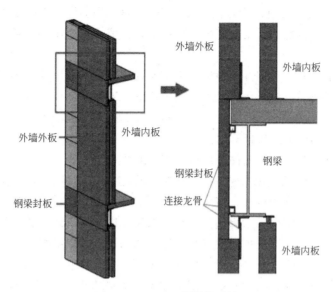

图 7.18　AAC 双层墙体系统

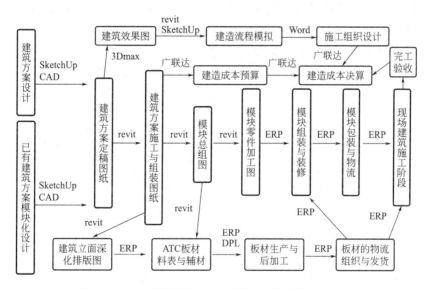

图 7.19　BIM 在模块化 AAC 建筑全过程中的应用流程

7.3.3　生产工艺研究

　　壁式钢管混凝土柱截面高宽比大于 2，采用传统矩形柱组装及焊接设备不能顺利实现自动化生产，本团队针对壁柱特点，研发了其生产工艺流程，其构件组装及焊接顺序如下。

　　（1）箱形构件拼装前必须将焊缝边缘 50mm 和钝边处的氧化皮清除后，方可进行拼装。

　　（2）拼装时必须搭模台进行拼装，保证方形样四个角度正确。

　　（3）为保证箱形构件在组装和焊接过程中尽量不变形，采用在箱形两端加 35mm 厚的工艺定位板，在箱形中间加隔板。工艺定位板的四个面为保证其精确性采用刨工艺加工。

（4）箱形构件组装前应仔细检查各零件板，检验其材质、尺寸是否符合设计图纸要求；切割面质量是否符合要求；零件板拼接面是否已清除干净；确认各零件板均符合要求后方可进行组装。

（5）先对开剖口的箱形构件的腹板点焊定位衬垫。先精确地测量钢板的具体尺寸，然后根据图纸上的焊接间隙要求对衬垫进行定位（图7.20）。其中，L为设计图纸上的焊接间隙，在钢板两端留出40mm余量不垫衬垫，可用来安装工艺定位板。

（6）制作拼装胎架［图7.20（b）］。

（7）吊上已加工好的箱形构件零件板［图7.20（c）］。

（8）通过临时支撑固定钢柱壁板，中部连接腹板通过单边角焊缝与壁板焊接［图7.20（d）］。

（9）吊装钢柱另外两侧壁板，按照图纸位置放好。用直尺检查矩形端面尺寸、对角线偏差是否在规范允许范围内，如果超出规范要求应立即用千斤顶或铁锤敲打进行校正。符合要求后用二氧化碳气体保护焊在坡口底部将剩余两块零件板点焊固定［图7.20（e）］。

（10）将组装好的箱形构件吊离拼装台，先用二氧化碳保护焊做四条熔透打底焊缝，然后用埋弧焊将焊缝焊满。接下来对箱形两端不垫衬垫的地方采用反面清根的方法进行焊接［图7.20（f）］。

（11）箱形焊缝打底顺序如图7.20（g）所示。隔板和两侧腹板及下翼板应采用CO_2气体焊，焊后100%UT检测，合格后方可盖板［图7.20（h）］，四条纵向主焊缝必须严格遵守同向、同步并不得中途间断施焊，以免产生扭曲。

（12）将组装好的箱形构件吊至拼装台，满焊双侧外贴板［图7.20（i）］。

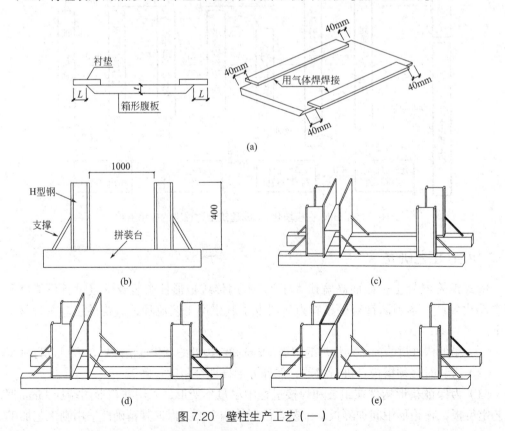

图 7.20   壁柱生产工艺（一）

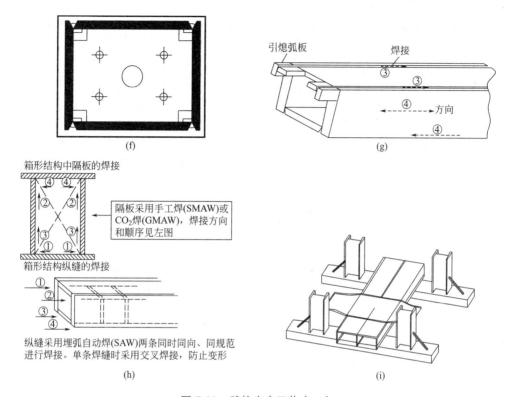

图 7.20　壁柱生产工艺（二）

注：①～④为焊缝编号。

7.3.4　配套软件研究

基于构件属性的绘图软件（图7.21），打破了传统粗线绘图模式，采用1∶1实际尺寸绘图模式，梁柱墙关系更加清晰。同时根据已有研究成果创建的壁柱构件设计校核软件（图7.22），可直接读取主流设计软件的内力信息，根据研究所得设计公式校核壁柱。

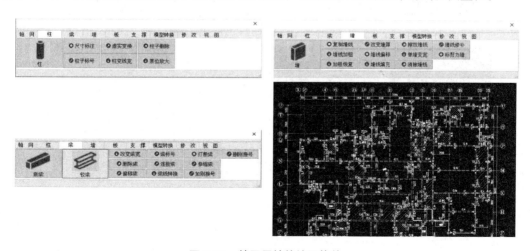

图 7.21　基于属性的绘图软件

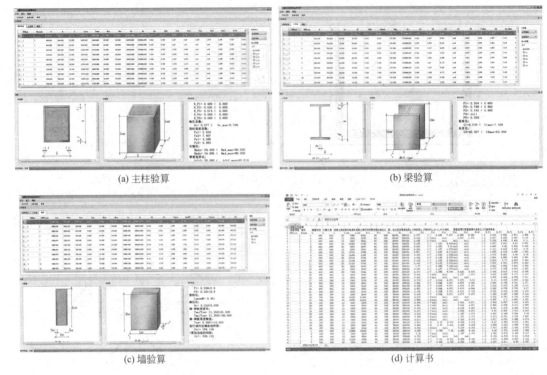

(a) 主柱验算　　　　　　　　　(b) 梁验算

(c) 墙验算　　　　　　　　　(d) 计算书

图 7.22　壁柱校核软件

由于装配式建筑参与方较多，采用 BIM 协同管理平台系统，可有效地提高各方配合效率。做到四个协同：设计协同、深化协同、加工协同、施工协同。实现项目全生命周期管理，同时通过 BIM4D、BIM5D、进度填报及成本预算等实现对工程建设成本有效的过程管控（图 7.23）。

图 7.23　BIM 协同平台

7.3.5　体系专利研究

本团队以系统思维为指导，注重全过程研发，注重知识产权的保护，在研发过程中陆续形成了33项发明专利，88项实用新型技术。如表7.2所示为主要发明专利。

主要发明专利 表 7.2

名称	类型	简图
T形贯穿隔板式多腔室钢管混凝土组合柱钢梁节点及装配方法	发明	
一种装配式建筑内墙与相邻楼板的连接结构	发明	
一种用于偏心梁柱连接的三侧板节点及装配方法	发明	
一种螺栓连接的双侧板节点及装配方法	发明	
一种支撑平推式多腔钢管混凝土组合柱支撑框架体系	发明	
一种支撑插入式梁柱支撑双侧板节点	发明	
一种装配式非承重外墙与相邻墙体的连接结构	发明	
一种装配式建筑两墙的连接结构	发明	

名称	类型	简图	
一种分层装配式钢结构的梁柱节点	发明		
一种装配式梁柱节点连接结构	发明		
一种预制T形异形钢管混凝土组合柱	发明		
一种预制T形耗能连接节点	发明		
一种带侧板的预制梁柱节点—榀框架	发明		
一种支撑平推装配的多腔钢管混凝土组合柱支撑框架体系	发明		
一种支撑插入安装的多腔钢管混凝土组合柱支撑框架体系	发明		
一种插入式梁支撑节点	发明		

名称	类型	简图
多腔钢管混凝土组合柱与钢梁U形连接节点及装配方法	发明	
多腔钢管混凝土组合柱与钢梁螺栓连接节点及装配方法	发明	
一种通过下翼缘连接的双侧板节点及装配方法	发明	
一种用于梁柱的双侧板螺栓节点及装配方法	发明	
贯穿隔板式多腔室钢管混凝土组合柱钢梁节点及装配方法	发明	
一种T形梁柱连接节点	发明	
一种基于方钢管连接件的预制L形异形钢管混凝土组合柱	发明	

名称	类型	简图
一种用于偏心梁柱的带侧板螺栓节点及装配方法	发明	
一种支撑插入式支撑双侧板节点	发明	
一种预制L形异形钢管混凝土组合柱	发明	
一种预制L形柱耗能连接节点	发明	
一种外伸盖板的支撑双侧板节点	发明	
一种支撑插入式梁柱支撑U形双侧板节点	发明	
一种支撑插入式梁柱支撑双侧板节点	发明	
一种梁端拼接的带外伸盖板的双侧板支撑节点	发明	
多腔钢管混凝土组合柱与钢梁刚性连接节点及装配方法	发明	

7.4　抗震性能试验和力学性能研究

本团队系统地进行了壁柱结构体系关键部件的抗震性能试验和力学性能研究。本研究分为5个部分，包括截面高宽比为3.0的壁式钢管混凝土柱抗震性能与力学性能研究，平面内双侧板梁柱节点抗震性能与力学性能研究，平面外对穿圆钢–端板梁柱节点抗震性能与力学性能研究，钢连梁与壁式钢管混凝土柱双侧板节点抗震性能与力学性能研究，钢框架–钢板剪力墙结构抗震性能与力学性能研究。

7.4.1　壁式钢管混凝土柱受力性能研究

1. 壁式钢管混凝土柱抗震性能试验研究

选用实际工程中典型尺寸框架柱为研究对象，完成了3个截面高宽比为3.0的壁式钢管混凝土柱足尺试件在高轴压比下的低周反复加载试验。重点研究了轴压比和含钢率对壁式钢管混凝土柱抗震性能的影响。对壁式钢管混凝土柱的破坏过程、破坏机理、滞回行为、承载能力、变形能力和能量耗散能力进行了深入分析（图7.24）。

(a) 试件C1　　　　　　(b) 试件C2　　　　　　(c) 试件C3

图 7.24　壁式钢管混凝土柱破坏模式

试验结果表明，壁式钢管混凝土柱的破坏形态为压弯破坏，塑性区位于柱底1/3截面高度区域，该区域钢板受压鼓曲、钢管纵向焊缝胀裂、混凝土压溃。壁式钢管混凝土柱的滞回曲线饱满，无明显捏拢现象，抗震性能良好。壁式钢管混凝土柱腹板在纵向隔板约束下形成一对屈曲半波，腹板局部屈曲强度提高。腹板和纵向隔板形成的H形截面对混凝土提供了有效约束，保证了试件在水平反复荷载作用下具有足够的竖向承载力。壁式钢管混凝土柱具有良好的变形能力和耗能能力，设计轴压比为0.54 ~ 0.69时，其屈服位移角大于0.005rad，极限位移角大于0.02rad。各试件位移延性系数大于3.0，等效阻尼黏滞系数大于0.4。降低轴压比或提高含钢率可有效增强试件变形能力。

2. 基于精细化有限元模型对壁式钢管混凝土柱受力机理研究

在试验研究基础上，结合壁式钢管混凝土柱受力特点，考虑钢管和混凝土材料的非线性行为，钢管与混凝土之间的相互约束、滑移和摩擦，管壁的局部屈曲，大位移下的几何非线性，以及边界条件对构件受力性能的影响，建立了壁式钢管混凝土柱精细化有限元模型，并利用试验数据验证了模型的准确性。采用精细化有限元模型进行了壁式钢管混凝土柱在恒定轴力和反复水平荷载作用下的全过程受力分析。分析不同参数对壁式钢管混凝土柱承载能力和变形能力的影响，研究壁式钢管混凝土柱破坏模式、受力机理、材料滞回关系变化规律，以及钢管与混凝土间相互作用。

精细化有限元分析结果表明，壁式钢管混凝土柱均为柱底平面内压弯破坏，未发生明显的平面外变形和空间弯扭失稳。极限承载力状态下，厚实板件的壁式钢管混凝土柱均能在管壁发生局部屈曲前达到全截面塑性。钢管在复合应力状态下未发生明显强化，混凝土在横向约束应力下抗压强度提高。管壁局部屈曲对壁式钢管混凝土柱变形能力具有显著影响。管壁发生局部屈曲后钢板承载力降低，混凝土失去约束，构件承载力下降明显。降低轴压比或提高含钢率延缓了管壁局部屈曲，同时钢管对混凝土的约束作用增强，构件的变形能力得到有效提高。壁式钢管混凝土柱在反复荷载作用下累积了较大竖向压缩变形，加剧了管壁局部屈曲发展和混凝土损伤累积，降低了构件的变形能力。轴压比越高，累积竖向压缩变形越大，构件延性越差。建议延性要求较高的壁式钢管混凝土柱设计轴压比不大于0.8。

3. 提出了考虑钢板后屈曲行为的壁柱纤维梁模型

基于均匀受压四边固支钢板弹塑性屈曲全过程受力分析，提出了考虑钢板后屈曲行为的钢管单轴滞回本构模型。对已有约束混凝土模型进行修正，得到适用于壁式钢管混凝土柱的混凝土单轴滞回本构模型。编制数值计算程序，实现了适用于壁式钢管混凝土柱的纤维梁模型。

分析结果表明，纤维梁模型适用于壁柱各种复杂加载工况下的受力分析，对不同截面高宽比、材料强度、含钢率、轴压比和长细比的钢管混凝土柱均能给出准确的预测结果。反复荷载作用下，不考虑管壁局部屈曲会过高估计壁柱变形能力。各种荷载工况下纤维梁模型计算收敛速度均较快，具有良好的数值稳定性。

4. 壁式钢管混凝土柱在轴心受压、压弯及反复荷载作用下的力学性能参数分析

参数分析结果表明，材料强度对壁式钢管混凝土柱强轴轴心受压稳定系数的影响较小。壁式钢管混凝土柱绕弱轴失稳时，稳定系数随混凝土强度提高而降低。含钢率对壁式钢管混凝土柱轴心受压稳定系数的影响较小。混凝土工作承担系数越大，截面压弯承载力相关曲线外凸特性越明显。长细比对壁式钢管混凝土柱压弯承载力相关曲线的影响较大。随长细比增加，构件压弯承载力显著降低，压弯承载力相关曲线外凸特性逐渐消失。钢材强度提高使壁式钢管混凝土柱的极限位移增加，但位移延性系数有所降低。混凝土强度提高降低了壁式钢管混凝土柱的变形能力。提高含钢率或降低轴压比显著增强了构件的变形能力。长细比增加对壁式钢管混凝土柱的变形能力产生了不利影响。

5. 壁式钢管混凝土柱简化设计方法研究

在经典稳定理论基础上，结合试验结果和数值计算结果，对理论计算公式简化和回归分析，得到轴心受压构件和压弯构件承载力简化计算公式，其物理意义明确。经比较表明，简化计算公式与试验结果和大量数值分析结果吻合良好。在国内外抗震设计规范基础上，结合试验结果和数值计算结果，给出了不同抗震等级壁式钢管混凝土柱的长细比、轴压比和宽厚比限值设计建议。

7.4.2　平面内双侧板梁柱连接节点受力性能研究

1. 平面内双侧板梁柱连接节点抗震性能试验研究

选用实际工程中典型尺寸框架梁柱节点为研究对象，完成了 3 个平面内双侧板梁柱连接节点足尺试件在高轴压比下的低周反复加载试验。重点研究了全焊接梁柱节点、全螺栓梁柱节点和全焊接梁柱弱节点的抗震性能。对平面内双侧板梁柱连接节点的破坏过程、破坏机理、滞回行为、承载能力、变形能力和能量耗散能力进行了深入分析。

试验结果表明，全焊接梁柱节点和全螺栓梁柱节点在距梁端 0.8 ~ 1.1 倍梁高区域形成了塑性铰。梁端塑性铰区域钢板屈服、受压鼓曲。全焊接梁柱弱节点在柱端面附近区域侧板受压屈曲，最终在循环应力作用下断裂。平面内双侧板梁柱连接节点的滞回曲线饱满，无明显捏拢现象，抗震性能良好。侧板高度变化引起节点破坏模式的变化，当侧板高度不适当时，柱端面处侧板首先发生破坏，形成塑性铰区，最终导致节点试件丧失承载力。平面内双侧板梁柱连接节点具有良好的变形能力和耗能能力，设计轴压比为 0.54 时，其屈服位移角大于 0.005rad，极限位移角大于 0.02rad。各试件位移延性系数大于 3.0，等效阻尼黏滞系数大于 0.4（图 7.25）。

| (a) 试件 DSP1 | (b) 试件 DSP2 | (c) 试件 DSP3 |

图 7.25　平面内双侧板梁柱连接节点破坏模式

2. 基于精细化有限元模型对平面内双侧板梁柱连接节点受力机理研究

在试验研究基础上，结合平面内双侧板梁柱连接节点受力特点，考虑钢板和混凝土材料的非线性行为，侧板与钢柱和钢梁之间的细部连接构造，钢板的局部屈曲，大位移下的几何非线性，以及边界条件对构件受力性能的影响，建立了平面内双侧板梁柱连接节点精细化有限元模型，并利用试验数据验证了模型的准确性。采用精细化有限元模型进行了平面内双侧板梁柱连接节点在恒定轴力和反复水平荷载作用下的全过程受力分析。分析不同参数对平面内双侧板梁柱连接节点承载能力和变形能力的影响，研究平面内双侧板梁柱连接节点破坏模式、受力机理、材料滞回关系变化规律。

精细化有限元分析结果表明，强节点试件满足"强柱弱梁，节点更强"的设计要求，试件的破坏形式主要为梁端塑性铰破坏。弱节点试件破坏最先从侧板薄弱处开始，首先形成塑性铰，属于典型的节点区破坏。节点域钢管应力值较小，均处于弹性阶段，节点域混凝土损伤值微小，说明节点区柱整体均未遭到破坏。

3. 平面内双侧板梁柱连接节点力学性能参数分析

参数分析结果表明，轴压比对试件初始刚度以及峰值荷载影响较小，随着轴压比提高，试件的延性降低幅度较大，控制轴压比可以有效地控制试件的延性；适当地增加侧板高度可以提高试件的承载能力，但当侧板高度过小时会发生节点区的破坏，控制侧板高度可以有效控制试件的破坏模式；侧板厚度对试件承载力以及延性影响较小，建议侧板厚度取钢梁翼缘厚度；盖板及厚度对试件承载力以及延性影响较小。随着侧板外伸长度的增加，节点初始刚度显著提高，侧板外伸长度每增加20%，初始刚度随之提高10%左右；承载能力也随之提高，但是增大幅度稍小；耗能能力也随之增强，但是在加载后期，不同侧板长度的节点耗能能力趋于一致。当侧板高度适当时，节点域侧板只有钢梁与柱间隔处的上下侧区域应力值稍大，其他区域均处于弹性阶段，侧板外伸远端区域应力值偏小，可采取降低局部侧板高度的方式对侧板进行优化。

4. 平面内双侧板梁柱连接节点简化设计方法研究

结合试验结果和数值计算结果，得到平面内双侧板梁柱连接节点承载力简化计算公式，其物理意义明确。

研究表明，简化计算公式与试验结果和大量数值分析结果吻合良好。研究了节点的破坏模式及传力机理，结合试验结果和数值计算结果，提出了节点侧板的优化、设计及生产施工建议。

7.4.3 平面外对穿螺栓–端板梁柱连接节点受力性能研究

平面外对穿螺栓–端板梁柱连接节点的主要研究工作和结论如下。

1. 平面外对穿螺栓–端板梁柱连接节点抗震性能试验研究

选用实际工程中典型尺寸框架梁柱节点为研究对象，完成了3个平面外对穿螺栓–端板梁柱连接节点足尺试件在高轴压比下的低周反复加载试验。重点研究了中柱梁柱节点、边柱梁柱节点和偏心梁柱节点的抗震性能。对平面外对穿螺栓–端板梁柱连接节点的破坏过程、破坏机理、滞回行为、承载能力、变形能力和能量耗散能力进行了深入分析。

试验结果表明，平面外对穿螺栓–端板梁柱连接节点在距梁端0.5～0.8倍梁高区域形成了塑性铰。梁端塑性铰区域钢板屈服、受压鼓曲，最终在循环应力作用下断裂。平面外对穿螺栓–端板梁柱连接节点的滞回曲线饱满，无明显捏拢现象，抗震性能良好。平面外对穿螺栓–端板梁柱连接节点具有良好的变形能力和耗能能力，设计轴压比为0.54时，其屈服位移角大于0.005rad，极限位移角大于0.035rad。各试件位移延性系数大于3.0，等效阻尼黏滞系数大于0.35。

2. 基于精细化有限元模型对平面外对穿螺栓–端板梁柱连接节点受力机理研究

在试验研究基础上，结合平面外对穿螺栓–端板梁柱连接节点受力特点，考虑钢板和混凝土材料的非线性行为，端板、螺栓与钢柱和钢梁之间的细部连接构造，钢板的局部屈曲，端板与钢柱间的相互约束、接触和滑移，大位移下的几何非线性，以及边界条件对构件受力性能的影响，建立了平面外对穿螺栓–端板梁柱连接节点精细化有限元模型，并利用试验数据验证了模型的准确性。采用精细化有限元模型进行了平面外对穿螺栓–端板梁柱连接节点在恒定轴力和反复水平荷载作用下的全过程受力分析。分析不同参数对平面外对穿螺栓–端板梁柱连接节点承载能力和变形能力的影响，研究平面外对穿螺栓–端板梁柱连接节点破坏模式、受力机理、材料滞回关系变化规律。

精细化有限元分析结果表明，平面外对穿螺栓–端板梁柱连接节点满足"强柱弱梁，节点更强"的设计要求，试件的破坏形式主要为梁端塑性铰破坏（图7.26）。节点域钢管应力值较大，部分进入塑性阶段，节点域混凝土产生损伤。

(a) 试件TREP1

(b) 试件TREP2

(c) 试件TREP3

图 7.26　平面外对穿螺栓－端板梁柱连接节点破坏模式

3. 平面外对穿螺栓－端板梁柱连接节点力学性能参数分析

参数分析结果表明，轴压比对试件初始刚度以及峰值荷载影响较小，随着轴压比提高，试件的延性降低幅度较大，控制轴压比可以有效地控制试件的延性；适当地增加钢梁翼缘厚度可以提高试件的承载能力和延性，但当钢梁翼缘过厚时会发生节点区的破坏，控制翼缘厚度可以有效控制试件的破坏模式；随着端板厚度的增加，试件的极限承载力提高7%左右，延性提高8%左右；钢梁偏心及连接位置的不同，对柱影响不同，无偏心节点受力性能高于偏心节点，单边梁节点承载力低于双边梁节点。偏心节点靠钢梁一侧的混凝土损伤较大，柱壁节点区塑性发展程度大，对偏心节点一侧的钢管翼缘建议补强设计。

4. 平面外对穿螺栓－端板梁柱连接节点简化设计方法研究

结合试验结果和数值计算结果，得到平面外对穿螺栓－端板梁柱连接节点承载力简化计算公式，其物理意义明确。研究表明，简化计算公式与试验结果和大量数值分析结果吻合良好。研究了节点的破坏模式及传力机理，结合试验结果和数值计算结果，提出了节点侧板的优化、设计及生产、施工建议。

7.4.4　钢连梁与壁式钢管混凝土柱双侧板节点受力性能研究

1. 钢连梁与壁式钢管混凝土柱双侧板节点抗震性能试验研究

选用实际工程中典型尺寸钢连梁节点为研究对象，完成了1个钢连梁与壁式钢管混凝土柱双侧板节点足尺试件在高轴压比下的低周反复加载试验。研究了钢连梁与壁式钢管混凝土柱双侧板节点的抗震性能。对钢连梁与壁式钢管混凝土柱双侧板节点的破坏过程、破坏机理、滞回行为、承载能力、变形能力和能量耗散能力进行了深入分析。

试验结果表明，钢连梁与壁式钢管混凝土柱双侧板节点在钢连梁跨中形成了剪切塑性铰。钢连梁剪切塑性铰区域钢板屈服、受压鼓曲，最终在循环应力作用下断裂。钢连梁与壁式钢管混凝土柱双侧板节点的滞回曲线饱满，无明显捏拢现象，抗震性能良好。钢连梁与壁式钢管混凝土柱双侧板节点具有良好的变形能力和耗能能力，设计轴压比为0.54时，其屈服位移角大于0.0035rad，极限位移角大于0.02rad。各试件位移延性系数大于4.0，等效阻尼黏滞系数大于0.3。

2. 基于精细化有限元模型对钢连梁与壁式钢管混凝土柱双侧板节点受力机理研究

在试验研究基础上，结合钢连梁与壁式钢管混凝土柱双侧板节点受力特点，考虑钢板和混凝土材料的非线性行为，侧板与钢柱和钢梁之间的细部连接构造，钢板的局部屈曲，大位移下的几何非线性，以及边界条件对构件受力性能的影响，建立了钢连梁与壁式钢管混凝土柱双侧板节点精细化有限元模型，并利用试验数据验证了模型的准确性。采用精细化有限元模型进行了钢连梁与壁式钢管混凝土柱双侧板节点在恒定轴力和反复水平荷载作用下的全过程受力分析。分析不同参数对钢连梁与壁式钢管混凝土柱双侧板节点承载能力和变形能力的影响，研究钢连梁与壁式钢管混凝土柱双侧板节点破坏模式、受力机理、材料滞回关系变化规律。

图 7.27　钢连梁与壁式钢管混凝土柱双侧板
节点破坏模式

精细化有限元分析结果表明，ABAQUS有限元软件可以较准确地模拟试验现象。构件满足"强柱弱梁，节点更强"的设计要求，破坏模式为钢梁腹板剪切破坏，侧板靠近柱边处的上下边缘应力较大，有一定塑性发展，为构件的薄弱处，易产生应力集中，发生弯曲破坏（图7.27）。

3. 钢连梁与壁式钢管混凝土柱双侧板节点力学性能参数分析

参数分析结果表明，轴压比对构件的初始刚度影响不大，轴压比每提高0.2，构件极限承载力下降幅度约为1%，延性系数下降幅度在9%左右，轴压比的提高对构件单周与总耗能能量没有影响，但耗能效率会随之增大。合理布置加劲肋的钢连梁可以有效阻止钢梁的局部屈曲，充分利用钢梁腹板材料，从而保证钢连梁的抗震性能。剪切屈服机制的钢连梁抗震性能要优于弯曲屈服机制的连梁。针对双侧板的截面形式，钢连梁受剪控制时更容易满足"强节点，弱构件"的设计思路，设计有条件时宜首先考虑按照钢连梁的剪切屈服机制设计。

4. 钢连梁与壁式钢管混凝土柱双侧板节点简化设计方法研究

结合试验结果和数值计算结果，得到钢连梁与壁式钢管混凝土柱双侧板节点承载力简化计算公式，其物理意义明确。研究表明，简化计算公式与试验结果和大量数值分析结果吻合良好。研究了节点的破坏模式及传力机理，结合试验结果和数值计算结果，提出了钢连梁与壁式钢管混凝土柱双侧板节点的优化、设计及生产、施工建议。

7.4.5　钢框架-钢板剪力墙结构受力性能研究

1. 钢板剪力墙拟静力试验研究和有限元分析

进行了四个1:3缩尺的单层单跨试件的拟静力试验，墙板形式包括非加劲和斜加劲板两种，每组两个相同试件。研究了钢板剪力墙的抗震性能。对钢板剪力墙的破坏过程、破坏机理、滞回行为、承载能力、变形能力和能量耗散能力进行了深入分析。采用精细化有限元模型进行了钢板剪力墙的全过程受力分析。分析不同参数对钢板剪力墙承载能力和变形能力的影响，研究钢板剪力墙双侧板节点破坏模式、受力机理、材料滞回关系变化规律

（图7.28）。

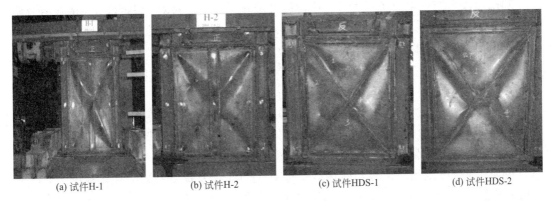

| (a) 试件H-1 | (b) 试件H-2 | (c) 试件HDS-1 | (d) 试件HDS-2 |

图 7.28　钢框架 – 钢板剪力墙破坏模式

研究结果表明，非加劲钢板墙有较高的初始刚度和极限承载力，在侧向力很小时墙板就会发生屈曲，形成拉力带后通过拉力场效应提供结构的抗侧能力，在拉力场作用下墙板受拉屈服，结构的破坏由边柱的屈曲、屈服以及失稳控制；钢板墙的边框柱是影响结构抗震性能的关键构件，过早的面外失稳会严重影响结构的延性，造成脆性破坏，在设计时要极力避免。当边柱具有足够的强度和稳定性时，墙板的塑性能充分开展，结构表现出良好的延性和耗能能力；钢板墙在卸载到"零位移"附近时，由于拉力带松弛和塑性残余变形影响，墙板产生"呼吸效应"发出巨大响声，同时造成滞回曲线捏缩。设置斜加劲肋能有效地减小板面外变形，避免结构在"零位移"附近的"负刚度"现象；斜加劲钢板墙的屈曲形式主要有整体屈曲、局部屈曲和相关屈曲三种，主要取决于墙板高厚比和肋板刚度比。当墙板高厚比和肋板刚度比均较大时，一般出现小区格内的局部屈曲，反之则发生整体屈曲。斜加劲肋应当能保证不先于钢板屈曲，建议选用槽钢等抗弯刚度和抗扭刚度均较大的截面形式，当采用平板加劲肋时，建议加劲肋高厚比取值在8 ~ 10之间。

2. 提出了适用于薄钢板剪力墙的三拉杆模型

针对钢板剪力墙结构的受力和变形特点，参考国内外性能水准的划分标准及研究成果，提出了"正常使用、功能连续、修复后使用、生命安全、防止倒塌"的五档结构性能水准。在统计分析了大量的国内外钢板剪力墙结构试验数据的基础上，对结构处于不同性能水准的指标进行了量化。并通过对三种结构的Pushover分析，验证了所提指标的合理性。

提出了钢板剪力墙结构五档性能水准，建立了基于性能的设计准则。给出四组性能目标，由高到低可简单地表示为：性能目标A——大震不坏；性能目标B——中震不坏；性能目标C——中震可修；性能目标D——中震破损。

通过统计国内外试验资料，利用层间侧移角对指标进行了量化：正常使用指标——1/300，功能连续指标——1/230，修复后使用指标——1/130，生命安全指标——1/90，防止倒塌指标——1/50。

设计了三组不同高度的钢框架–钢板剪力墙结构，并对三种结构进行了静力推覆分析，得到了结构在不同性能目标的破坏情况。结果表明，所提的量化目标较为合理，且具备一定的安全富裕度。

3. 提出了适用于薄钢板剪力墙的中震性能化设计方法

利用地震力调整系数实现了基于中震的性能化设计。通过对6组钢框架－钢板剪力墙结构的Pushover分析以及IDA增量动力分析，得到了不同性能目标对应的地震力调整系数，提出了基于中震性能化设计的具体方法。

钢框架－钢板剪力墙结构在设防地震下合理的性能目标及对应的层间位移角为：功能连续性能指标（1/230）、修复后使用性能指标（1/130）、生命安全性能指标（1/90）。

IDA增量动力分析得到的各性能指标下的地震力调整系数大体上介于Pushover分析的两种加载模式所得到的地震力调整系数之间。均匀分布高估了结构的初始刚度及承载能力，而倒三角模式则低估了结构的初始刚度及承载能力，高估了结构的变形能力。

Pushover分析得到的结构功能连续指标对应的地震力调整系数的变化范围为1.13～6.14；修复后使用指标对应的地震力调整系数的变化范围为1.99～3.65；生命安全指标对应的地震力调整系数的变化范围为6.59～4.94；而超强系数较高，变化范围为2.51～4.55。在功能连续及修复后使用性能目标下结构的地震力调整系数大多小于超强系数，即该性能下结构的延性系数小于1，地震力调整系数仅由结构超强系数构成；在生命安全性能目标下，结构的地震力调整系数大于超强系数，地震力调整系数由结构超强系数和延性系数两部分构成。

IDA增量动力分析得到的结构功能连续指标对应的地震力调整系数R的变化范围为1.37～1.74，修复后使用指标对应的地震力调整系数R的变化范围为6.50～3.07，生命安全指标对应的地震力调整系数R的变化范围为3.43～4.32。

各性能目标下结构的地震力调整系数R建议值为：功能连续性能指标——1.53、修复后使用性能指标——2.81、生命安全性能指标——3.94。

第8章 典型项目应用案例

装配式壁柱钢结构建筑体系以解决存在的问题为导向，以"工业化、绿色化、标准化、信息化"为研发目标，以"系统理念、集成思维、创新引领、实践检验"为研发路线，形成了具有自主知识产权的"装配式钢结构壁柱建筑体系"系统性成果。成果授权发明专利27项，实用新型专利76项，获得软件著作权3个，发表论文50余篇。完成著作1部，编制标准2部，图集1本，编制设计、深化、加工安装手册6部，培养博士12名，硕士25名。将相关技术在陕西、山东、重庆、安徽及新西兰、缅甸等多地推广应用，包括青海国际会展中心、西安荣民金融中心、高新壹号等数十个超高层公建、住宅重大项目中，总建筑面积逾200万m²，在建面积约50万m²，受到用户好评，取得了良好的社会和经济效益，尤其在"四节一环保"方面效益突出，以下是一些典型项目应用案例。

8.1 文昌嘉苑住宅楼

8.1.1 工程概况

1. 建筑方案

本工程为文昌嘉苑一期B-17号住宅楼，位于山东省淄博市商家镇。工程设计年限为50年，建筑层数为地下2层，地上11层；地下2层层高为3m，地下1层层高为3.15m，地上标准层层高为2.9m，总建筑高度为32.8m。地下建筑功能为储藏间和设备间，建筑面积为1006.47m²；地上建筑功能为住宅，建筑面积为5544.02m²，总建筑面积为6550.49m²。建筑立面和标准层平面如图8.1、图8.2所示。

2. 结构设计参数

本工程抗震计算时考虑平扭耦连的扭转效应和双向地震扭转效应，并考虑了结构偶然偏心影响。特征值分析的振型数量由设计软件确定，并保证双向振型参与质量系数不小于90%。计算结构整体刚度时，考虑楼板对钢梁的刚度放大效应，中梁刚度放大系数取1.5，边梁刚度放大系数取1.2。采用振型分解反应谱法进行结构地震效应计算时，考虑到本住宅建筑内外填充墙较多，周期折减系数取0.7。

考虑到该建筑地下1层和首层侧向刚度比不小于2.0，且地下室顶板无开洞，地下室顶板可满足嵌固端相关要求，因此本工程塔楼的嵌固端设于地下室顶板。结合现行国家标准《建筑抗震设计规范》GB 50011—2010和《钢管混凝土结构技术规范》GB 50936—2014，地上钢管混凝土柱为二级抗震，钢梁为四级抗震；地下1层混凝土结构为二级抗震，地下

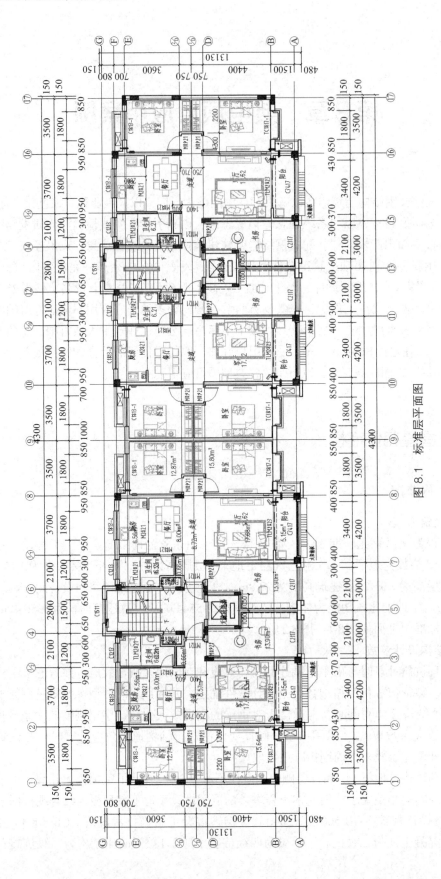

图 8.1　标准层平面图

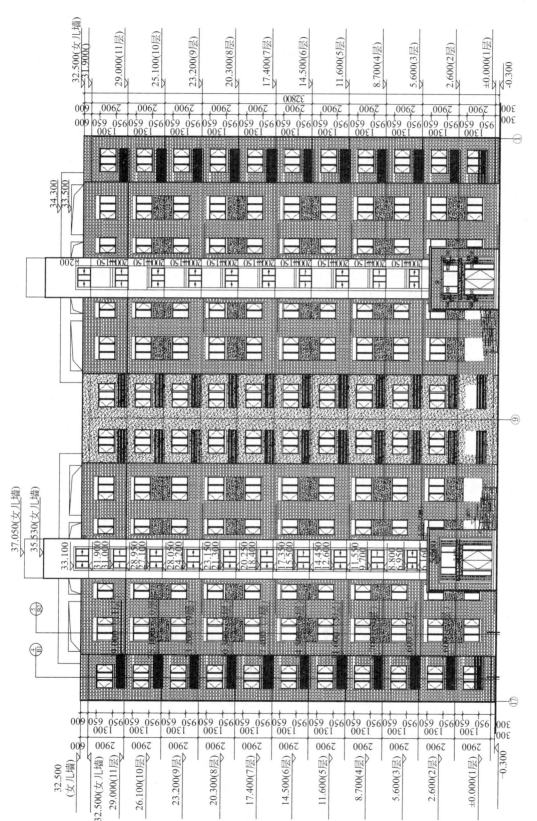

图 8.2 建筑立面图

2层混凝土结构为三级抗震（表8.1、表8.2）。

风荷载及其相关信息		表 8.1
基本风压 W_0（R=10）	基本风压 W_0（R=50）	地面粗糙度
0.30 kN/m²	0.40 kN/m²	B类

抗震设防有关参数				表 8.2
抗震设防烈度	设计基本地震加速度	设计地震分组	场地特征周期	建筑场地类别
7度	0.10g	第三组	0.45s	Ⅱ类

8.1.2　装配式钢结构方案设计

针对现有典型钢结构住宅体系的不足，西安建筑科技大学装配式钢结构研究院研发了壁式钢管混凝土柱结构体系，其特点如下：①除阳台、厨房对建筑功能影响较小的区域采用方钢管混凝土柱外，其余区域均采用截面高宽比不大于3的壁式钢管混凝土柱，壁柱截面尺寸（截面宽度×截面长度）为（180～250）mm×（540～750）mm，使卧室、餐厅和客厅做到不露梁柱；②体系综合造价低，加工和施工简便，普通钢结构企业可制作和安装。

1. 主要构件及节点设计

本工程地上主体结构为钢框架结构，框架柱包括方钢管混凝土柱和壁式钢管混凝土柱。方钢管混凝土柱截面沿建筑高度逐渐变小，典型方柱截面（截面宽度×钢管壁厚）由350mm×10mm减小至300mm×8mm；壁式钢管混凝土柱截面基本不变，大部分截面尺寸（截面长度×截面宽度×钢管壁厚）为540mm×180mm×8mm，构件截面中部设置6mm厚竖向隔板防止钢板发生局部屈曲；部分壁式钢管混凝土柱截面尺寸为400mm×180mm×8mm，构件截面中部设置6mm厚竖向隔板。典型钢框架梁截面尺寸为H370×170×6×10（mm）和HN298×149×5.5×8（mm），典型次梁截面尺寸为HN248×124×5.5×8（mm）。

本工程中方钢管混凝土柱-钢梁采用传统的内隔板式栓焊连接节点，壁式钢管混凝土柱-钢梁采用自主研发的双侧板式节点（图8.3）。

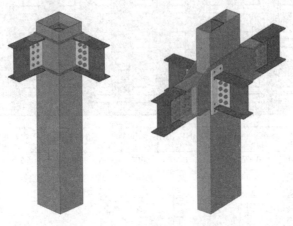

图8.3　方钢管混凝土柱、壁式钢管混凝土柱连接节点

2. 预制楼板

本工程结合山东省图集《PK预应力混凝土叠合板》L10SG408，楼面采用PK预应力混凝土叠合板，该楼板在山东运用较为广泛，典型PK叠合板如图8.4所示。

图 8.4　PK 叠合板示意图

3. 围护结构

（1）内外墙围护墙体介绍。

外墙采用蒸压轻质砂加气混凝土（AAC）条板，外墙总厚度为280mm，其构成为100mm厚AAC+100mm中空+80mm厚AAC，AAC条板重度≤5.1kN/m³。

内墙采用蒸压轻质砂加气混凝土（AAC）条板，总厚度为120mm、150mm和220mm三类（图8.5）。

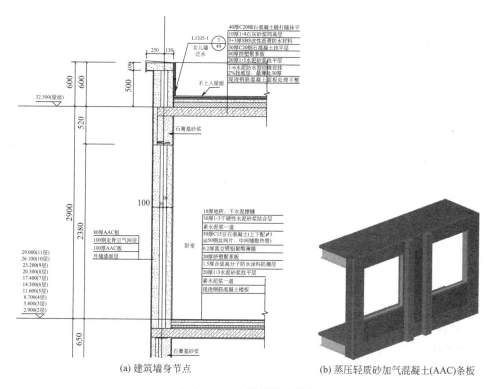

(a) 建筑墙身节点　　　(b) 蒸压轻质砂加气混凝土(AAC)条板

图 8.5　AAC 墙板设计依据

（2）AAC外墙与传统PC三明治外墙板对比（图8.6、图8.7）。

1）与传统PC三明治外墙相比，AAC外墙板自重轻，AAC墙板密度仅约为PC板密度的1/5，便于施工吊装和墙板安装。

2）AAC墙板导热系数低，容易保证外墙保温性能要求。

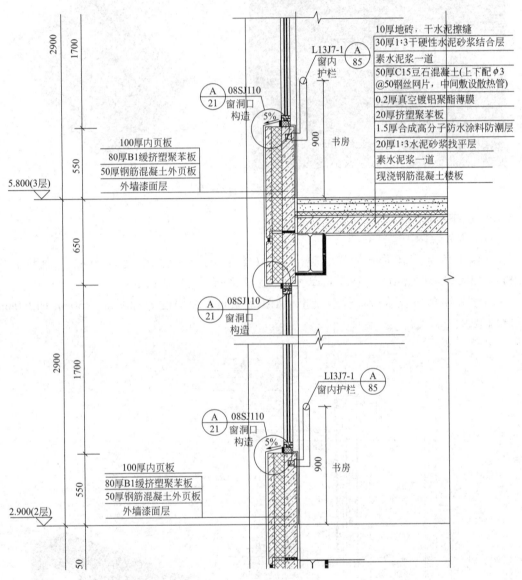

图 8.6　传统 PC 三明治外墙板

8.1.3　附属构件

1. 预制楼梯

预制楼梯采用钢板梯梁+预制PC踏步板（图8.8）。

2. 预制空调板、卧室飘窗和集热器挑板

空调板、卧室飘窗和集热器挑板均采用钢龙骨+AAC底板整体预制拼装，待拼装结束

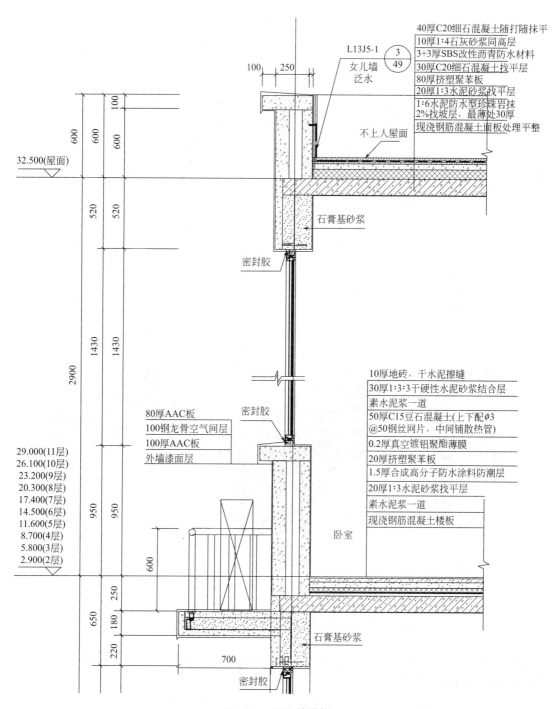

图 8.7　AAC 外墙板

后现浇石膏基砂浆，石膏基砂浆表层铺设双向抗裂钢筋网片（图 8.9）。

8.1.4　工程总结

（1）结构体系采用壁式钢管混凝土柱技术，截面形式统一，实现了标准化、模数化、工业化设计和生产；体系不外露梁柱，建筑使用功能好，达到国内同类产品的先进水

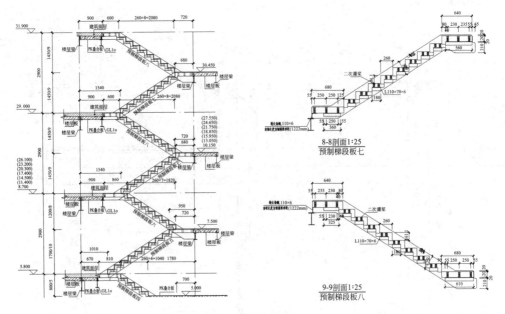

图 8.8　预制楼梯施工图

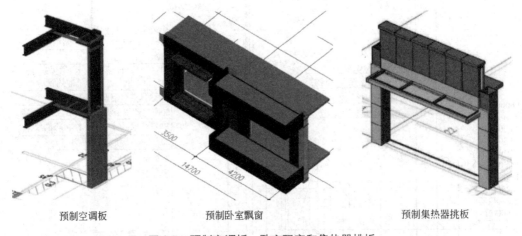

预制空调板　　　　　　预制卧室飘窗　　　　　　预制集热器挑板

图 8.9　预制空调板、卧室飘窗和集热器挑板

平；其属于规范规定的框架体系，仅对截面形式和节点作了创新和改进，便于通过施工图审查。

（2）壁式钢管混凝土柱加工简便，可采用传统设备进行组拼钢管；结构形式与传统框架结构较为接近，施工简单。

（3）采用预制阳台、预制楼梯、预制空调板等，便于现场装配施工。

（4）楼板采用PK预制板，安装简单，底面平整，适合住宅使用，无需吊顶处理。

（5）制定了成套建筑体系BIM技术措施、施工质量和技术标准；采用可直接用于加工深度的BIM模型，设计、施工、管理流程全信息化，工厂直接加工生产，真正做到了协同设计、协同制造、协同施工。

（6）围护采用成熟可靠的保温一体化复合墙板，免粉刷，墙板无开裂现象。

（7）采用了喷涂式砂浆保温、防火、隔声一体化技术，达到了规范要求。

（8）采用了协同管理平台系统，可有效地提高各方配合效率。与企业OA系统集成，实现项目全生命周期管理，同时通过BIM4D、BIM5D、进度填报及验工计价等实现对工程建设成本有效的过程管控。

8.2　裕丰佳苑装配式钢结构住宅项目

8.2.1　工程概况

1. 建筑方案

本工程位于安徽省阜阳市颍东区，汤圩路以东，新兴路以北。地块用地面积23057.74m²，是阜阳市投资开发的面向工薪阶层的住宅小区和公租房。项目用地性质为二类居住用地，其中商业建筑面积比例不大于总建筑面积的5%，容积率不大于1.6且不小于1.2，建筑密度不大于25%，绿地率不小于35%。基地内设计2层附属配套一栋，9层住宅六栋（1~6号楼），11层住宅两栋（7号和8号楼）（图8.10）。

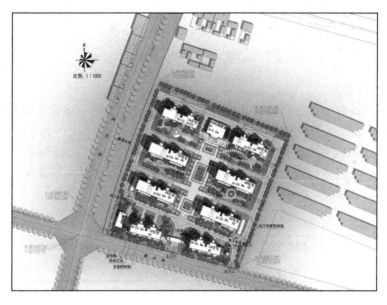

图 8.10　裕丰佳苑总平面图

为响应国家大力发展钢结构和装配式建筑，积极推广绿色建筑和材料的号召，促进钢结构住宅产业化的发展，阜阳市将本项目作为建筑产业化的试点项目，也是阜阳市首个钢结构保障房项目。

1~6号楼为二类多层住宅楼，耐火等级为二级，首层建筑层高为3m，标准层层高为2.9m，地下1层为车库，地上9层均为住宅。1号、2号楼标准层总面宽为12.3m×32.8m，建筑高度为26.5m，单栋塔楼地上建筑面积为3093.52m²（图8.11）。3~6号楼标准层总面宽为12.7m×43.2m，建筑高度为26.5m，单栋塔楼地上建筑面积为4607.68m²（图8.12）。

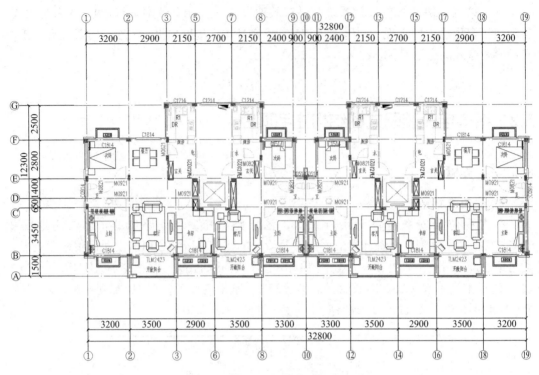

图 8.11　1 号、2 号楼标准层建筑平面图

2. 结构设计参数

本工程所处地阜阳市抗震设防烈度为 6 度，设计分组为第一组，地震加速度为 0.05g，基本风压 0.45kN/m^2，场地土类别为Ⅲ类，地面粗糙度类别为 B 类。为了满足住宅结构低用钢量、高抗震性能要求，结合工程建筑布局特点，结构方案选择钢框架结构体系。为了提高框架柱的承载力和防火性能，框架柱采用了钢管混凝土柱；框架梁采用焊接 H 型钢梁，结构设计参数如表 8.3、表 8.4。

抗震设防设计参数　　　　　　　　　　　　　　　　表 8.3

抗震设防烈度	设计基本地震加速度值	设计地震分组	场地特征周期值	建筑场地类别
6 度	0.05g	第一组	0.45（s）	Ⅲ类

风荷载设计参数　　　　　　　　　　　　　　　　　表 8.4

基本风压 W_0（R=10 年）	基本风压 W_0（R=50 年）	地面粗糙度
0.25kN/m^2	0.45kN/m^2	B 类

3. 结构布置

针对该项目特点，结构选型采用钢框架体系（钢管混凝土柱 + 钢梁 + 叠合楼板），为满足建筑不露柱的使用要求，在主要住宅建筑功能区设置壁式钢管混凝土柱（图 8.13）。综合考虑框架柱的轴压比、应力比、稳定系数、结构的刚度中心以及用钢量的经济性，底层方钢管混凝土柱最大截面尺寸为 300 mm×300mm。主要壁式钢管混凝土柱的截面尺寸为 360mm×180mm，在电梯上面两个角部位置设置 400 mm×200mm 截面壁式钢管混凝土柱。

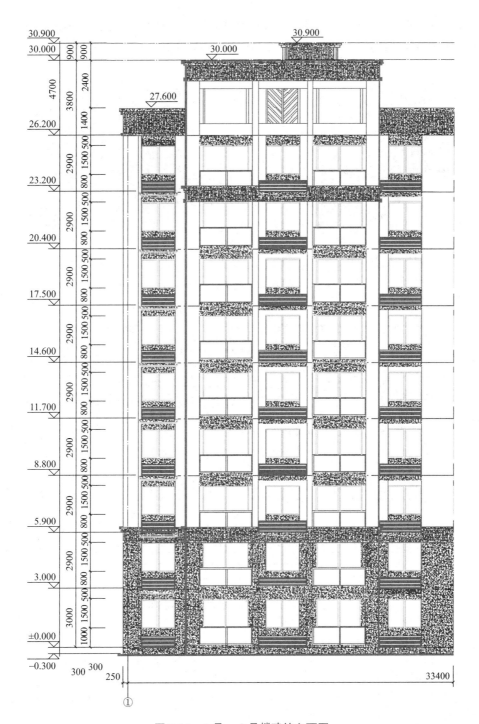

图 8.12　1 号 ~ 6 号楼建筑立面图

所有楼层钢柱内灌注 C40 级混凝土，钢柱钢材等级采用 Q345B。

　　1 号、2 号楼标准层结构平面布置如图 8.14 所示，考虑经济性和砌墙后不漏梁，框架梁的尺寸选取同跨度相关，最大钢梁截面尺寸为 H330×180×6×14（mm），最小钢梁截面尺寸为热轧型钢 HN248×124×5×8（mm），主要钢梁截面尺寸为 H330×150×6×8（mm）。卫生间、厨房、阳台结构降板厚30mm，采用100mm厚现浇楼板。其他区域全部采用60mm+70mm厚叠合楼板。不考虑楼板用钢量，模型计算考虑节点板后的钢结构用钢量约为55kg/m²。

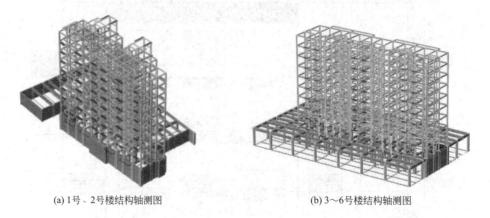

(a) 1号、2号楼结构轴测图　　　　　　　　(b) 3~6号楼结构轴测图

图 8.13　结构轴测图

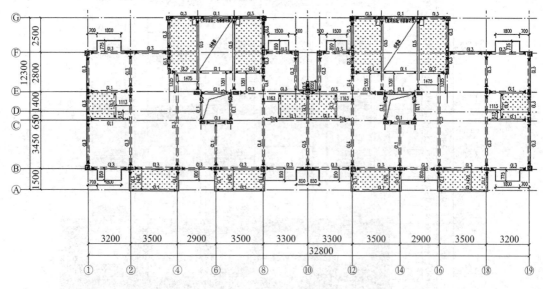

图 8.14　1号、2号楼标准层结构平面布置图

8.2.2　装配式钢结构方案设计

1. 主要构件及节点设计

本工程的主要构件包括壁式钢管混凝土柱、钢梁、混凝土叠合楼板等，节点连接主要包括双侧板节点及壁柱-H型钢梁面外节点。

（1）壁式钢管混凝土柱。

装配式钢结构建筑以其绿色化、工业化等优点在中国得到了大力推广。钢结构建筑，特别是住宅建筑采用矩形钢管混凝土结构，框架柱会凸出墙体，影响建筑功能。沿围护墙方向适当增加截面高宽比可减少甚至避免框架柱凸出墙体，显著提升钢结构住宅品质。

本团队提出一种适用于钢结构住宅的壁式钢管混凝土柱，典型壁式钢管混凝土柱截面尺寸为 360mm×180mm，截面高宽比为 2，板件宽厚比满足规范要求。由于建筑地下室均采用钢筋混凝土结构，上部主体结构采用壁柱框架结构体系。壁柱的空间受力性能试验研究、理论分析和设计方法尚不充分，角柱仍采用普通钢管混凝土柱。同时，普通钢管混凝土柱制造和节点连接技术更为成熟，在不影响建筑功能的前提下采用普通钢管混凝土柱具有一定的经济性。支撑采用矩形钢管截面，框架梁采用 H 型钢梁。壁柱、普通钢管混凝土柱和钢支撑均延伸至基础顶面。建筑平面具有较多的凹凸，进行结构布置时遵循下述原则：

　　1）室内客厅、卧室等主要生活空间采用壁柱，避免竖向构件凸出墙体，提升建筑品质；

　　2）外墙转角位置采用普通壁式钢管混凝土柱，充分利用阳台、空调板和框架柱等外凸，从而避免竖向构件影响建筑功能；

　　3）尽量减少柱构件数量，充分发挥钢结构大跨度、大空间优势，增加户型设计灵活性。

　　壁柱柱脚与普通钢管混凝土柱相同，采用外包式柱脚。采用锚栓固定柱脚并校正位置，然后绑扎钢筋浇筑外包混凝土至一层楼面。为保证外包混凝土与钢管共同工作，柱底至一层楼面通高设置栓钉［图 8.15（a）］。柱拼接节点参考普通钢管混凝土柱构造［图 8.15（b）］。图 8.16 给出了壁柱工厂加工情况和工程现场安装情况。

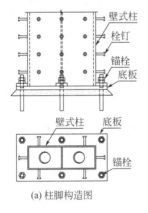

(a) 柱脚构造图

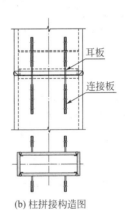

(b) 柱拼接构造图

图 8.15　壁柱连接构造图

(a) 柱壁板焊接

(b) 成品柱

图 8.16　加工与安装（一）

(c) 主体结构安装 　　　　　　　　(d) 柱拼接节点

图 8.16　加工与安装（二）

（2）钢梁。

本工程梁采用焊接 H 型钢梁，钢材为 Q345B。钢框架梁与柱接头为腹板栓接、翼缘焊接的连接形式。施工时按先栓后焊的方式进行。高强度螺栓按从螺栓群中部开始、向四周扩散的拧紧顺序，逐个拧紧。梁与柱接头的焊缝，先焊梁的下翼缘板，再焊上翼缘板；先焊梁的一端，待其焊缝冷却至常温后，再焊另一端。

2. 钢梁-壁柱连接节点

钢梁-壁柱面内连接采用双侧板节点，通过双侧板、连接钢板将壁柱与钢梁连接。

钢梁-壁柱面外连接采用对穿钢棒连接形式，通过对穿钢棒、端板将钢梁与壁柱进行连接。节点构造形式简单，抗震性能良好，装配化程度高（图 8.17）。

3. 混凝土叠合楼板

楼板采用预制混凝土叠合楼板，将楼板沿厚度方向分成两部分，底部是 60mm 厚预制底板，上部为 70mm 厚后浇混凝土叠合层。配置底部钢筋的预制底板作为楼板的一部分，在施工阶段作为后浇混凝土叠合层的模板承受荷载，与后浇混凝土层形成整体的叠合混凝土构件，混凝土叠合楼板按具体受力状态设计（图 8.18）。采用该方式免去支模、拆模、绑扎钢筋等繁琐工作，底板平整、抗震性能好。钢筋间距及混凝土保护层厚度有保证，上下弦及腹杆钢筋之间节点间距稳定，给施工带来便利，为楼板质量提供保证。

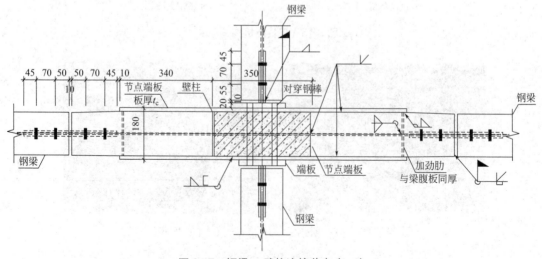

图 8.17　钢梁-壁柱连接节点（一）

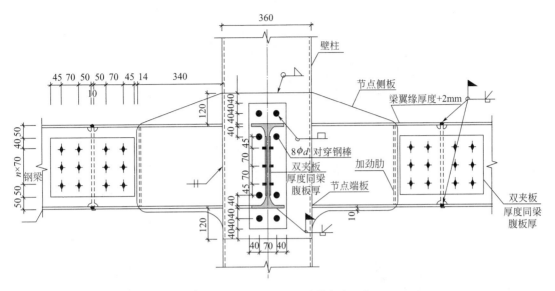

图 8.17　钢梁 – 壁柱连接节点（二）

图 8.18　混凝土叠合楼板

4. 围护结构及部品部件

本工程围护体系外墙采用200mm厚蒸压轻质砂加气混凝土（AAC）条板+保温装饰一体板（40mm厚保温层+粘结层+外贴8mm厚饰面层，总厚度约50mm）。内墙主要采用蒸压轻质砂加气混凝土（AAC）条板，总厚度为200mm。复合保温一体板具有良好的保温、隔声和防水性能，解决了冷桥效应。

AAC外墙与钢结构的连接方式多采用分层外挂式，外挂式传力明确，保温系统完整闭合，但是外挂式条板存在室内露梁露柱的问题，对于居住建筑不利，因此本工程的AAC条板与钢结构采用内嵌式连接（图8.19）。

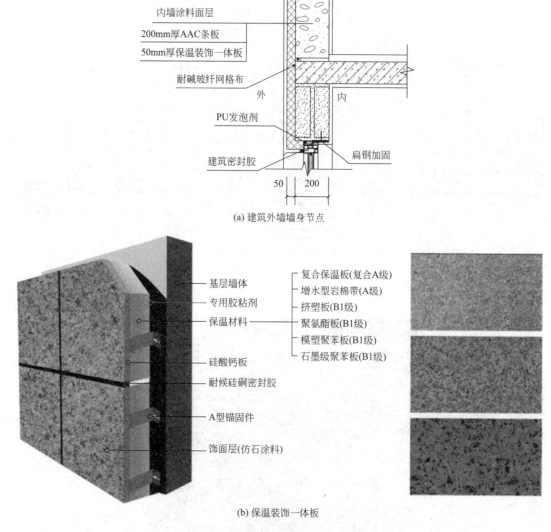

内墙涂料面层

200mm厚AAC条板

50mm厚保温装饰一体板

耐碱玻纤网格布

外   内

PU发泡剂

建筑密封胶   扁钢加固

50   200

(a) 建筑外墙墙身节点

基层墙体   复合保温板(复合A级)

专用胶粘剂   增水型岩棉带(A级)

保温材料   挤塑板(B1级)

聚氨酯板(B1级)

硅酸钙板   模塑聚苯板(B1级)

耐候硅硐密封胶   石墨级聚苯板(B1级)

A型锚固件

饰面层(仿石涂料)

(b) 保温装饰一体板

图 8.19   AAC 板连接构造详图

墙板在进行墙板布置的时候需要综合考虑建筑、结构方案设计，并结合建筑的门窗安装以及防水等因素，确定布置原则：考虑建筑立面效果，墙板的竖向分缝应尽量设置在柱子中间；为了方便生产，节约成本，墙板的规格应当尽量统一，即钢结构在设计阶段应该考虑柱网尺寸的模数和统一；墙板拆分处应尽量避开窗户，以免形成悬臂结构。

5. 钢构件的防腐防火

本工程为钢结构住宅，钢结构构件所采取的防腐、防火年限为15年，超过15年应进行防腐、防火评定，以确定是否进行防腐、防火修复处理。以上材料厂家应提供防腐、防火年限的质量保证。该产品应经设计方的认可。后期装修过程中严禁破坏钢结构的涂装体系。

下列部位禁止涂漆：高强度螺栓连接的摩擦接触面；构件安装焊缝处应预留30～50mm暂不涂装，等完成后再涂装；需要外包混凝土的钢柱；钢梁上翼缘与现浇混凝土楼板接触部位；埋入混凝土钢构件表面以及构件坡口焊接全熔透部位均不允许涂刷油漆或有油污。

在运输安装过程中涂装损伤部位以及施工焊缝施工完毕尚未涂装部位均应按设计要求进行补涂，经检查合格后的高强度螺栓连接处，亦应按设计要求进行涂装。

防火涂料必须选用通过国家检测机关检测合格、消防部门认可的产品，所选用的防火涂料的性能、涂装厚度、质量要求应符合现行国家标准《钢结构防火涂料》GB14907—2018 和现行行业标准《钢结构防火涂料应用技术规程》T/CECS24—2020 的规定。

8.2.3 附属构件

预制楼梯采用钢板梯梁+预制PC踏步板，空调板、卧室飘窗和集热器挑板均采用钢龙骨+AAC底板整体预制拼装，待拼装结束后现浇石膏基砂浆，石膏基砂浆表层铺设双向抗裂钢筋网片（图8.20）。

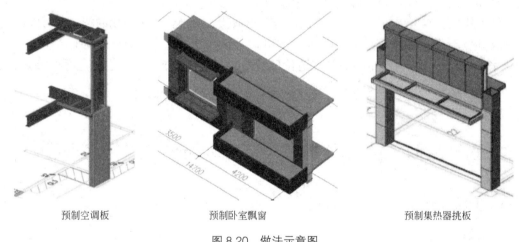

预制空调板　　　　　　　　　　预制卧室飘窗　　　　　　　　　　预制集热器挑板

图 8.20　做法示意图

8.2.4 工程总结和思考

1. 标准化设计的思考

本工程的规划已明确定位为装配式钢结构住宅，因此在建筑方案阶段时考虑了钢结构体系的特点，平面布置规整，户型标准统一，轴线分布均匀并符合模数，非常有利于钢结构框架柱的柱网布置、钢梁柱截面尺寸的选择以及墙板的铺设。本工程采用作者团队研发的钢结构壁柱装配式通用建筑体系，结构用钢量经济，设计理论成熟，建筑使用功能好，具有如下优点：

（1）结构体系属于规范规定的框架体系，仅在截面形式和节点做了创新和改进。

（2）体系不外露梁柱，建筑使用功能好，达到国内同类产品的先进水平。

（3）截面形式统一，容易实现标准化、模数化、工业化设计和生产。

2. 节点设计的思考

对不同的成柱方式连接节点进行了系统化的扩展和研究，方便加工与施工。矩形钢管柱可采用传统的隔板式梁柱连接节点，同时研发了高效装配的全螺栓梁柱连接节点，满足

"强节点–弱构件"的抗震设计原则，同时便于加工，为装配式钢结构的梁柱连接提供了一种新的思路。

3. 墙板体系设计的思考

本工程围护体系外墙采用AAC条板+保温装饰一体板的外墙围护体系，耐久性好，且具有良好的保温，隔声和防水性能。钢结构的特征之一是轻质高强，钢结构建筑的墙体材料也应具备这一特质，否则普通墙体会增加整体结构的荷载，与钢结构的刚度不匹配，对于钢结构体系的自身动力特性也有影响，会丧失钢结构的优势。因此，装配式钢结构的外墙板应优先采用轻质高强、防水防火保温一体化的成品外墙，安装节点可靠，安装方式灵活。目前作者团队正在进一步开发适合钢结构建筑的成品外墙，相关的标准、图集亦正在编制中。

4. 工厂化生产、装配化施工

本工程的钢梁、钢柱及外墙板均是可以工厂化生产和装配化施工的，项目整体装配率达到80%以上，达到了A级装配式建筑的标准。

综上所述，本工程的钢结构住宅设计符合模数化、标准化、机械化的特点，可以达到工厂化和装配化的要求，实现了变"现场制造"为"工厂制造"，能有效地提高住宅的工业化水平。钢结构具有自重轻、基础造价低、安装便捷、施工周期短、绿色环保等优点，符合国家倡导的环境保护政策和"绿色建筑"的理念。

8.3   重庆新都汇1号、2号和22号装配式钢结构住宅示范项目

8.3.1   工程概况

1. 建筑方案

新都汇项目位于重庆市綦江区，项目总建筑面积25770.99m²，总占地面积43000m²，共计住宅543户。为了响应国家大力发展钢结构和装配式建筑，推动建筑产业化进程，将原1号、2号和22号楼由传统现浇钢筋混凝土结构改为装配式钢结构。其中1号、2号楼为高层住宅建筑，地下2层，地上29层，标准层层高3.1m，建筑高度90.5m。住宅标准层平面为2梯6户，户型以建筑面积80m²左右的普通户型为主，同时考虑了少量的大面积户型。户型设计灵活、多样，满足市场需求。22号楼为多层住宅建筑，地上7层，标准层3.1m（图8.21）。

2. 结构布置（图8.22、图8.23）

建筑地下室均采用钢筋混凝土结构，上部主体结构采用壁柱框架–支撑结构体系。壁柱的空间受力性能试验研究、理论分析和设计方法尚不

图 8.21   重庆新都汇项目效果图

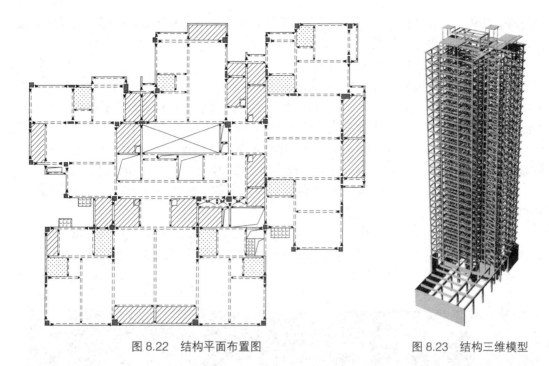

图 8.22 结构平面布置图   图 8.23 结构三维模型

充分，角柱仍采用普通钢管混凝土柱。同时，普通钢管混凝土柱制造和节点连接技术更为成熟，在不影响建筑功能的前提下采用普通钢管混凝土柱具有一定的经济性。支撑采用矩形钢管截面，框架梁采用 H 型钢梁。壁柱、普通钢管混凝土柱和钢支撑均延伸至基础顶面。建筑平面具有较多的凹凸，进行结构布置时遵循下述原则：

1）客厅、卧室等主要生活空间采用壁柱，避免竖向构件凸出墙体，提升建筑品质；

2）外墙转角位置采用普通壁式钢管混凝土柱，充分利用阳台、空调板和框架柱外凸等避免竖向构件影响建筑功能；

3）尽量减少柱构件数量，充分发挥钢结构大跨度、大空间优势，增加户型设计灵活性。

8.3.2 装配式钢结构方案设计

1. 主要构件及节点设计

本工程的主要构件包括壁式钢管混凝土柱、钢梁、混凝土叠合楼板等，节点连接主要包括双侧板节点及壁柱–H 型钢梁面外节点。

（1）壁式钢管混凝土柱。

装配式钢结构建筑以其绿色化、工业化等优点在中国得到了大力推广。钢结构建筑，特别是住宅建筑采用矩形钢管混凝土结构，框架柱会凸出墙体，影响建筑功能。沿围护墙方向适当增加截面高宽比可减少甚至避免框架柱凸出墙体，显著提升钢结构住宅品质。

本团队提出一种适用于钢结构住宅的壁式钢管混凝土柱，典型壁式钢管混凝土柱截面尺寸一般为 180mm ×（400 ~ 550）mm，截面高宽比为 2，板件宽厚比满足规范要求。

（2）钢梁。

本工程梁采用焊接 H 型钢梁，钢材为 Q345B。钢框架梁与柱街头为腹板栓接、翼缘焊接的连接形式。施工时按先栓后焊的方式进行；高强度螺栓按从螺栓群中部开始、向四周扩散的拧紧顺序，逐个拧紧；梁与柱接头的焊缝，先焊梁的下翼缘板，再焊上翼缘板；先焊梁的一端，待其焊缝冷却至常温后，再焊另一端。

（3）钢梁–壁柱连接节点。

为了配合新都汇装配式钢结构住宅示范项目壁式钢管混凝土柱的使用，本团队提出了壁柱–H型钢梁双侧板节点。在西安建筑科技大学结构与抗震实验室完成了双侧板节点足尺试件的抗震试验。当侧板高度适当，壁式钢管混凝土柱–H型钢梁双侧板节点满足"强柱弱梁，强节点弱构件"的设计要求，节点区域主要构件侧板、上盖板与下托板均未发生局部屈曲和强度破坏，试件最终在距梁端0.8 ~ 1.1倍梁高区域形成了塑性铰（8.24）。

双侧板平面内节点试件的延性在3.0以上，等效黏滞阻尼系数约为0.282，试件具有较好的延性及耗能性能。

双侧板平面外节点滞回曲线饱满，出现轻微的捏缩现象，节点试件的延性在3.0以上，等效黏滞阻尼系数约为0.3，试件具有较好延性及耗能性能。壁柱未发生任何破坏，仅钢梁翼缘屈曲，腹板进入塑性（图8.25）。

梁翼缘扭曲	梁腹板鼓曲	翼缘扭曲程度增大
焊缝撕裂	节点最终破坏形态	梁端最终破坏形态
梁端微曲	侧板两侧与柱连接处撕裂	板两侧鼓曲扩大

(a) 双侧板平面内节点试验现象

图 8.24　试验现象（一）

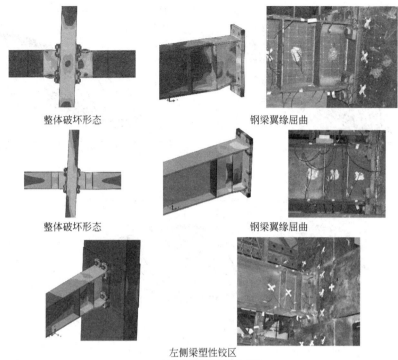

整体破坏形态　　　　　　　　　　钢梁翼缘屈曲

整体破坏形态　　　　　　　　　　钢梁翼缘屈曲

左侧梁塑性铰区

(b) 端板平面外节点试验现象

图 8.24　试验现象（二）

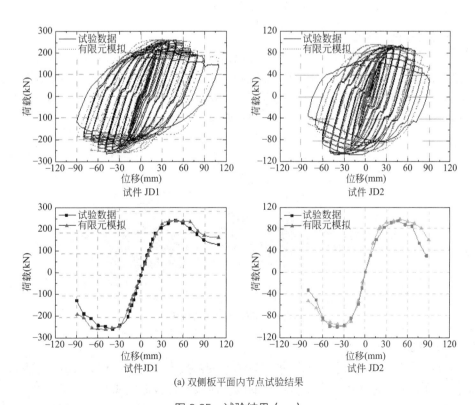

(a) 双侧板平面内节点试验结果

图 8.25　试验结果（一）

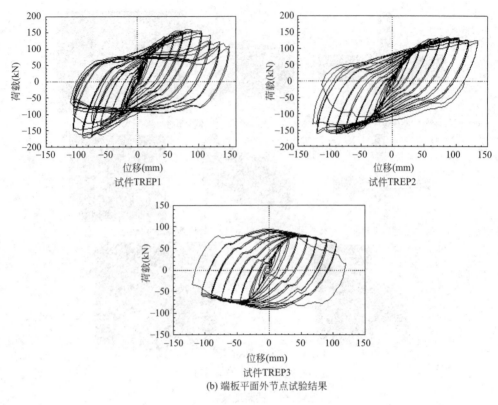

(b) 端板平面外节点试验结果

图 8.25　试验结果（二）

2. 钢筋桁架楼承钢板

本示范项目采用钢筋桁架楼承板组合楼板技术。施工中，可将钢筋桁架楼承板直接铺设在钢梁上，底部镀锌钢板可以作为模板使用，无需另外支模及搭设脚手架，同时也减少了现场钢筋绑扎工程量，既加快了施工进度，又保证了施工质量。此外，钢模板和连接件拆装方便，可多次重复利用，符合国家节能环保要求（图8.26）。

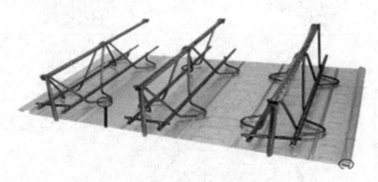

图 8.26　钢筋桁架楼承钢板

3. 围护体系

本示范项目集合了成熟可靠的围护体系和精装修技术，为钢结构装配式建筑解决围护问题提供了良好的示范作用。本示范项目的围护体系及楼板形式如下：

1）建筑外墙围护体系采用了AAC双层板体系，该体系具有良好的保温性能，解决了冷桥效应，实现降低能耗目标，同时该体系施工速度快，现场作业量非常低，防火性能好，见图 8.27（a）；

　　2）内墙系统则采用 AAC 条板体系，该体系装配率高，构造简单成熟，见图 8.27（b）。

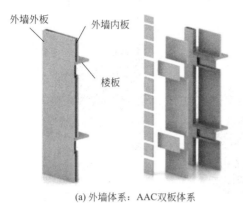
(a) 外墙体系：AAC 双板体系

(b) 内墙体系：条板体系

图 8.27　内外墙体系

8.3.3　附属构件

1. 机电设备与结构一体化连接技术

（1）全专业施工级 BIM 模型实现了结构与机电设备综合优化设计，通过三维管线排布避让结构关键受力部位，避免结构构件截面削弱过大，保证结构整体受力性能；

（2）通过全专业施工级 BIM 模型，结构与机电设备交接位置预先精确留设孔洞，并采取有效的结构补强措施，现场实现结构与机电设备一体化高效连接与安装；

（3）利用数字化技术，提供完整的、与实际情况一致的建筑工程信息库，机电设备管线便于改装更换，从而提高住宅品质，延长住宅使用寿命。

　　全专业施工级 BIM 实现了结构与机电设备一体化高效连接。利用数字化技术建立了完整的，与实际情况一致的建筑全专业施工级 BIM 模型。该 BIM 模型通过结构与机电设备综合优化设计，达到最优的管线空间布置，实现了机电设备与结构一体化高效连接，提高了建筑工程的信息集成化程度，提高了结构与机电设备的安装效率，同时做到了结构与机电设备管线分离，便于机电设备维护与改造（图 8.28）。

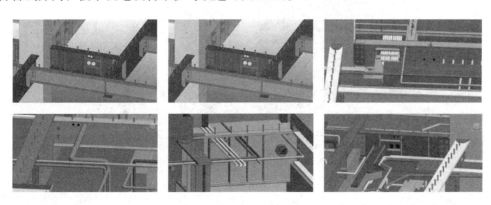

图 8.28　机电设备与结构一体化高效连接

2. 阳台和楼梯

预制楼梯采用钢板梯梁+预制PC踏步板，空调板、卧室飘窗和集热器挑板均采用钢龙骨+AAC底板整体预制拼装，待拼装结束后现浇石膏基砂浆，石膏基砂浆表层铺设双向抗裂钢筋网片。做法示意如图8.29所示。

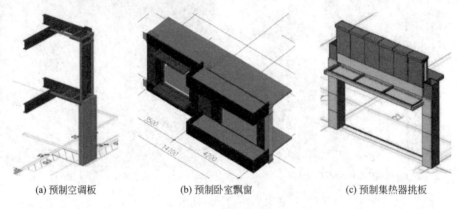

(a) 预制空调板　　　　　(b) 预制卧室飘窗　　　　　(c) 预制集热器挑板

图 8.29　挑板附属构件

本工程主体结构施工情况及样板间如图8.30所示。

(a) 施工现场

(b) 现场吊装

图 8.30　施工照片及样板间（一）

(c) 新型装配式节点

(d) 现场样板间照片

图 8.30　施工照片及样板间（二）

8.3.4　工程总结和思考

1. 标准化设计的思考

本工程是钢结构住宅试点项目，设计方案已按混凝土剪力墙结构设计并报规化审批，结构方案调整为钢框架–支撑结构体系时，因原有建筑布置不变，存在个别位置柱间距小、节点多，主梁穿过房间以及梁柱规格不统一等问题。因此装配式钢结构住宅的建筑设计非常关键，平面布置宜规整，柱网尺寸应尽量做到统一，外立面的造型可以通过悬挑构件实现，以方便框架的布置，符合模块化、系列化的设计要求，这样才能达到结构构件设计和生产的标准化。

2. 节点设计的思考

为满足建筑钢结构高效装配化连接技术需要，系统地提出了适用于矩形钢管混凝土、壁式钢管混凝土柱、异形钢管混凝土、束管混凝土等的新型双侧板全螺栓梁柱节点以及平面外对穿螺栓梁柱节点，该高效梁柱连接节点具有以下技术特点：

（1）双侧板全螺栓梁柱节点传力明确，形成了有效的传力机制，梁端弯矩通过盖板与托板传递到侧板，梁端剪力通过连接角钢传递到侧板，侧板将弯矩剪力传递到柱。

（2）不同于内隔板式节点以及隔板贯穿式节点，双侧板全螺栓梁柱节点梁端与柱壁的物理隔绝，避免了钢梁与柱壁焊接产生的应力集中现象。

（3）双侧板全螺栓梁柱节点侧板焊接于柱壁外侧，钢管内部并未设置隔板，混凝土浇筑方便快捷，保证混凝土浇筑质量，加快施工进度。

（4）平面外对穿螺栓梁柱节点柱壁外无凸出螺帽，易满足建筑需求，装配化程度高。

（5）双侧板全螺栓梁柱节点和平面外对穿螺栓梁柱节点均采用高强度螺栓连接，装配效率高，现场安装速度快。

（6）双侧板全螺栓梁柱节点和平面外对穿螺栓梁柱节点构造简单，易满足建筑外形要求，便于围护结构安装和室内装修。

3. 墙板体系设计的思考

本工程外墙采用AAC条板+保温装饰一体板的外墙围护体系，耐久性好，且具有良好的保温，隔声和防水性能。钢结构的特征之一是轻质高强，钢结构建筑的墙体材料也应具备这一特质，否则普通墙体会增加整体结构的荷载，与钢结构的刚度不匹配，对于钢结构体系的自身动力特性也有影响，丧失钢结构的优势。因此，装配式钢结构的外墙板应优先采用轻质高强、防水、防火、保温一体化的成品外墙，安装节点可靠，安装方式灵活。目前作者团队正在进一步开发适合钢结构建筑的成品外墙，相关的标准、图集亦正在编制中。

4. 工厂化生产、装配化施工

结构与机电设备一体化高效连接技术具有以下优势：

（1）全专业施工级BIM模型实现了结构与机电设备综合优化设计，通过三维管线排布避让结构关键受力部位，避免结构构件截面削弱过大，保证结构整体受力性能；

（2）通过全专业施工级BIM模型，结构与机电设备交接位置预先精确留设孔洞，并采取有效的结构补强措施，现场实现结构与机电设备一体化高效连接与安装；

（3）利用数字化技术，提供完整的、与实际情况一致的建筑工程信息库，机电设备管线便于改装更换，从而提高住宅品质，延长住宅使用寿命。

综上所述，本工程的钢结构住宅设计符合模数化、标准化、机械化的特点，可以达到工厂化和装配化的要求，实现了变"现场制造"为"工厂制造"，能有效地提高住宅的工业化水平。加之钢结构具有自重轻、基础造价低、安装便捷、施工周期短、绿色环保等优点，符合国家倡导的环境保护政策和"绿色建筑"的概念。

8.4　甘肃省天水传染病医院改扩建工程1号门诊医技住院楼

8.4.1　工程概况

1. 建筑方案

甘肃省天水传染病医院是集医疗、教学、科研于一体的传染病专科医院，是发生紧急疫情时专业级的传染病医院，平时满足综合医院的使用需求，服务周边。新建1号门诊医技住院楼31383m²，医技住院部分地上9层、门诊部分地上4层，地上建筑面积为27062m²；地下1层，建筑面积为4321m²。

新建1号门诊医技住院楼地下1层主要为供应中心、设备用房及食堂；首层（相对标高±0.000m）由急诊，候诊厅、门诊大厅、入院门厅及影像科组成；2层（相对标高4.800m）由功能检查、化验检查、内科、五官科及儿科组成；3层（相对标高9.600m）由内窥镜、病理科、外科、妇产科及血液透析组成；4层（相对标高14.400m）由手术室、会议室、办公室组成；5～9层（层高4.2m）为病房（图8.31、图8.32）。

图 8.31　天水传染病医院透视图

图 8.32　天水传染病医院鸟瞰

2. 结构设计参数

项目位于甘肃省天水市，抗震设防烈度为8度，设计分组为第三组，地震加速度为0.30g，基本风压0.35kN/m²，场地土类别为Ⅱ类，地面粗糙度类别为B类。本工程一期新建为1号门诊医技住院楼，上部结构分为两个单体，1个单体为4层，另1个单体为12层，通过一个大底盘进行隔震设计。结构属于乙类建筑。为了提高框架柱的抗压承载力和防火性能，框架柱采用了钢管混凝土柱；框架梁采用焊接H型钢梁，结构主要设计参数如表8.5 ~ 表8.7所示。

门诊医技住院楼结构安全等级和设计使用年限　　　　　　　　表8.5

结构的安全等级	一级	地基基础设计等级	乙级
设计使用年限	50年	抗震设防类别	乙类

风雪荷载　　　　　　　　表8.6

基本风压	地面粗糙度	基本雪压
W_o=0.35kN/m²	B类	S_o=0.20kN/m²

抗震设防的有关参数　　　　　　　　表8.7

抗震设防烈度	设计基本地震加速度	设计地震分组	场地特征周期值	建筑场地类别
8度	0.30g	第二组	0.40（s）	Ⅱ类

3. 结构布置

医技住院部分地上9层、门诊部分地上4层，针对该项目特点，医技住院楼结构形式采用钢框架–中心支撑结构，门诊楼结构形式采用钢框架结构。

本工程底层方钢管混凝土柱最大截面尺寸为650mm×650mm，内灌C50混凝土；支撑典型截面尺寸220mm×220mm，内灌C30混凝土。2层结构平面布置如图8.33所示，最大钢梁截面尺寸为H900×250×14×20（mm），最小钢梁截面尺寸为热轧型钢HN248×124×5×8（mm），主要钢梁截面尺寸为H450×200×8×12（mm），混凝土楼板厚度为120mm。

本工程门诊楼部分，最大柱截面尺寸为400mm×400mm，内灌C50混凝土；结构平面布置如图8.34所示，最大钢梁截面尺寸为H850×250×14×16（mm），最小钢梁截面尺寸为热轧型钢HN248×124×5×8（mm），主要钢梁截面尺寸为H400×200×6×12（mm），混凝土楼板厚度为120mm。

4. 隔震分析

（1）ETABS模型建立。

本工程使用大型有限元软件ETABS建立隔震与非隔震结构模型，并进行计算与分析。ETABS软件具有方便灵活的建模功能和强大的线性和非线性动力分析功能，其中连接单元能够准确模拟橡胶隔震支座。ETABS模型如图8.35所示。

（2）隔震支座布置。

本工程采用的橡胶隔震支座，在选择其直径、个数和平面布置时，主要考虑了以下因素：

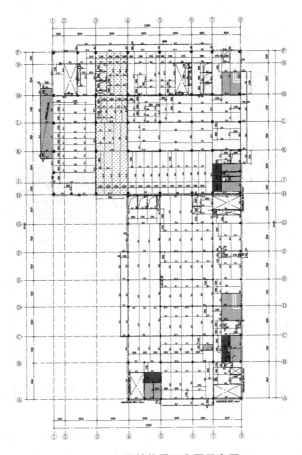

图 8.33　2 层结构平面布置示意图

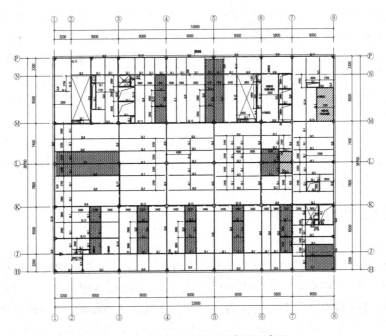

图 8.34　标准层结构平面布置示意图

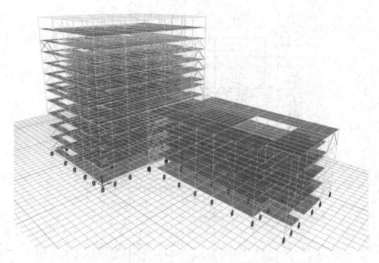

图 8.35　ETABS 隔震分析模型

1）根据国家标准《建筑抗震设计规范》GB 50011—2010第12.2.3条，同一隔震层内各个橡胶隔震支座的竖向压应力宜均匀，竖向平均应力不应超过乙类建筑的限值12MPa。

2）在罕遇地震作用下，隔震支座不宜出现拉应力，当少数隔震支座出现拉应力时，其拉应力不应大于1.0MPa。

3）在罕遇地震作用下，隔震支座的水平位移应小于其有效直径的0.55倍和各橡胶层总厚度3倍二者的较小值。

本工程共使用了94个支座，其中有铅芯橡胶隔震支座39套，无铅芯橡胶隔震支座55套。隔震支座平面布置如图8.36所示。

（3）支墩设计。

《建筑抗震设计规范》GB 50011—2010第12.2.9条规定：与隔震层连接的下部构件（如地下室、支座下的墩柱等）的地震作用和抗震验算，应采用罕遇地震下隔震支座的竖向力、水平力和力矩进行计算。图8.37中，P为在罕遇地震时设计组合工况下产生的轴向力；V_x和V_y为罕遇地震时设计组合工况下产生的X和Y向水平剪力。U_x、U_y为罕遇地震作用下隔震支座产生的水平位移；h_b为隔震支座高度，H为隔震支墩的高度。则有，隔震支座下支墩顶部产生的弯矩：$M_x = P \times U_x + V_x \times h_b$，$M_y = P \times U_y + V_y \times h_b$，用于支座连接件的承载力设计；隔震支座下支墩底部产生的弯矩：$M_x = P \times U_x + V_x \times (H + h_b)$，$M_y = P \times U_y + V_y \times (H + h_b)$，结合前面直接求得的轴力$N$、剪力$V_x$、剪力$V_y$，可以进行下支墩的设计；上支墩的设计内力计算与下支墩类似（图8.38）。

8.4.2　装配式钢结构方案设计

1. 主要构件及节点设计

本工程的主要构件包括钢管混凝土柱、钢梁、支撑等，矩形钢管柱与钢梁刚性连接做法见图8.39。节点连接做法一适用于与钢柱连接的钢梁梁高相等时；节点连接做法二适用于与钢柱连接的钢梁梁高不等，且梁高度差大于或等于50mm；节点连接做法三适用于与钢柱连接的钢梁梁高不等，且梁高度差小于150mm；节点连接做法四适用于以下情况：

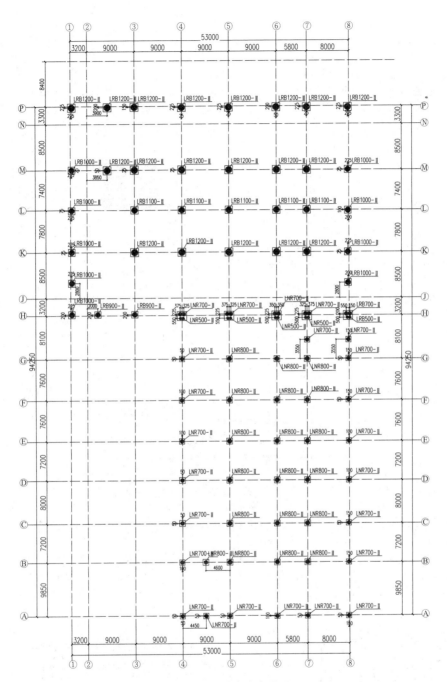

图 8.36　隔震支座布置图

①与钢柱连接钢梁梁高≥750mm，当钢梁高度≥750mm时，钢柱外伸短梁取1400mm；
②钢梁高度≤600mm，且节点区域有次梁连接时。当框架梁跨度≤3900mm时，钢柱外伸
短梁取750mm。框架梁跨度＞3900mm时，钢柱外伸短梁取1200mm。

2. 钢筋桁架楼承板（图8.40）

本工程采用钢筋桁架楼承板，钢筋桁架楼承板预留预埋线盒、立管留洞（或预埋套
管）、预埋吊顶螺栓等，通过管线综合设计，保证管线布置合理、经济、安全。

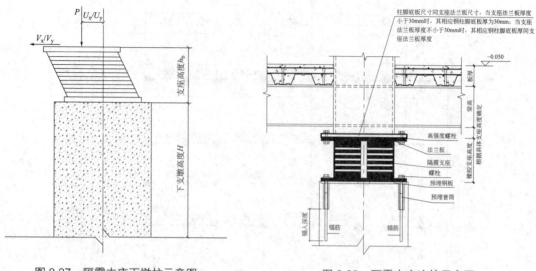

图 8.37 隔震支座下墩柱示意图

图 8.38 隔震支座连接示意图

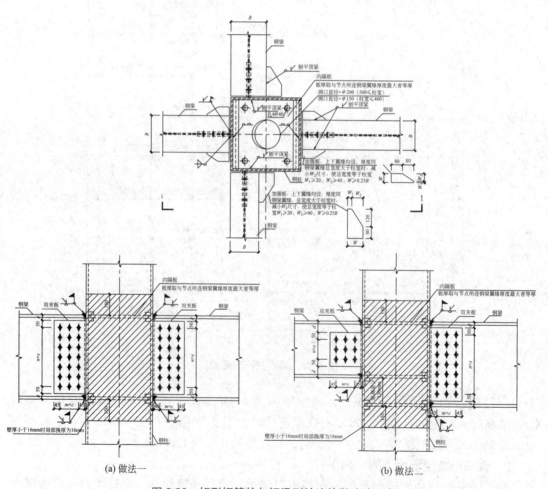

(a) 做法一

(b) 做法二

图 8.39 矩形钢管柱与钢梁刚性连接做法（一）

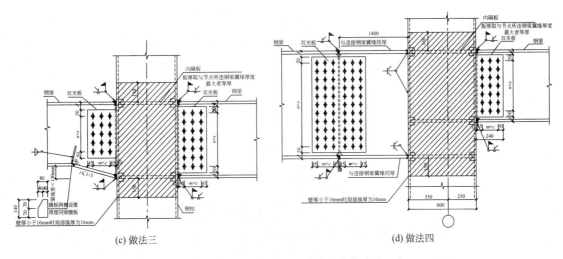

(c) 做法三　　　　　　　　　　(d) 做法四

图 8.39　矩形钢管柱与钢梁刚性连接做法（二）

图 8.40　钢筋桁架楼承板

3. 围护墙和内墙

（1）预制外墙（图8.41）。

1）预制外墙构件生产时应以外侧作为模板面，保证外墙的平整度和感官效果。

2）在预制外墙相应位置预留预埋线盒、设备管线、空调孔洞、装修点位，以及必要的防雷措施等。

3）预埋线盒表面应与预制外墙内侧完成面平齐。

4）预制外墙处的立面线条，如重复率较高，宜与预制构件一体成型；如仅局部有线条，宜采用GRC或其他材料后贴方式。

5）预制外墙与装饰构件的连接应牢固可靠。

6）预制外墙接缝处理：

① 预制外墙的接缝及门窗洞口等部位构造设计应分别满足结构、热工、防水、排水、防火、隔声、耐久性抗裂及建筑装饰要求，并结合本地材料、制作及施工条件进行综合考虑。

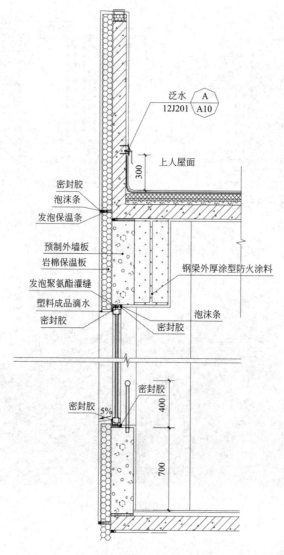

图 8.41　外墙做法示意图

②预制外墙板接缝应采用材料防水（在水平缝及竖向缝处后贴防水卷材或后刷防水涂料，配合以接缝处灌浆材料防水或打胶的形式）或构造防水（设置企口，形成空腔，后期打胶），宜采用材料防水和构造防水相组合的做法。

③预制外墙接缝采用密封胶时，应选用防水性能、耐候性能和耐老化性能优良的防水密封胶作嵌缝材料，以保证预制外墙接缝的防水和排水效果和使用年限。

（2）预制内隔墙。

1）预制内隔墙采用双层轻质内隔墙板，满足各功能房间的防火隔声等性能要求。

2）卫生间干区内墙采用加气混凝土板材。

3）设备管线、线盒、装修点位预留预埋到位，预留线盒表面与墙体完成面平齐。

4）本工程内隔墙从设计阶段进行一体化集成设计，在管线综合设计的基础上，实现墙体与管线的集成以及土建与装修的一体化，形成"内隔墙系统"。

5）预制内隔墙接缝处理：

① 预制内隔墙墙面与梁柱交界处做接缝槽，采用填塞岩棉，再嵌入PE棒，建筑密封胶封口，专用嵌缝剂嵌缝，交界处用抗裂砂浆压入200mm耐碱玻纤网，外侧再刷200mm宽1.5mm厚聚氨酯防水涂膜。防水涂膜完成后，按构造层次进行饰面加工。

② 预制内隔墙之间采用填塞岩棉，再嵌入PE棒，建筑密封胶封口，专用嵌缝剂嵌缝，交界处用抗裂砂浆压入200mm耐碱玻纤网，外侧再刷200mm宽1.5mm厚聚氨酯防水涂膜。防水涂膜完成后，按构造层次进行饰面加工。

③ 避免将水电点位设置于预制内隔墙墙板交缝处，在埋设水电箱处采用现浇混凝土，避免水电开槽及开洞对墙板的不利影响。

8.4.3　附属构件

楼梯采用预制梁式楼梯（图8.42），楼梯踏面防滑条（槽）、滴水线（槽）、挡水沿与预制楼梯在工厂一次浇筑成型，并采用易于脱模的构造形式。预制楼梯采用清水混凝土饰面，加工运输安装过程中应采取措施加强成品保护。预制楼梯安装缝处理：

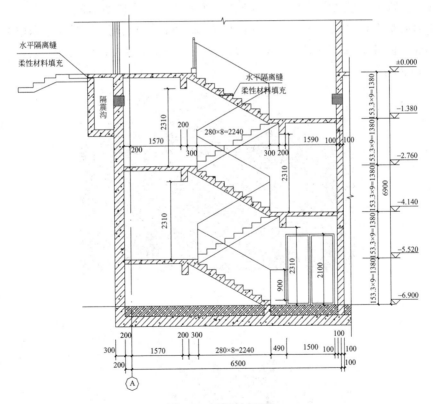

图 8.42　楼梯剖面图

（1）预制楼梯两侧的安装缝应采用砂浆+专用密封胶打胶塞缝，降低后期开裂风险。

（2）预制楼梯梯段端部与挑耳之间的竖向安装缝，顶面采用PE棒及密封胶进行防开裂处理。

8.5 汉中市南郑区人民医院

8.5.1 工程概况

1. 建筑方案

本工程位于陕西省汉中市南郑区新规划人民医院院内，北侧为协税路，东临广场西路，南临青年路，西侧为规划路。周边南侧为居民区和南郑中学，北侧为城市公园及居民区，西侧为规划居住区，东侧为城市公园。南郑区人民医院是汉中市南郑区唯一一所集医疗、教学、科研、急救、康复保健于一体的综合性国家"二级甲等"医院、国家"爱婴"医院，是农村合作医疗、城镇职工、城镇居民医保定点医院。

本工程建筑单体方案为拟建内科综合楼和配建立体停车库，拟建内科综合楼包括医保大厅、内科病区、中医康复、体检中心、血液透析、医技和住院部等。内科综合楼为一类高层建筑，建筑耐火等级为一级，设计使用年限为50年，配建立体停车库为二类停车库，耐火等级为二级。主要结构类型为：地上钢框架结构、地下框架结构。

拟建内科综合楼：裙房4层，主楼12层，地下1层，总建筑面积为23904.82m²，建筑高度49.90m；配建立体停车库：主体为7层，总建筑面积3393.00m²，建筑高度：16.50m（图8.43、图8.44）。

图 8.43 医院鸟瞰图

图 8.44 医院透视图

2. 结构设计参数

项目位于汉中市南郑区,抗震设防烈度为7度,设计分组为第二组,地震加速度为0.15g,基本风压0.35kN/m²,场地土类别为Ⅱ类,地面粗糙度类别为B类。根据《建筑抗震设计规范》GB 50011—2010第8.1.3条,钢梁抗震等级为三级;根据《钢管混凝土结构技术规范》GB 50936—2014表4.3.5,钢管混凝土柱抗震等级为一级。地下室部分采用混凝土框架结构形式,结构主要设计参数如表8.8和表8.9所示:

门诊医技住院楼结构安全等级和设计使用年限　　表 8.8

结构的安全等级	一级	地基基础设计等级	甲级
设计使用年限	50年	抗震设防类别	乙类

风、雪荷载参数　　表 8.9

基本风压	地面粗糙度	基本雪压
W_o=0.35k N/m²(100年) W_o=0.30 kN/m²(50年)	B类	S_o=0.25kN/m²(100年) S_o=0.20kN/m²(50年)

3. 结构布置

南郑区人民医院内科综合楼裙房4层,主楼12层,地下1层,总建筑面积为23904.82m²,建筑高度49.90m,结构形式采用钢框架–支撑结构。

本工程标准层最大截面尺寸为550mm×550mm,内灌细石混凝土,支撑典型截面尺寸为200mm×200mm。最大钢梁截面尺寸为H700×300×14×28(mm),最小钢梁截面尺寸为热轧型钢HN248×124×5×8(mm),主要钢梁截面尺寸为H500×250×12×12(mm),混凝土楼板厚度为120mm,标准层结构平面布置如图8.45所示。

8.5.2　装配式钢结构方案设计

1. 主要构件及节点设计

本工程的主要构件包括壁式钢管混凝土柱、钢梁、支撑等,节点连接主要包括双侧板节点及壁柱–H型钢梁面外节点。

(1)壁式钢管混凝土柱。

为减少甚至避免部分位置框架柱凸出墙体,本工程部分柱采用壁式钢管混凝土柱,壁柱柱脚与普通壁式钢管混凝土柱相同,采用外包式柱脚,为保证外包混凝土与钢管共同工作,柱底至1层楼面通高设置栓钉(图8.46)。

(2)钢梁。

本工程梁采用焊接H型钢梁,钢材为Q345B。钢框架梁与柱接头为腹板栓接、翼缘焊接的连接形式。施工时按先栓后焊的方式进行;高强度螺栓按从螺栓群中部开始、向四周扩散的拧紧顺序,逐个拧紧;梁与柱接头的焊缝,先焊梁的下翼缘板,再焊上翼缘板;先焊梁的一端,待其焊缝冷却至常温后,再焊另一端(图8.47、图8.48)。

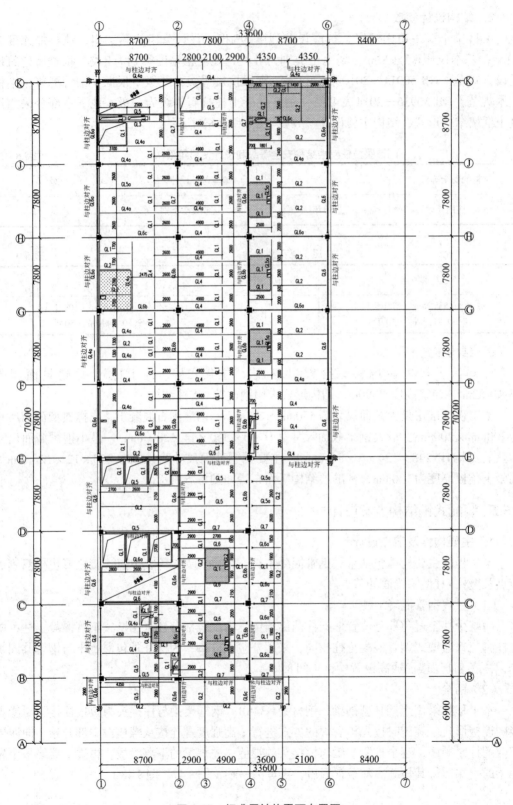

图 8.45 标准层结构平面布置图

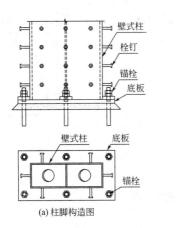

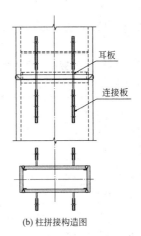

(a) 柱脚构造图　　　　　　　　(b) 柱拼接构造图

图 8.46 壁柱连接构造图

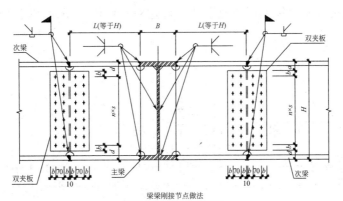

梁梁刚接节点做法
注：主次梁等高情况节点做法。
(a) 主次梁等高情况

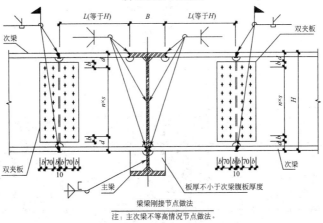

梁梁刚接节点做法
注：主次梁不等高情况节点做法。
(b) 主次梁不等高情况

图 8.47 主次梁铰接连接节点

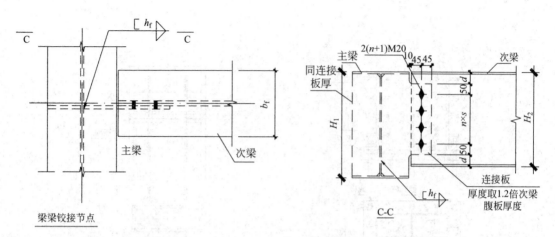

图 8.48　钢梁刚接连接节点

（3）钢梁-壁柱连接节点。

钢梁-壁柱面内连接采用双侧板节点，通过双侧板，连接钢板将壁柱与钢梁连接。钢梁-壁柱面外连接采用对穿钢棒连接形式，通过对穿钢棒、端板将钢梁与壁柱进行连接（图 8.49）。

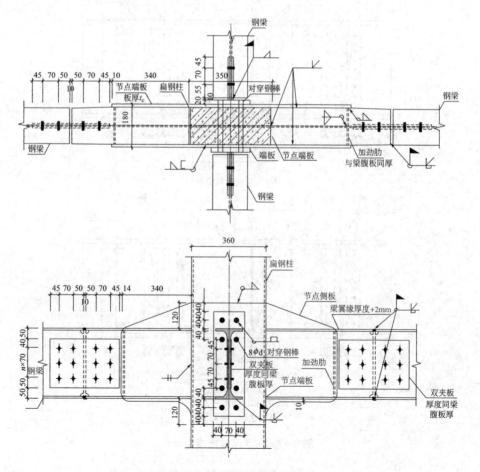

图 8.49　钢梁-壁柱连接节点

2. 钢筋桁架楼承板

本工程所有房间均采用钢筋桁架楼承板（图8.50），钢筋桁架楼承板预留预埋线盒、立管留洞（或预埋套管）、预埋吊顶螺栓等，通过管线综合设计，保证管线布置合理、经济、安全。

图 8.50　钢筋桁架楼承板

3. 围护墙和内墙

（1）预制外墙。

1）预制外墙构件生产时应以外侧作为模板面，保证外墙的平整度和感官效果。

2）在预制外墙相应位置预留预埋线盒、设备管线、空调孔洞、装修点位，以及必要的防雷措施等。

3）预埋线盒表面应与预制外墙内侧完成面平齐。

4）预制外墙处的立面线条，如重复率较高，宜与预制构件一体成型；如仅局部有线条，宜采用GRC或其他材料后贴方式。

5）预制外墙与装饰构件的连接应牢固可靠。

6）预制外墙接缝处理（图8.51）：

① 预制外墙的接缝及门窗洞口等部位构造设计分别满足结构、热工、防水、排水、防火、隔声、耐久性抗裂及建筑装饰要求，并结合本地材料、制作及施工条件进行综合考虑。

② 预制外墙板接缝应采用材料防水（在水平缝及竖向缝处后贴防水卷材或后刷防水涂料，配合以接缝处灌浆材料防水或打胶的形式）或构造防水（设置企口，形成空腔，后期打胶），宜采用材料防水和构造防水相组合的做法。

③ 预制外墙接缝采用密封胶时，应选用防水性能、耐候性能和耐老化性能优良的防水密封胶作嵌缝材料，以保证预制外墙接缝的防水、排水效果和使用年限。

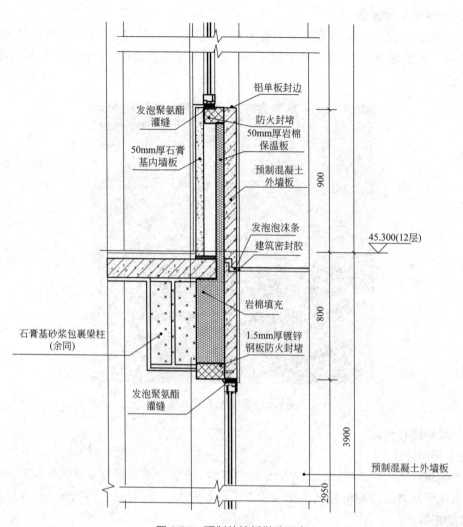

图 8.51　预制外墙板做法示意

7）预制外墙孔洞：

① 穿墙对拉螺杆孔洞采用水泥砂浆填塞封堵，在外侧孔洞周边涂刷1.00mm厚防水涂料；或孔洞内采用聚氨酯发泡胶填塞，两侧用水泥砂浆封堵，在外侧孔洞周边涂刷1.00mm厚防水涂料。

② 采用一次性对拉螺杆时，割断螺杆后用水泥砂浆在两侧封堵，然后进行饰面施工。

③ 在预制外墙上预留空调洞口或预埋套管时，洞口应内高外低，坡度5%。

④ 不建议爬架、塔吊、施工电梯等穿墙钢管或悬挑型钢等穿过预制外墙。如无法避免形成小于50mm的孔洞采用与穿墙对拉螺杆相同的封堵做法；50mm<孔洞<100mm时，可用干硬性水泥砂浆（添加防水剂及膨胀剂）参照对拉螺杆封堵做法分次封堵；当孔洞大于100mm时，采用细石混凝土封堵；所有封堵必须密实。封堵洞口的外侧涂刷1.0mm厚防水涂料，涂刷范围必须大于孔洞周边50mm。

南郑区医院项目外挂墙板分为5类（图8.52）。板1和板2自身竖向连接类似图集整间板竖向连接（图8.53、图8.54），板1与板2之间的横向连接类似图集整间板横向连接（图

8.55）。板 4 的构造与装饰板类似（图 8.56），板 3、板 5 的构造与板 4 类似（图 8.57、图 8.58），仅竖向尺寸不同。板 3 与板 1、板 4 与板 1、板 5 与板 1 的横向连接和板 2 的横向连接类似。

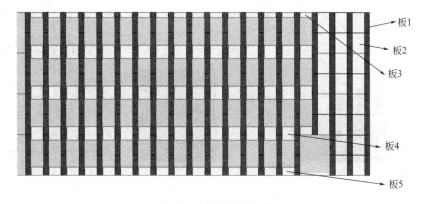

图 8.52　外挂墙板分类

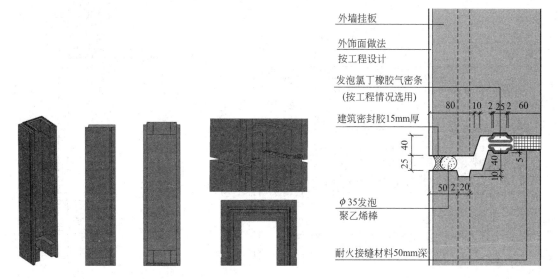

图 8.53　板 1 自身竖向连接（单位：mm）

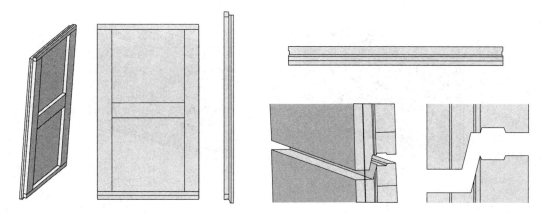

图 8.54　板 2 自身竖向连接

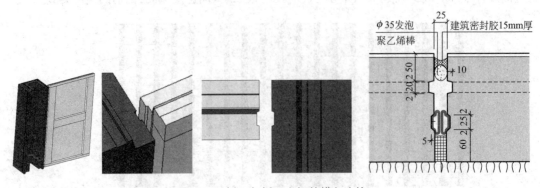

图 8.55 板 1 与板 2 之间的横向连接

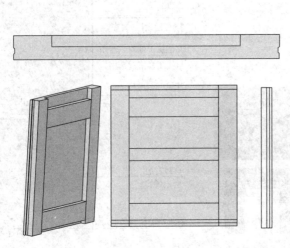

图 8.56 板 4 构造

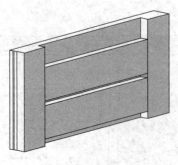

图 8.57 板 3 构造

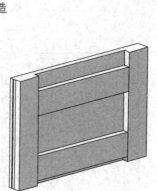

图 8.58 板 5 构造

（2）预制内墙。

1）预制内隔墙采用石膏基内隔墙板，满足各功能房间的防火及隔声等性能要求（图8.59）。

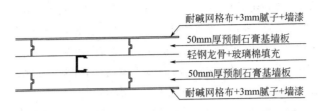

图 8.59　内隔墙做法示意

2）卫生间干区内墙采用石膏基内墙板。

3）预制内墙接缝：

① 预制内隔墙墙面与梁柱交界处做接缝槽，采用填塞岩棉，再嵌入PE棒，建筑密封胶封口，专用嵌缝剂嵌缝，交界处用抗裂砂浆压入200mm 耐碱玻纤网，外侧再刷200mm宽1.5mm厚聚氨酯防水涂膜。防水涂膜完成后，按构造层次进行饰面加工。

② 预制内隔墙之间采用填塞岩棉，再嵌入PE棒，建筑密封胶封口，专用嵌缝剂嵌缝，交界处用抗裂砂浆压入200mm 耐碱玻纤网，外侧再刷200mm宽1.5mm厚聚氨酯防水涂膜。防水涂膜完成后，按构造层次进行饰面加工。

③ 避免将水电点位设置于预制内墙墙板交缝处，在埋设水电箱处采用现浇混凝土，避免水电开槽及开洞对墙板的不利影响。

④ 内墙与外窗之间构造做法如图8.60所示。

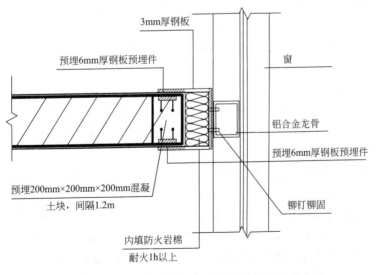

图 8.60　内墙与外窗之间缝隙封堵做法

参考文献

［1］钱学森.创建系统学（新世纪版）［M］.上海：上海交通大学出版社，2007.

［2］冯·贝塔朗菲.一般系统论：基础、发展和应用［M］.北京：清华大学出版社，1987.

［3］汪应洛.系统工程理论、方法与应用［M］.北京：高等教育出版社，2002.

［4］钱学森.论系统工程（新世纪版）［M］.上海：上海交通大学出版社 2007.

［5］王连成.工程系统论［M］.北京：中国宇航出版社，2002.

［6］于景元.从系统思想到系统实践的创新：钱学森系统研究的成就和贡献［J］.系统工程理论与实践，2016，36（12）：2993-3002.

［7］樊则森.运用"系统工程"思维发展装配式建筑［J］.建筑，2017（10）：10-13.

［8］齐守印.管理是最重要的生产力：论管理在生产力诸要素中的地位和作用［J］.管理世界，2000（3）：205-206.

［9］李红兵.建设项目集成化管理理论与方法研究［D］.武汉：武汉理工大学，2004.

［10］郝际平，刘瀚超，樊春雷，等.一种预制T型异形钢管混凝土组合柱：中国 105821967B［P］.2018-04-06.

［11］成虎，韩豫.工程管理系统思维与工程全寿命期管理［J］.东南大学学报（哲学社会科学版），2012，14（2）：36-40，126.

［12］韩明红，邓家褆.复杂工程系统多学科设计优化集成环境研究［J］.机械工程学报，2004（9）：100-105.

［13］郝际平，樊春雷，苏海滨，等.预制L形柱耗能连接节点：中国 205637336U［P］.2016-10-12.

［14］于海顺，赵娜，史妍妍，等.航空发动机工作分解结构（WBS）构建方法［J］.航空发动机，2018，44（3）：97-102.

［15］中国航天系统科学与工程研究院研究生管理部.系统工程讲堂录（第二辑）［M］.北京：科学出版社，2015.

［16］钱学森，许国志，王寿云.组织管理的技术：系统工程［N］.文汇报，1978-09-27.

［17］钱学森.用科学方法绘制国民经济现代化的蓝图［J］.未来与发展，1981（3）：5-7，20.

［18］钱学森.社会主义建设的总体设计部：党和国家的咨询服务工作单位［J］.中国人民大学学报，1988（2）：10-22.

［19］孙晓岭，郝际平，薛强等.壁式钢管混凝土抗震性能试验研究［J］.建筑结构学报，2018，39（6）：92-101.

［20］孙晓岭.壁式钢管混凝土柱抗震试验与力学性能研究［D］.西安：西安建筑科技大学，2018.

［21］何梦楠.大高宽比多腔钢管混凝土柱抗震性能研究［D］.西安：西安建筑科技大学，2017.

［22］尹伟康.双腔室钢管混凝土柱抗震性能研究［D］.西安：西安建筑科技大学，2017.

［23］张益帆.带约束拉杆的壁式钢管混凝土柱抗震性能研究［D］.西安：西安建筑科技大学，2019.

［24］Liu H C，Hao J P，Xue Q，et al. Seismic performance of a wall-type concrete-filled steel tubular column with a double side-plate I-beam connection［J］. Thin-Walled Structures，2021，159：1-17.

［25］Huang Y Q，Hao J P，Bai R，et al. Mechanical behaviors of side-plate joint between walled concrete-filled steel tubular column and H-shaped steel beam［J］. Advanced Steel Construction，2020，V.16（4）：

346–353.

［26］黄育琪，郝际平，樊春雷，等.WCFT柱–钢梁节点抗震性能试验研究［J］.工程力学，2020，v.37
（12）：34–42.

［27］张峻铭.壁式钢管混凝土柱–钢梁双侧板螺栓连接节点抗震性能研究［D］.西安：西安建筑科技大学，
2018.

［28］黄心怡.壁式钢管混凝土柱–H型钢梁双侧板节点受力性能研究［D］.西安：西安建筑科技大学，
2019.

［29］惠凡.壁式钢管混凝土柱–钢梁嵌入式双侧板节点抗震性能研究［D］.西安：西安建筑科技大学，
2020.

［30］刘瀚超，郝际平，薛强，等.壁式钢管混凝土柱平面外穿芯拉杆–端板梁柱节点抗震性能试验研究［J］.
建筑结构学报，2020，43（5）：98–111.

［31］孙航.壁式钢管混凝土柱–面外穿芯螺栓连接节点抗震性能研究［D］.西安：西安建筑科技大学，
2018.

［32］赵子健.钢连梁与壁式钢管混凝土柱双侧板节点抗震性能研究［D］.西安：西安建筑科技大学，
2017.

［33］郝际平，孙晓岭，薛强，等.绿色装配式钢结构建筑体系研究与应用［J］.工程力学，2017，34
（1）：1–13.

［34］沈祖炎，罗金辉，李元齐.以钢结构建筑为抓手推动建筑行业绿色化、工业化、信息化协调发展［J］.
建筑钢结构进展，2016，18（2）：1–6.

［35］秦姗，伍止超，于磊.日本KEP到KSI内装部品体系的发展研究［J］.建筑学报，2014，7：17–23.

［36］尹静，查晓雄.箱式集成房折叠单元刚性试验及有限元分析［J］.工业建筑，2010，40（S1）：
446–448.

［37］张爱林.工业化装配式高层钢结构体系创新、标准规范编制及产业化关键问题［J］.工业建筑，
2014，44（8）：1–6.

［38］李砚波，曹晟，陈志华，等.钢管束混凝土组合墙–梁翼缘加强型节点抗震性能试验［J］.天津大学学报（自
然科学与工程技术版），2016，49（S1）：41–47.

［39］浙江东南网架股份有限公司.一种多腔体钢板剪力墙及其操作方法：中国105952032A［P］.2016-
09-21.

［40］周婷.方钢管混凝土组合异形柱结构力学性能与工程应用研究［D］.天津：天津大学，2012.6.

［41］郝际平，曹春华，王迎春，等.开洞薄钢板剪力墙低周反复荷载试验研究［J］.地震工程与工程振
动，2009，29（2）：79–85.

［42］郝际平，郭宏超，解崎，等.半刚性连接钢框架–钢板剪力墙结构抗震性试验研究［J］.建筑结构学报，
2011，32（2）：33–40.

［43］郝际平，袁昌鲁，房晨.薄钢板剪力墙结构边框架柱的设计方法研究［J］.工程力学，2014，31
（9）：211–238.

［44］陈东，沈小璞.带桁架钢筋的混凝土双向自支承叠合板受力机理研究［J］.建筑结构，2015，45
（15）：93–96.

［45］张鹏丽.四边简支PK预应力混凝土叠合楼板受力性能分析及应用［D］.长沙：湖南大学，2013.

［46］张爱林，胡婷婷，刘学春.装配式钢结构住宅配套外墙分类及对比分析［J］.工业建筑，2014，44

（8）：7-9.

[47] 耿悦, 王玉银, 丁井臻, 等. 外挂式轻钢龙骨墙体 - 钢框架连接受力性能研究 [J]. 建筑结构学报, 2016, 37（6）：141-150.

[48] 郝际平, 刘斌, 邵大余, 等. 交叉钢带支撑冷弯薄壁型钢骨架——喷涂轻质砂浆组合墙体受剪性能试验研究 [J]. 建筑结构学报, 2014, 35（12）：20-28.

[49] Caroline M. C, Ricardo K. Impact of bim-enabled design-to-fabrication on building delivery [J]. Practice Periodical on Structural Design and Construction, 2014, 19（1）：122-128.

[50] 韩林海. 钢管混凝土结构 [M]. 3 版. 北京：科学出版社, 2016.

[51] Bradford M A, Wright H D, Uy B. Local buckling of the steel skin in lightweight composites induced by creep and shrinkage [J]. Advances in Structural Engineering, Multi Science Publishing, 1997, 2（1）：25-34.

[52] 何保康, 杨晓冰, 周天华. 矩形钢管混凝土轴压柱局部屈曲性能的解析分析 [J]. 西安建筑科技大学学报（自然科学版）, 2002, 34（3）：210-213.

[53] Uy B, Bradford M A. Elastic local buckling of steel plates in composite steel-concrete members [J]. Journal of Engineering Structures, 1996, 18（3）：193-200.

[54] Liang Q Q, Uy B. Theoretical study on the post-local buckling of steel plates in concrete-filled box columns [J]. Computers and Structures, 2000, 75（5）：479-490.

[55] 郭兰慧, 张素梅, Kim W J. 钢管填充混凝土后弹性与弹塑性屈曲分析 [J]. 哈尔滨工业大学学报, 2006, 38（8）：1350-1354.

[56] 侯红伟, 高轩能, 张惠华. 薄壁矩形钢管混凝土受压柱临界宽厚比 [J]. 科学技术与工程, 2012, 12（32）：8770-8780.

[57] Mander J B, Priestley M J N, Park R. Theoretical stress-strain model for confined concrete [J]. Journal of Structural Engineering, 1988, 144（8）：1804-1826.

[58] Gardner N J, Jacobson E R. Structural behavior of concrete filled steel tubes [J]. Journal of the American Concrete Institute, 1967, 64（11）：404-413.

[59] Knowles R B, Park R. Strength of concrete filled steel tubular columns [J]. Journal of the Structural Division, ASCE, 1969, 95（ST12）：2565-2587.

[60] Tsuji B, Nakashima M, Morita S. Axial compression behavior of concrete filled circular steel tubes [C] //. Proceedings of the Third International Conference on Steel-Concrete Composite Structures, Fukuoka, Japan, 1991：19-24.

[61] Lee G, Xu J, Guo A, et al. Experimental studies on concrete filled steel tubular short columns under compression and torsion [C] // Proceedings of the Third International Conference on Steel-Concrete Composite Structures, Fukuoka, Japan, 1991: 143-148.

[62] Ge H B, Usami T. Strength of concrete-filled thin-walled steel box columns：experiment [J]. Journal of Structural Engineering, 1992, 118（11）：3036-3054.

[63] Susantha K A S, Ge H B, Usami T. A capacity prediction for concrete filled steel columns [J]. Journal of Earthquake Engineering, 2001, 5（4）：483-520.

[64] Tao Z, Wang Z B, Yu Q. Finite element modelling of concrete-filled steel stub columns under axial compression [J]. Journal of Constructional Steel Research, 2013, 89（5）：121-131.

［65］Thai H T，Uy B，Khan M，et al. Numerical modelling of concrete-filled steel box columns incorporating high strength materials［J］. Journal of Constructional Steel Research，2014，102（11）：256-265.

［66］周继忠，郑永乾，陶忠. 带肋薄壁和普通方钢管混凝土柱的经济性比较［J］. 福州大学学报（自然科学版），2008，36（4）：598-602.

［67］Ge H B，Usami T. Strength analysis of concrete-filled thin-walled steel box columns［J］. Journal of Constructional Steel Research，1994，30（3）：259-281.

［68］陈勇，张耀春，唐明. 设置直肋方形薄壁钢管混凝土长柱优化设计［J］. 沈阳建筑大学学报（自然科学版），2005，21（5）：478-481.

［69］黄宏，张安哥，李毅，等. 带肋方钢管混凝土轴压短柱试验研究及有限元分析［J］. 建筑结构学报，2011，32（2）：75-82.

［70］郭兰慧，张素梅，徐政，等. 带有加劲肋的大长宽比薄壁矩形钢管混凝土试验研究与理论分析［J］. 土木工程学报，2011，44（1）：42-49.

［71］薛立红，蔡绍怀. 钢管混凝土柱组合界面的粘结强度（上）［J］. 建筑科学，1996（3）：22-28.

［72］Parsley M A. Push-out behavior of concrete-filled steel tubes［D］. Austin：University of Texas，1998.

［73］刘永健，池建军. 钢管混凝土界面抗剪粘结强度的推出试验［J］. 工业建筑，2006，36（4）：78-80.

［74］Qu X S，Chen Z H，Nethercot D A，et al. Load-reversed push-out tests on rectangular CFST columns［J］. Journal of Constructional Steel Research，2013，81（3）：35-43.

［75］Tao Z，Song T Y，Uy B，et al. Bond behavior in concrete-filled steel tubes［J］. Journal of Constructional Steel Research，2016，120：81-93.

［76］Nakai H，Kurita A，Ichinose L H. An experimental study on creep of concrete filled steel pipes［C］//. Proceedings of the Third International Conference on Steel-Concrete Composite Structures，Fukuoka，Japan，1991：55-60.

［77］Terrey，P J，Bradford M A，Gilbert R I. Creep and shrinkage in concrete-filled tubes［C］//. Proceedings of the Sixth International Symposium on Tubular Structures，Melbourne，Australia，1994：293-298.

［78］冯斌. 钢管混凝土中核心混凝土的水化热、收缩与徐变计算模型研究［D］. 福州：福州大学，2004.

［79］韩林海，杨有福，李永进，等. 钢管高性能混凝土的水化热和收缩性能研究［J］. 土木工程学报，2006，39（3）：1-9.

［80］韩林海，陶忠. 长期荷载作用下方钢管混凝土轴心受压柱的变形特性［J］. 中国公路学报，2001，14（2）：52-57.

［81］Molodan A，Hajjar J F. A cyclic distributed plasticity formulation for three-dimensional rectangular concrete-filled steel tube beam-columns and composite frames［R］. University of Minnesota，Structural Engineering Report No. ST-96-6，1997.

［82］Hajjar J F，Gourley B C. Cyclic nonlinear model for concrete-filled tubes. I：formulation［J］. Journal of Structural Engineering，1997，123（6）：736-744.

［83］Ge H B，Usami T. Cyclic tests of concrete-filled steel box columns［J］. Journal of Structural Engineering，1996，122（10）：1169-1177.

［84］Usami T，Ge H B. Ductility of concrete-filled steel box columns under cyclic loading［J］. Journal of

Structural Engineering, 1996, 122（10）: 2021-2040.

［85］Susantha K A S, Ge H B, Usami T. Cyclic analysis and capacity prediction of concrete-filled steel box columns［J］. Earthquake Engineering and Structural Dynamics, 2002, 31（2）: 195-216.

［86］Varma A H, Ricles J M, Richard S, et al. Seismic behavior and design of high-strength square concrete-filled steel tube beam columns［J］. Journal of Constructional Steel Research, 2002, 58（5）: 725-758.

［87］吕西林, 陆伟东. 反复荷载作用下方钢管混凝土柱的抗震性能试验研究［J］. 建筑结构学报, 2000, 21（2）: 2-11.

［88］李学平, 吕西林, 郭少春. 反复荷载下矩形钢管混凝土柱的抗震性能 I：试验研究［J］. 地震工程与工程振动, 2005, 25（5）: 97-103.

［89］陶忠, 杨有福, 韩林海. 方钢管混凝土构件弯矩 – 曲率滞回性能研究［J］. 工业建筑, 2000, 30（6）: 7-12.

［90］韩林海, 陶忠. 方钢管混凝土柱的延性系数［J］. 地震工程与工程振动, 2000, 20（4）: 56-65.

［91］Chung K S, Chung J, Choi S. Prediction of pre- and post-peak behavior of concrete-filled square steel tube columns under cyclic loads using fiber element method［J］. Thin-Walled Structures, 2007, 45: 747-758.

［92］Yang I, Chung J, Chung K S, et al. Cumulative limit axial load for concrete-filled square steel tube columns under combined cyclic lateral and constant axial load［J］. International Journal of Steel Structure, 2010, 10（3）: 283-293.

［93］Chung K S, Kim J H, Yoo J H. Prediction of hysteretic behavior of high-strength square concrete-filled steel tubular columns subjected to eccentric loading［J］. International Journal of Steel Structure, 2012, 12（2）: 243-252.

［94］周天华, 聂少锋, 卢林枫, 等. 带内隔板的方钢管混凝土柱 – 钢梁节点设计研究［J］. 建筑结构学报, 2005（5）: 23-29, 39.

［95］聂建国, 秦凯, 张桂标. 方钢管混凝土柱内隔板式节点的抗弯承载力研究［J］. 建筑科学与工程学报, 2005（1）: 42-49, 54.

［96］Iwashita T, Kurobane Y, Azuma K. Prediction of brittle fracture initiating at ends of CJP groove welded joints with defects: study into applicability of failure assessment diagram approach［J］. Engineering Structures, 2003, 25（14）: 1815-1826.

［97］Qin Y, Chen Z H, Rong B. Modeling of CFRT through-diaphragm connections with H-beams subjected to axial load［J］. Journal of Constructional Steel Research, 2015, 114: 146-156.

［98］王文达, 韩林海, 游经团. 方钢管混凝土柱 – 钢梁外加强环节点滞回性能的试验研究［J］. 土木工程学报, 2006, 39（9）: 17-25.

［99］牟犇, 陈功梅, 张春巍, 等. 带外加强环不等高梁 – 钢管混凝土柱组合节点抗震性能试验研究［J］. 建筑结构学报, 2017, 38（5）: 77-84.

［100］Vulcu C, Stratan A, Ciutina A, et al. Beam-to-CFT high-strength joints with external diaphragm. I: Design and Experimental Validation［J］. Journal of Structural Engineering, 2017, 143（5）: 04017001.

［101］苗纪奎, 陈志华. 方钢管混凝土柱 – 钢梁节点形式探讨［J］. 山东建筑工程学院学报, 2005（3）: 64-68, 85.

[102] 宗周红，林于东，陈慧文，等. 方钢管混凝土柱与钢梁连接节点的拟静力试验研究 [J]. 建筑结构学报，2005, 26 (1): 77-84.

[103] Shin K J, Kim Y J, Oh Y S. Seismic behaviour of composite concrete-filled tube column-to-beam moment connections [J]. Journal of Constructional Steel Research, 2008, 64 (1): 118-127.

[104] Ghobadi M S, Ghassemieh M, Mazroi A, et al. Seismic performance of ductile welded connections using T-stiffener [J]. Journal of Constructional Steel Research, 2009, 65 (4):766-775.

[105] Houghton D L. The SidePlate TM Moment Connection System: A Design Breakthrough Eliminating Recognised Vulnerabilities in Steel Moment-Resisting Frame Connections [J]. Journal of Constructional Steel Research, 1998, 46 (1): 260-261.

[106] Schneider S P, Alostaz Y M. Experimental Behavior of Connections to Concrete-filled Steel Tubes [J]. Journal of Constructional Steel Research, 1998, 45 (3): 321-352.

[107] 徐礼华，童敏. 方钢管混凝土柱-钢梁双侧板贯穿式节点抗震性能试验研究 [J]. 土木工程学报，2012, 45 (3): 49-57.

[108] Mirghaderi S R, Torabian S, Keshavarzi F. I-beam to box-column connection by a vertical plate passing through the column [J]. Engineering Structures, 2010, 32 (8): 2034-2048.

[109] Wu L Y, Chung L L, Tsai S F, et al. Seismic behavior of bidirectional bolted connections for CFT columns and H-beams [J]. Engineering Structures, 2007, 29 (3): 395-407.

[110] 宗周红，林于东，林杰. 矩形钢管混凝土柱与钢梁半刚性节点的抗震性能试验研究 [J]. 建筑结构学报，2004 (6): 29-36.

[111] Sheet S, Gunasekaran U, MacRae G A. Experimental investigation of CFT column to steel beam connections under cyclic loading [J]. Journal of Constructional Steel Research, 2013, 86: 167-182.

[112] Tao Z, Li W, Shi B L, et al. Behaviour of bolted end-plate connections to concrete-filled steel columns [J]. Journal of Constructional Steel Research, 2017, 134 (JUL.): 194-208.

[113] Paulay T, Binney J R. Diagonally reinforced coupling beams of shear walls [J]. ACI Special Publication 42, 1974, 2: 579-598.

[114] Shiu K N, Corley W G. Seimic behavior of coupled wall systems [J]. Journal of Structural Engineering, ASCE, 1984, 110 (5): 1051-1066.

[115] Subedi N K. RC-coupled shear wall structures. I: analysis of coupling beams [J]. Journal of Structural Engineering, ASCE, 1991, 117 (3): 667-680.

[116] Sherif E T, Christopher M K, Mohammad H. Pushover of hybrid coupled walls. I: Design and Modeling [J]. Journal of Structural Engineering, ASCE, 2002, 128 (10): 1272-1281.

[117] Park W S, Yun H D. Bearing strength of steel coupling beam connections embedded reinforced concrete shear walls [J]. Engineering Structures, 2006, 28 (9): 1319-1334.

[118] Patrick J F, Bahram M S, Gian A R. Large-scale testing of a replaceable "fuse" steel coupling beam [J]. Journal of Structural Engineering, ASCE, 133 (12): 1801-1807.

[119] 柯晓军，苏益声，陈宗平，等. 型钢高强混凝土短肢剪力墙-连梁节点抗震性能试验研究 [J]. 地震工程与工程振动，2013, 33 (1): 61-66.

[120] 石韵，苏明周，梅许江. 含型钢边缘构件混合连肢墙结构抗震性能试验研究 [J]. 地震工程与工程振动，2013, 33 (3): 133-139.

［121］纪晓东，马琦峰，王彦栋，等．钢连梁可更换消能梁段抗震性能研究［J］.建筑结构学报，2014，35（6）：1-11.

［122］郝际平，薛强，黄育琪，等．装配式建筑的系统论研究［J］.西安建筑科技大学学报（自然科学版），2019（26）：14-20.

［123］郝际平，何梦楠，薛强，等．一种带螺旋箍筋与拉杆的多腔钢管混凝土柱：中国 206800791U［P］.2017-12-26.

［124］郝际平，樊春雷，薛强，等．一种基于H型钢的全焊接一字形多腔钢管混凝土柱：中国 207484828U［P］.2018-06-12.

［125］樊春雷，郝际平，孙晓岭，等．一种带加劲肋多腔钢管混凝土组合柱：中国 205822593U［P］.2016-12-21.

［126］郝际平，黄育琪，薛强，等．一种采用环形连接件的多腔钢管混凝土组合柱：中国 205637339U［P］.2016-10-12.

［127］郝际平，薛强，孙晓岭，等．采用内置连接板的多腔钢管混凝土组合柱：中国 205822592U［P］.2016-12-21.

［128］郝际平，薛强，樊春雷，等．一种对穿平头内六角螺栓的多腔钢管混凝土柱：中国 206800792U［P］.2017-12-26.

［129］郝际平，薛强，孙晓岭，等．预制L形异形钢管混凝土组合柱：中国 205637335U［P］.2016-10-12.

［130］刘瀚超，郝际平，樊春雷，等．基于方钢连接件的预制L形异形钢管混凝土组合柱：中国 205637332U［P］.2016-10-12.

［131］刘瀚超，郝际平，樊春雷，等．预制T形异形钢管混凝土组合柱：中国 205663030U［P］.2016-10-26.

［132］郝际平，孙晓岭，樊春雷，等．一种十字形多腔钢管混凝土柱：中国 206800793U［P］.2017-12-26.

［133］郝际平，薛强，刘斌，等．一种焊接L形多腔钢管混凝土柱：中国 206800790U［P］.2017-12-26.

［134］郝际平，刘斌，薛强，等．一种基于H形钢的全焊接T形多腔钢管混凝土柱：中国 206829499U［P］.2018-01-02.

［135］郝际平，孙晓岭，薛强，等．一种基于H型钢的全焊接十字形多腔钢管混凝土柱：中国 206829494U［P］.2018-01-02.

［136］郝际平，刘瀚超，孙晓岭，等．一种基于全焊接的T形多腔混凝土柱：中国 207211521U［P］.2018-04-10.

［137］郝际平，薛强，孙晓岭，等．一种基于H型钢的全焊接L形多腔钢管混凝土柱：中国 207484829U［P］.2018-06-12.

［138］郝际平，孙晓岭，张伟，等．一种用于偏心梁柱连接的三侧板节点及装配方法：中国 106436923B［P］.2018-08-07.

［139］郝际平，樊春雷，苏海滨，等．一种螺栓连接的双侧板节点及装配方法：中国 106013466B［P］.2018-01-29.

［140］郝际平，薛强，孙晓岭，等．一种支撑插入式梁柱支撑双侧板节点：中国 105971127B［P］.2018-07-31.

［141］孙晓岭，郝际平，薛强，等．多腔钢管混凝土组合柱与钢梁U形连接节点及装配方法：中国

105821968B［P］.2018-07-17.

［142］郝际平，薛强，樊春雷，等.多腔钢管混凝土组合柱与钢梁螺栓连接节点及装配方法：中国 105863081B［P］.2018-07-10.

［143］薛强，郝际平，樊春雷，等.一种通过下翼缘连接的双侧板节点及装配方法：中国 105863080B［P］. 2018-09-07.

［144］郝际平，陈永昌，薛强，等.一种用于梁柱的双侧板螺栓节点及装配方法：中国：105863056B［P］. 2018-07-10.

［145］樊春雷，郝际平，孙晓岭，一种用于偏心梁柱的带侧板螺栓节点及装配方法：中国 105839779B［P］. 2018-10-02.

［146］郝际平，孙晓岭，张伟，等.一种支撑插入式梁柱支撑 U 形双侧板节点：中国 105863077B［P］. 2018-10-12.

［147］郝际平，孙晓岭，刘斌，等.一种采用对穿钢棒的多腔钢管混凝土柱 - 钢梁平面外装配式连接节点：中国 206681150U［P］.2017-11-28.

［148］郝际平，刘斌，刘瀚超，等.用对穿钢棒的多腔体钢管混凝土柱 - 钢梁面外塞焊装配式连接节点：中国 206693391U［P］.2017-12-01.

［149］郝际平，樊春雷，黄育琪，等.用对穿螺杆的多腔体钢管混凝土柱 - 钢梁面外螺栓装配式连接节点：中国 206800624U［P］.2017-12-26.

［150］陈永昌，郝际平，樊春雷，等.一种支撑平推式多腔钢管混凝土组合柱支撑框架体系：中国 105821966B［P］.2019-02-01.

［151］薛强，郝际平，孙晓岭，等.一种支撑平推装配的多腔钢管混凝土组合柱支撑框架体系：中国 105821959B［P］.2018-08-31.

［152］刘斌，郝际平，樊春雷，等.一种支撑插入安装的多腔钢管混凝土组合柱支撑框架体系：中国 105821965B［P］.2018-03-30.

［153］郝际平，何梦楠，孙晓岭，等.一种带侧板的预制梁柱节点一榀框架：中国 105839778B［P］. 2018-07-06.

［154］郝际平，薛强，何梦楠，等.一种钢筋桁架预制楼承板拼接节点：中国 206800739U［P］.2017-12-26.

［155］郝际平，张峻铭，薛强，等.一种钢筋桁架混凝土楼承板与钢梁连接节点：中国 206800641U［P］. 2017-12-26.

［156］郝际平，赵子健，何梦楠，等.一种采用喷涂砂浆钢梁 - 内墙连接节点：中国 206800628U［P］. 2017-12-26.

［157］郝际平，樊春雷，薛强，等.一种喷涂砂浆外包钢梁 - 内墙管卡连接节点：中国 206800711U［P］. 2017-12-26.

［158］郝际平，薛强，陈永昌，等.采用喷涂式轻质砂浆处理的钢柱围护墙体柔性连接节点：中国 207003646U［P］.2018-02-13.

［159］郝际平，樊春雷，薛强，等.一种喷涂砂浆外包钢梁外墙连接节点：中国 206693388U［P］. 2017-12-01.

［160］郝际平，刘斌，薛强，等.一种外包喷涂砂浆钢梁 AAC 砌块内墙角钢式连接节点：中国 206829373U［P］.2018-01-02.

［161］西安建筑科技大学.壁式柱结构设计程序软件，2018SR631279［CP］.2018.8.

［162］西安建筑科技大学.考虑钢管局部屈曲的整体稳定分析程序，2018SR210544［CP］.2018.3.

［163］西安建筑科技大学.空间钢管结构整体稳定分析软件，2018SR210536［CP］.2018.3.

［164］西安建筑科技大学.钢管构件设计软件，2018SR210434［CP］.2018.3.

［165］中国工程建设标准化协会.矩形钢管混凝土结构技术规程：CECS 159—2004［S］.北京：中国计划出版社，2004.

［166］住房和城乡建设部.钢结构设计标准：GB 50017—2017［S］.北京：中国建筑工业出版社，2018.

［167］国家市场监督管理总局.钢及钢产品 力学性能试验取样位置及试样制备：GB/T 2975—2018［S］.北京：中国标准出版社，2018.

［168］国家市场监督管理总局.金属材料 拉伸试验 第1部分：室温试验方法：GB/T 228.1—2021［S］.北京：中国标准出版社，2022.

［169］国家质量监督检验检疫总局.碳素结构钢：GB/T 700—2006［S］.北京：中国标准出版社，2006.

［170］住房和城乡建设部.建筑抗震设计规范：GB 50011—2010（2016年版）［S］.北京：中国建筑工业出版社，2016.

［171］住房和城乡建设部.混凝土强度检验评定标准：GB/T 50107—2010［S］.北京：中国建筑工业出版社，2010.

［172］住房和城乡建设部.建筑抗震试验规程：JGJ/T 101—2015［S］.北京：中国建筑工业出版社，2015.

［173］Esmaeily A，Xiao Y. Behavior of reinforced concrete columns under variable axial loads：analysis［J］. ACI Structural Journal，2005，102（5）：736-744.

［174］Chaboche J L. Time-independent constitutive theories for cyclic plasticity［J］. International Journal of Plasticity，1986，2（2）：149-188.

［175］Binici B. An analytical model for stress-strain behavior of confined concrete［J］. Engineering Structures，2005，27（7）:1040-51.

［176］Building code requirements for structural concrete：ACI 318M-14［S］. American Concrete Institute，farmington hills USA，2015.

［177］Dassault Systèmes. ABAQUS user subroutines reference guide［M］.Johnston RI USA，2012.

［178］Design of structures for earthquake resistance：BS EN 1998-1:2004［S］. London UK：British Standard Institution，2005.

［179］郝际平，刘斌，杨哲明，等.多腔钢管混凝土组合柱与钢梁刚性连接节点及装配方法：中国105839793B［P］.2019-01-22.

［180］刘瀚超.多腔钢管混凝土柱-H型钢梁双侧板节点受力性能研究［D］.西安：西安建筑科技大学，2017.

［181］郝际平，孙晓岭，刘斌，等.一种采用对穿钢棒的多腔钢管混凝土柱#钢梁平面外装配式连接节点：中国206681150U［P］.2017-11-28.

［182］郝际平，何梦楠，薛强，等.装配式双侧板型全螺栓钢连梁：中国206941806U［P］.2018-01-30.

［183］郝际平，樊春雷，苏海滨，等.一种预制L形柱耗能连接节点：中国105863166B［P］.2018-11-02.

［184］郝际平，刘瀚超，樊春雷，等.一种基于方钢连接件的预制L形异形钢管混凝土组合柱：中国105863163B［P］.2018-11-23.

［185］郝际平，薛强，孙晓岭，等．一种预制 L 形异形钢管混凝土组合柱：中国 105839852B［P］．2018-11-02.

［186］何梦楠，郝际平，薛强，等．预制 T 形耗能连接节点：中国 205663027U［P］.2016-10-26.

［187］樊则森．运用"系统工程"思维发展装配式建筑［J］.建筑，2017（10）：10-13.

［188］叶浩文，周冲，樊则森，等．装配式建筑一体化数字化建造的思考与应用［J］.工程管理学报，2017，31（5）：85-89.